取扱注意！

高校数学を大学数学で解く

「チート解法」

佐久間 正樹

まえがき

筆者はX（旧Twitter）アカウント（@keisankionwykip）で数学に関する投稿をしているのだが，その内容を本にして出版してほしいという意見をいただくことがよくあった。筆者自身も漠然といつか本でも出したいなあと思っていた。そんなとき，出版社の方から声をかけていただき，本書を執筆するに至った。題材は過去にX（旧Twitter）に投稿したネタからかなり引っ張ってきているので，「これ Twitter で見たやつだ」と気付く読者が結構いるかもしれない。

本書は高校数学の問題に対する普通のオーソドックスな解法，いわゆる「正攻法」と対比させる形で，奇抜な解法や，裏技，大学数学や専門的な数学を用いた「オーバーキル」的な解法などを扱う。単に具体的な問題を解くだけではなく，それを通して，高校数学や大学受験数学の背景にある本質を大学数学やより専門的・学術的な数学の観点から俯瞰し，考察することを目指す。特に入試問題に関しては，作問するのは主にマジモンの数学者であるから，大学数学を出題背景とする入試問題もかなり多く存在する。背景を知っているのと知らないのとでは，答えの予想や解法の見通しの付きやすさが大きく異なるので，大学受験生は知っておいて損はない。

本書を受験参考書として見た場合，おそらくハイレベルな部類に入るだろう。問題演習にはあまり適しておらず，余裕があって大学数学にも興味がある学生が趣味で読むのに適している。分野ごとに区切っておらず，二次関数の基礎から微分積分の応用までを一気にごちゃ混ぜにして扱うので，本書の内容を理解するには，既に高校数学の基本に習熟しているのが前提であり，難関大学の入試問題をある程度安定して解けるレベルに達していることが望ましい。主に数学が（並ではなくめちゃめちゃ）得意，あるいは数学が好きで進んだ内容を先取りしたい高校生・大学受験生，単調な数学の講義に退屈していて刺激が欲しい大学生，および高校数学に携わる教育関係者を読者として想定している。単に高校数学の問題に対するテクニックについて言えば対象は高校生・大学受験生となるが，背景に関する考察や俯瞰的な要素をふんだんに盛り込んでいるため，学生のみならず教える側や問題を作成する側，すなわち教育関係者にもおすすめである。

例題を取ってくる分野は高校数学全体を対象としているが，結果的に割合はなんとなく解析学に偏っており，その次に代数学が多く，幾何学は少ない気がする。この理由は筆者の趣味や章構成の都合もあるが，高校と大学の幾何学では扱う対象が異なっているというのもあるだろう。解析学で扱う対象は高校でも大学でも関数の性質や微分積分が中心である。一方，幾何学に関しては，具体的な問題は高校では初等幾何（図形）が中心だが，大学ではあまり初等幾何を扱わず，代わりに位相空間や多様体，微分構造などの抽象的な対象を扱う。高校で扱うベクトルは幾何ベクトル（平面ベクトルや空間ベクトル）だが，大学で扱う「ベクトル」は主に線型空間の元である。大学のベクトル解析は高校物理では極めて有用だが，高校数学ではベクトル場が出てこないので使い所が少ない。とはいえ，（数学科では通常習わず，有名すぎて高校範囲内と勘違いしがちだが）内心と外心の距離公式，トレミーの定理，ブレートシュナイダーの定理など，高校範囲外の初等幾何の定理も多い。また，オイラー標数の概念やグラフ理論の多面体への適用，外積による四面体の体積や法線ベクトルの計算，解析幾何，立体射影，球面幾何など，高校数学の問題を解くのに使える大学レベルの幾何学の道具もある。正四面体を立方体に埋め込んで頂点を $O, (a, a, 0), (a, 0, a), (0, a, a)$ とおいて座標計算でゴリ押す，中学レベルの空間図形の問題を直線や平面の方程式を利用して解くなどといった裏技も解析幾何的な発想である。他にも正射影ベクトルの公式や斜交座標系の利用など，大学数学と言うと大袈裟だが高校範囲内とも言えないようなベクトルに関する裏技も点々と存在する。

大学水準以上の数学の道具や用語が登場する際には，なるべくその知識に関する解説も記載した。しかし，専門的な定理の証明を前提知識なしで理解できるように体系的に一から丁寧に解説していては百科事典並みの分量になってしまう（線形代数，位相空間論，測度論，ルベーグ積分論，複素解析，関数解析，フーリエ解析，群論，環論，体論を既知とすれば1冊に収まると思うが…）ので，簡単にできるもの以外は証明は割愛させていただいた。証明を書くには余白が足りなかった。ここで殴られると思うが，まあふざけた本なので仕方ない。証明についてはググるか，参考文献やその他の大学生・大学院生向けの当該分野の教科書を参照していただきたい。また，数学用語についても基本的な解説は付けたが，正直限界がある。分かりやすく補足説明しようとした結果，括弧がかなり多くなってしまった（括弧が入れ子になることもある（かえって読みづらいかもしれない（こんな風に)))。かなり先取りをしている高校生でも分からない単語が点々と出てくると思うが，そういうときは是非ググってほしい。

具体的な少数の参考文献に外部委託するならまだしも，「ググれ」と言うとアカデミアでも一般社会でも「読者のことを考えていない」と怒られがちなのだが，実際，ググることは大切である。紙には印刷しきれない広大な知がインターネットには広がっている。オイラーやガウスの時代には逆立ちしても手に入らなかった高度な知が今なら無料でググり放題である。数学に関しては，参考文献欄付近に挙げるような優良サイトが年々増え続けている。お目当ての情報ではない関連する何かが目に入って寄り道することで得られる知もまた尊い。特に数学は他の分野と違って現実世界の事象の真偽からは独立していて，証明さえ書かれていれば自分の頭で間違っていないか確認できるので，「ネットはフェイクニュースだらけだろ」と心配する必要もない（その代わり，定義の流儀の互換性には注意が必要である）。筆者も小学生の頃からネットを使って数学を先取りしていたが，かなりのアドバンテージになった。それがなければ東大に入っていなかったかもしれない。「勉強するのにスマホは邪魔だ」という言説をよく聞くが，むしろスマホをいじることこそが一番の勉強であった。ググることで新たに広がる世界もある。勉学はググってなんぼである。

本書では，おそらく出題者が想定しているであろう解法や，（もちろん客観的な基準はなく主観が入ってくるが）常識的，典型的，オーソドックスな解法を「正攻法」と呼ぶ。一方で，高校数学の範囲内で解くことが想定されている問題に対して大学数学あるいはそれ以上の専門的な数学を使った解法や，過剰に高度な道具を使ったオーバーキル的な解法，いわゆる「裏技」を使った解法，（答えを先に推測して天下りするなどの）なんとなくセコい解法，（普通に解くと手間がかかる問題に対する）奇想天外な発想による効率的な解法，知る人ぞ知るマニアックな解法，出題者の意図をガン無視した解法などを「チート解法」と呼ぶことにする。チートと言っても，不正をしていたり，数学的に間違っていたりするわけではない。Cheatingというよりラノベで言うところのチート能力に近い。マーク式の試験で穴の形や桁数，高校範囲内の三角関数の特殊値が限られていることなどから推測して数字を当てるなどの数学的ではないセコ技も考えられるが，本書では数学的に厳密な解法を扱う。正攻法ともチート解法とも言い難い場合や問題自体が高校数学で解くことを想定されていない場合は単に「解法」とした。

なお，本書の「チート解法」を実際の記述式の試験で使う場合は自己責任でお願いしたい。「チート解法」を使ったせいで先生に怒られたり，友達にドン引きされたりしても，責任は負いかねる。採点者も全知の神ではないので，(「イキった解き方しやがって！けしからん！正しいけどバツにしてやる！」といった悪意がなく，公正な採点を目指したとしても）知識が足りずにバツを付けてしまうこともあり得るだろう。チートにはリスクが付き物なので取り扱い注意である。無論，答えだけ求める場合や検算の場合は好き勝手に使って問題ない。実際に使わずとも，「こんな解法もある」「高校数学の先にはこんな世界が広がっている」ということを味わって頂ければ幸いである。

高校数学から大学数学への橋渡しを期待して本書に辿り着く人も多そうなので，最後に高校数学と大学数学，そして数学科の関係について注意を述べておきたい。「大学数学」というやや曖昧な言葉の意味するところは，線形代数，大学教養の微分積分，常微分方程式論，統計学などのような数学科以外の理工系でもよく学ばれる数学と，抽象代数，位相空間論，関数解析学，数学基礎論などのほぼ数学科のみが学ぶ専門性の高い数学の2つに大別でき，両者は大きく趣を異にする。前者は概ね具体的な計算が目的であり，高校数学の延長に近い一方，後者は計算ではなく論理に重点がある。本書は両方題材にしているが，主に前者寄りである。また，本書は数学科でも習わないようなマニアックな計算テクニックも扱っている。本書のような内容を学びたいからと言って数学科に進学するのはあまりおすすめしない。高校数学の延長のようなノリで数学科に進学すると，控えめに言って地獄を見ることになるかもしれない。数学科で扱うのは論理式，写像，位相，代数的構造などの抽象的で計算の仕様もない概念ばかりである。例えば，ベッセル関数やラプラス変換，Z変換などのような具体的な計算に使える道具は数学科ではほとんど触れられず，むしろ物理学科や工学部で湯水のように使われる。逆に，数学科では極限と積分を順序交換できるための条件などを厳密に学ぶ一方，物理学科や工学部では厳密性よりも計算で答えを求めることが優先され，何の根拠もなく息を吸うように極限と積分を順序交換するし，「任意の関数」を平然と微分することがあるし，「経路積分」などのような数学的正当化が不十分な概念も使う。数学を何かに使いたいなら専門の学科へ，厳密で論理的な純粋数学を学びたいなら是非数学科へ進学することをお勧めする。

目 次

0 記号・用語

第 0 章というのは「この本では 0 を自然数に含みますよ」という合図ではなく，まだ本題ではないということである。この章では大学数学の記号や言葉遣いについて軽く解説する。

次の表はこの本で使う記号というより，ある水準以上の数学について語る際に世間一般（大学の講義，数学書，数学を使う他分野の文献，セミナー，研究活動，講演，Wikipedia などなど）で使われている基本的な数学記号のリストである。高校数学までで習う記号は載せていない。「えっ，こんなにあるのか！」と思うかもしれないが，適宜参照するためのもので，全て一気に覚える必要はないし，この本でも全て使うわけではないので安心して良い。数学書などの他の本を読む際にも，次の表をちょっとした辞書のように使えば便利だろう。

■大学数学でよく使う記号

記号・表記	意味
$\mathbb{R}$	実数全てからなる集合。
$\mathbb{C}$	複素数全てからなる集合。
$\mathbb{N}$	自然数全てからなる集合。0 を含むか否かは文脈次第。曖昧さを避けるために正の整数全体を $\mathbb{N}_+$, 非負整数全体（0 を含む）を $\mathbb{N}_0$ と書き分けることがある。
$\mathbb{Z}$	整数全てからなる集合。
$\mathbb{Q}$	有理数全てからなる集合。
$A := B$	「A を B だとして定義する」。A, B は具体的な数学的対象を表示したもので，命題の場合は「$A :\Longleftrightarrow B$」。
$[a, b]$	$a \leqq x \leqq b$ を満たす実数 x 全てからなる集合。閉区間。
(a, b)	$a < x < b$ を満たす実数 x 全てからなる集合。開区間。順序対(a と b の順序組)や内積も同じ記号なので注意。
$(a, b]$,　$[a, b)$	$(a, b] := \{x \mid a < x \leqq b\}, [a, b) := \{x \mid a \leqq x < b\}$. 半開区間
$\geq$,　$\leq$	それぞれ $\geqq$, $\leqq$ と同じ。
$(a_1, a_2, \dots, a_n)$	順序組。順序を区別する n 個のものの組。順番を入れ替えたら別物になり，同じ成分があっても位置によって区別されるという点で集合$\{a_1, a_2, \dots, a_n\}$とは異なる。単に「組」とも言い，成分が n 個のとき「n-組」，$n = 2$ のとき「順序対」と言う。座標は数の組と同一視できる。

	環論では $a_1, a_2, \dots, a_n$ で生成されるイデアルも同じ記号で表すが，全く別物なので注意。
$\lvert X \rvert$，$\#X$	集合 X の濃度，大きさ。要素の個数 $n(X)$（の一般化）。
X^c	集合 X の補集合。高校数学ではよく $\overline{X}$ と書かれる。
2^X，$\mathfrak{P}(X)$	集合 X の部分集合全てからなる集合。X の冪集合。 2^Xは要素の個数が$2^{\lvert X \rvert}$であることに由来する表記。
$X \times Y$	集合 X と Y の直積集合$\{(x, y) \mid x \in X, y \in Y\}$. 3 つ以上の積も同様に順序組全体を表す。
X^n	n 個の X の直積。
$\mathbb{R}^n$	n 個の $\mathbb{R}$ の直積。実数 n 個の組全体。n 次元（ユークリッド）空間と同一視され，文脈によって様々な構造の入った集合（線形空間，内積空間，距離空間，位相空間，測度空間など）と見做される。「アールエヌ」と読む。
$X \setminus Y$	差集合$\{x \mid x \in X, x \notin Y\}$. $X - Y$ と書かれることもあるが，ミンコフスキー差と紛らわしい場合がある（しかもミンコフスキー差の定義は同値でないものが複数ある）。
$f\colon X \to Y$	f は集合 X から集合 Y への写像である。つまり，f は集合 X の各要素（元）x を Y の要素 $f(x)$ に対応させる。全ての $y \in Y$ に対して，ある $x \in X$ が存在して $y = f(x)$ となるとき，f は全射であると言い，$[f(x_1) = f(x_2)$ ならば $x_1 = x_2]$ が成り立つとき，f は単射であると言う。全射かつ単射のとき，全単射であると言う。
$f\colon x \mapsto y$	写像 f は x を y に写す。つまり，$y = f(x)$.
$f\vert_A$	写像 f の定義域の部分集合 A への f の制限。
$f(A)$，$f[A]$	f の定義域の部分集合 A の f による像$\{f(x) \mid x \in A\}$. A が定義域全体のときは f の像と言い，$\mathrm{Im}\, f$ とも書く。
$f^{-1}(B)$，$f^{-1}[B]$	f の終域の部分集合 B の f による逆像$\{x \mid f(x) \in B\}$.
Y^X	集合 X から集合 Y への写像全ての集合。$\lvert Y^X \rvert = \lvert Y \rvert^{\lvert X \rvert}$.
$\neg A$	「A ではない」。論理式における否定。
$A \Rightarrow B$ $A \to B$	「A ならば B」。A はあくまで仮定で，A が成り立つと主張する「A だから B」（$A \therefore B$）とは意味が異なる。
$A \Leftrightarrow B$ $A \leftrightarrow B$	「A と B は同値(等価)である」。必要十分条件を表す。 A iff B とも書く（iff は if and only if の略)。
$\forall x \in X; P(x)$	任意の（全ての）$x \in X$ に対して命題 $P(x)$ が成立する。
$\exists x \in X; P(x)$	ある $x \in X$ に対して命題 $P(x)$ が成立する。存在量化。

$\exists x \in X$ s.t. $P(x)$	「s.t.」は such that（～となるような）の略。
$\exists_1 x \in X; P(x)$ $\exists! \, x \in X; P(x)$	命題 $P(x)$ が成立する $x \in X$ が一意に(唯一つ)存在する。 「$\exists_{=1}$」とも書く。$\exists x \in X; \forall y \in X;\ [P(y) \leftrightarrow x = y]$と同値。
i.e., ...	「すなわち，...」（ラテン語の id est）の略記。「A, i.e., B」や「A (i.e., B)」のように使う。数学以外でも使う。
e.g., ...	「例えば，...」（ラテン語の exempli gratia）の略記。 「..., etc.」（「...など」）と一緒には使わない。
cf.	「～を参照せよ」の略記。数学記号ではない。
A [resp. B, C]	A, B, C に当たる部分に書かれている語句や記号，式を順に入れて読む。例えば「A [resp. B, C]は D [resp. E, F]である」は「A は D であり，B は E であり，C は F である」という意味。「～は～である」のように短い文なら大して使う意味はないが，構造が類似する長くて複雑な文が沢山ある場合，まとめて一文で表記できるので簡潔になる。「resp.」は「respectively」（それぞれ）の略。
$\{a_n\}$,　(a_n), $\{a_n\}_{n \in \mathbb{N}}, (a_n)_{n=1}^{\infty}$	数列 $a_1, a_2, a_3, \ldots$ 。項が複数の文字を含む場合，番号として動く文字を添え字にする。例えば，固定された k に対する n が動く数列 $a_{1,k}, a_{2,k}, \ldots$の場合，$\{a_{n,k}\}_n$と記す。
$\{a_\lambda\}_{\lambda \in \Lambda}$	Λ を添字集合とする族。その正体は Λ を定義域とする写像: $\lambda \mapsto a_\lambda$. 各 a_λ が集合の場合は集合族と言われ，よく集合の集合と混同されるが，$a_{\lambda_1} \neq a_{\lambda_2}$のとき a_{λ_1} と a_{λ_2} を入れ替えると別物になるため，集合の集合とは異なる。列は添字集合が可算な族，n-組は添字集合が n 元集合（例えば$\{1,2, \ldots, n\}$）である族と同一視できる。
$\sup A$	A（とりあえず実数からなる集合とする）の上限。最小上界。つまり，A の上界（全ての $a \in A$ に対して $a \leqq b$ となる b）の最小値。ただし，上界が存在しないときは $\sup A = \infty$，空集合に対しては $\sup \emptyset = -\infty$ と定義する。 A に最大値（$\max A$ と書く）が存在すればそれに等しい。
$\inf A$	A の下限。最大下界。$\inf A = -\sup\{-a \mid a \in A\}$. A に最小値（$\min A$ と書く）が存在すればそれに等しい。 上界が存在するとき上に有界，下界が存在するとき下に有界，上界と下界が両方存在するとき有界であると言う。
$\sup\limits_X f$	$\sup\limits_X f = \sup\limits_{x \in X} f(x) := \sup f(X)$. inf，max，minでも同様。

$\underset{x\in X}{\arg\min} f(x)$	最小点集合$\{x \in X \mid f(x) = \min f(X)\}$.「あー愚民」ではない。arg は argument (引数)の略。最大点集合は arg max.
$\limsup_{n\to\infty} a_n$	数列$\{a_n\}$の上極限。$\limsup_{n\to\infty} a_n = \overline{\lim_{n\to\infty}}\, a_n := \lim_{n\to\infty} \sup_{k\geq n} a_k$. 極限と違って，$\infty$ や $-\infty$ となることも許せば実数からなる任意の数列に対して存在し，振動することはない。
$\liminf_{n\to\infty} a_n$	数列$\{a_n\}$の下極限。$\liminf_{n\to\infty} a_n = \underline{\lim_{n\to\infty}}\, a_n := \lim_{n\to\infty} \inf_{k\geq n} a_k$. 任意の実数列に対して存在し，もし$\{a_n\}$の上極限と一致すればそれが$\{a_n\}$の極限になる。極限が存在することと上極限と下極限が一致することは同値である。
χ_A，1_A，$\mathbb{1}_A$	集合 A の指示関数。A 上で 1，A の補集合上で 0 の関数。
$\operatorname{sgn} x$	符号関数。$x > 0$ で 1，$x < 0$ で -1，$x = 0$ で 0 となる。0 でない複素数 x に対しては $x/\lvert x\rvert$ を表す。
$\operatorname{Re} z$	複素数 z の実部。
$\operatorname{Im} z$	複素数 z の虚部。複素関数を考えると像と紛らわしい。
$\gcd(a_1, a_2, \dots, a_n)$	$a_1, a_2, \dots, a_n$ の最大公約数。一方，最小公倍数は「lcm」。
$\deg p$	多項式 p の次数 (degree)。
$\langle S\rangle$	S で生成される代数系 (特に群，環，線形空間など)。代数系が何かは文脈による。「S で生成される (S の生成する) ○○」はほとんどの場合「S を含む最小の○○」と同義。有限集合 $S = \{a_1, \dots, a_n\}$ の場合は $\langle a_1, \dots, a_n\rangle$ と書く。環の部分集合 S で生成されるイデアルは (S)，線形空間の部分集合 S で生成される部分空間 (線形包) は $\operatorname{Span}(S)$ と書かれることも多い。S を $\langle S\rangle$ の生成系，S の元を生成元と言う。S が代数系の部分集合の場合は部分代数系となるが，そうでないときは自由生成である。
$R[X_1, \dots, X_n]$	R に係数をもつ n 変数多項式全てからなる集合 (多項式環)。ここで，R は可換環 ($\mathbb{R}$ や$\mathbb{C}, \mathbb{Z}, \mathbb{Q}$ など) 。
$K(X_1, \dots, X_n)$	体 K に係数をもつ n 変数有理式全てからなる集合 (有理関数体)。$X_1, X_2, .., X_n$ は「変数」や「不定元」と呼ばれる。不定元の部分に別の何か $a_1, \dots, a_n$ を形式的に代入して得られるもの全体も $K(a_1, \dots, a_n)$ と表されるが，これは有理関数体とは異なり，「K に $a_1, \dots, a_n$ を添加した体」と呼ばれ，K と $a_1, \dots, a_n$ で生成される体である。
$R[[X_1, \dots, X_n]]$	R に係数をもつ n 変数形式的冪級数全体のなす環。

S_n, $\mathfrak{S}_n$	n 次対称群。$I_n := \{1,2,3,\dots,n\}$から I_n 自身への全単射全体（が合成に関してなす群）。$\|\mathfrak{S}_n\| = n!$. $\mathfrak{S}$ はドイツ文字（フラクトゥール）のエスである。$\mathfrak{S}_n$ の元 σ を n 次の置換と言い，互換（2 つの元を入れ替えて他を変えない置換）の積で表せる。この表し方は一意ではないが，現れる互換の数の偶奇は表し方によらずに決まり，これが偶数 [resp. 奇数]のとき σ を偶置換 [resp. 奇置換]と言い，$\operatorname{sgn}\sigma = 1$ [resp. $\operatorname{sgn}\sigma = -1$]と表す。$\sigma$ の転倒数 $d(\sigma) := \#\{(i,j) \subset I_n^2 \mid i < j, \sigma(i) > \sigma(j)\}$に対し，$\operatorname{sgn}\sigma = (-1)^{d(\sigma)}$.
A_n, $\mathfrak{A}_n$	n 次交代群。n 次の偶置換全体。位数 $n!/2$ $(n \geq 2)$.
$N \lhd G$, $G \rhd N$	群 G の部分群 N が正規部分群であることを表す。 $\forall h \in N, \forall g \in G; ghg^{-1} \in N$ や $\forall g \in G; gN = Ng$ と同値。
$\\|v\\|$	ベクトル v のノルム（大きさ）。
$\delta_{i,j}$, δ_{ij}	$i = j$ のときだけ 1 で，$i \neq j$ のときは 0 となる。 クロネッカーのデルタ。
$(a_{ij})_{ij}$, (a_{ij})	i 行 j 列の成分が a_{ij} である行列。$[a_{ij}]$や$\{a_{ij}\}$とも。 $m \times n$ 行列なら $(a_{ij}) = \begin{pmatrix} a_{11} & a_{12} & \cdots & a_{1n} \\ a_{21} & a_{22} & \cdots & a_{2n} \\ \vdots & \vdots & \ddots & \vdots \\ a_{m1} & a_{m2} & \cdots & a_{mn} \end{pmatrix}$. 行の数 m と列の数 n が一致するとき，n 次の，またはサイズ（大きさ）が n の正方行列と言う。 i と j の間には（具体的な数字でも）カンマを書かない方が一般的だが，数字が 2 桁以上で $a_{1,23}$ と $a_{12,3}$ などのように区別がつかなくなるときはカンマを入れる。 行列の和と定数倍は成分ごとに行い，$l \times m$ 行列 $A = (a_{ij})$ と $m \times n$ 行列 $B = (b_{ij})$ の積は $AB = \left(\sum_{k=1}^{m} a_{ik} b_{kj}\right)$ で定義される。他にアダマール積やクロネッカー積などの特殊な行列の乗法もある。
$\operatorname{diag}\{\lambda_1, \dots, \lambda_n\}$	$\lambda_1, \dots, \lambda_n$ を順に対角成分に並べてできる対角行列$\{\lambda_i \delta_{ij}\}$.
A^{T}, ${}^{t}A$	行列 $A = (a_{ij})_{ij}$ の転置行列 $(a_{ji})_{ij}$. 行と列を入れ替えてできる行列。「Tenchi」ではなく「Transpose」の T。
A^*	行列 A の随伴行列（共役転置行列）$(\overline{a_{ji}})_{ij}$.
$\det A$	行列 A の行列式。$\det(a_{ij})_{ij} := \sum_{\sigma \in \mathfrak{S}_n} (\operatorname{sgn}\sigma) \prod_{i=1}^{n} a_{i,\sigma(i)}$ と定義されるが，定義通り計算することはほとんどない。 行基本変形（ある行に他の行の定数倍を加えても det は

	不変で，2 つの行を交換すると det は −1 倍され，ある行を定数 c 倍すると det も c 倍になる）により特に 1 列目に 0 を増やしてから余因子展開していき，3 次以下に帰着させてサラスの公式などで計算するのが普通。 $\det A$ は A の(代数的重複度込みの)固有値全ての積であり，$\det(AB) = \det A \cdot \det B$，$\det A^{\mathrm{T}} = \det A$ である。
A^{-1}	正則行列，すなわち行列式が 0 でない行列 A の逆行列。$AA^{-1} = A^{-1}A = I$（単位行列)。$\det(A^{-1}) = (\det A)^{-1}$. 余因子行列による表示公式もあるが，3 次以上の具体的な行列の逆行列は普通は掃き出し法により計算する。 正方行列について，正則 $\Longleftrightarrow$ 逆行列が存在 $\Longleftrightarrow$ 行列式が非零 $\Longleftrightarrow$ いくつかの基本行列の積 $\Longleftrightarrow$ 適当な基本変形で I になる $\Longleftrightarrow$ 定める線形写像が全射 $\Longleftrightarrow$ 階数がサイズに等しい $\Longleftrightarrow$ 核が 0 次元 $\Longleftrightarrow$ 行ベクトルが線形独立 $\Longleftrightarrow$ 列ベクトルが線形独立$\Longleftrightarrow$ それを係数行列にもつ連立一次方程式が常に一意解をもつ $\Longleftrightarrow$ 零固有値をもたない $\Longleftrightarrow \cdots$
$\operatorname{tr} A$	正方行列 A の跡（トレース)。対角成分の和。相似変換で不変なので(代数的重複度込みの)固有値の和にも等しい。転置でも不変。2 つ以上の行列の積の跡は積の順番の巡回置換で不変（e.g., $\operatorname{tr} AB = \operatorname{tr} BA$)。tr は線形写像。
$\dim V$	線型空間 V の次元。基底の大きさ。V に属する互いに線形独立なベクトルの最大個数。
$\operatorname{rank} A$	行列 A の階数（像の次元 $\dim \operatorname{Im} A$)。線形独立な列ベクトルの最大個数（正方行列でなくても線形独立な行ベクトルの最大個数に等しい)。行列式が 0 でない小行列の最大サイズ。階数は正則行列を掛けても不変であり，行基本変形は左から適当な基本行列を掛ける操作に一致するため，行基本変形を何回か繰り返して左下の成分に 0 を増やし，階段型（$d_i := \sup\{d \mid a_{ij} = 0\ (\forall j < d)\}$に対し，$\exists r \leq m;\ d_1 < d_2 < \cdots < d_r \leq n, [a_{i1} = a_{i2} = \cdots = a_{in} = 0\ (\forall i > r)]$ となる行列 $(a_{ij})_{1\leq i\leq m, 1\leq j\leq n}$）にすると，その 0 でない成分をもつ行の個数 r として求まる。
$\operatorname{Ker} A$	行列 A の核（カーネル)。$Ax = 0$ となる x 全体のなす線形空間。$\operatorname{rank} A + \dim \operatorname{Ker} A$ は A の列の数に等しい（次元定理)。一般の線形写像についても同様の記号を使う。 階段型にすると効率よく計算できる（ガウスの消去法)。

$X \cong Y$	X と Y が同型である（両者の間に同型写像や同型射が存在する）ことを表す。何としての（どんな圏における）同型であるかは文脈による。直感的には X と Y の（着目している）構造が同じであることを意味する。群，環，線形空間，加群，多元環などのようなよく使う代数系では同型写像は全単射な準同型写像（演算を保存する写像）と同義である。ただし，位相空間とその間の連続写像のなす圏（この場合の同型は同相）などのように，全単射な射が逆射をもつとは限らない具体圏もある。
$C^k(D)$	D上k階導関数が(存在して)連続な関数(C^k級関数)全体。k は冪指数ではなく，C^k級は「シーケーきゅう」と読む。
$\dfrac{\partial f}{\partial x_i}$,　$\partial_{x_i} f$	多変数実数値関数$f(x_1, x_2, \dots, x_n)$の i 番目の変数 x_i に関する偏微分（他の変数を定数と思ったときの微分）。y, z などの変数名が付いている場合はその記号を使う。2 階微分以上の表記も普通の微分の d を ∂ にして同様。
∇f,　$\mathrm{grad}\ f$	多変数実数値関数$f(x_1, x_2, \dots, x_n)$の勾配。∇は「ナブラ」。 $$\nabla f = \left(\frac{\partial f}{\partial x_1}, \frac{\partial f}{\partial x_2}, \dots, \frac{\partial f}{\partial x_n}\right) \in \mathbb{R}^n.$$
J_f	多変数ベクトル値関数 $f = (f_1, \dots f_m)$ のヤコビ行列。i 行 j 列の成分が $\partial f_i / \partial x_j$ であるような行列。f が多様体間の写像の場合，その微分 $(df)_x$ の局所座標表示。ヤコビ行列の行列式をヤコビアンと言う。ヤコビ行列の行列式を J_f と書く流儀もあり，ややこしい。
$H(f)$,　$\mathrm{Hess}\ f$	多変数実数値関数 f のヘッセ行列。2 階偏微分を全て並べてできる正方行列。i 行 j 列の成分が $\partial^2 f / \partial x_i \partial x_j$ であるような行列。独立変数の個数が同じベクトル値関数 g に対する拘束条件 $g = 0$ の下で考える場合，縁付きヘッセ行列$\begin{pmatrix} O & J_f \\ (J_f)^{\mathrm{T}} & H(f) \end{pmatrix}$を用いる。
$W(f_1, \dots, f_n)$	n 個の $n-1$ 階微分可能関数の組 $(f_1, \dots, f_n)$ のロンスキー行列式 $\det\{f_j^{(i)}\}_{ij}$. ロンスキアン。$f_1, \dots, f_n$ が線型従属なら $W(f_1, \dots, f_n) = 0$ であり，解析関数なら逆も成立。
$f(x, \cdot)$	二変数関数 f と固定された x に対する写像 $y \mapsto f(x, y)$. 点はその部分が変数（引数）として動くことを表す。二変数以外の多変数関数や一般の写像でも同様。

$\prod_{k=1}^{n} a_k$	$a_1 \times a_2 \times \cdots \times a_n$を表す。無限積や集合の直積でも同様。
$\bigcup_{k=1}^{n} A_k$	和集合$A_1 \cup A_2 \cup \cdots \cup A_n$を表す。$\bigcap_{k=1}^{n} A_k$ は共通部分。
$\bigoplus_{k=1}^{n} V_k$	線形空間の部分空間 $V_1, \ldots, V_n$ の直和 $V_1 \oplus V_2 \oplus \cdots \oplus V_n$. 和が直, i.e., $V_i \cap \sum_{k \neq i} V_k = \{0\}$ $(\forall i)$ であるとき，和空間 $V_1 + \cdots + V_n = \{v_1 + \cdots + v_n \mid v_i \in V_i\ (\forall i)\}$ をこう書く。直和は部分空間でない場合や他の代数系の場合も定義できる。テンソル積 $\otimes$ も同様の大型演算子表記をする。
$n!!$	一つおきの階乗。n が偶数のとき，$n(n-2)(n-4)\cdots 4 \cdot 2$, n が奇数のとき，$n(n-2)(n-4)\cdots 3 \cdot 1$. 「二重階乗」と呼ばれるが，階乗の階乗$(n!)!$とは異なる。
$\exp x$	指数関数 e^x
$\ln x$	自然対数 $\log_e x$. $\log x$ は情報系や計算理論では二進対数 $\mathrm{lb}\, x = \log_2 x$，実験系や化学では常用対数 $\log_{10} x$ を表すことが多いが，純粋数学ではよく自然対数 $\ln x$ を表す。
$\arcsin x$	sin の逆関数 $\sin^{-1} x$. 複素関数論ではよく多価関数を指すが，実数の場合はよく $[-\pi/2, \pi/2]$ に値を制限する。
$\arccos x$	cos の逆関数 $\cos^{-1} x$. 複素関数論ではよく多価関数を指すが，実数の場合はよく $[0, \pi]$ に値を制限する。
$\arctan x$	tan の逆関数 $\tan^{-1} x$. 複素関数論ではよく多価関数を指すが，実数の場合はよく $(-\pi/2, \pi/2)$ に値を制限する。
$\sec x$	$\cos x$ の逆数 $1/\cos x$. 正割（セカント）関数。
$\csc x$,　$\mathrm{cosec}\, x$	$\sin x$ の逆数。余割（コセカント）関数。$\sec x$ と紛らわしいが，逆数をとると「コ(co-, 余-)」の付き方が逆になり，結果的に頭文字の s と c が逆になると覚えよう。
$\cot x$	$\tan x$ の逆数。余接（コタンジェント）関数。
$f(x) = O\big(g(x)\big)$ $(x \to \infty)$	ランダウの記号。この「=」は形式的な表記で，等しいという意味ではない。$x \to \infty$ のとき，f は高々 g の定数倍で抑えられる程度のオーダー（増大度）である，つまり $\exists R > 0, \exists M > 0 \text{ s.t. } \forall x > R;\ \lvert f(x)\rvert \leq M \lvert g(x)\rvert$ であることを表す。数列の場合も同様。十分大きな x で $g(x) \neq 0$ であれば，$\limsup_{x \to \infty} \left\lvert \frac{f(x)}{g(x)} \right\rvert < \infty$と同値。 O は文字としては大文字のオミクロンだが，「ビッグオー」や「ラージオーダー」と読まれる。

$f(x)=o\big(g(x)\big)$ $(x\to\infty)$	$\forall\varepsilon>0, \exists R>0$ s.t. $\forall x>R;\ \lvert f(x)\rvert\le\varepsilon\lvert g(x)\rvert$. 十分大きな x で $g(x)\neq 0$ なら $\displaystyle\lim_{x\to\infty}\left\lvert\frac{f(x)}{g(x)}\right\rvert=0$ と同値。 $x\to\infty$ のとき，f は g より真に小さいオーダーである。 o は「スモールオー」「スモールオーダー」と読まれる。
$f(x)=O\big(g(x)\big)$ $(x\to a)$	$\exists\delta>0, \exists M>0$ s.t. $[0<\lvert x-a\rvert<\delta\Rightarrow\lvert f(x)\rvert\le M\lvert g(x)\rvert]$. a の十分近くで $g(x)\neq 0$ なら $\displaystyle\limsup_{x\to a}\left\lvert\frac{f(x)}{g(x)}\right\rvert<\infty$ と同値。
$f(x)=o\big(g(x)\big)$ $(x\to a)$	$\forall\varepsilon>0, \exists\delta>0$ s.t. $[0<\lvert x-a\rvert<\delta\Rightarrow\lvert f(x)\rvert\le\varepsilon\lvert g(x)\rvert]$. a の十分近くで $g(x)\neq 0$ なら $\displaystyle\lim_{x\to a}\left\lvert\frac{f(x)}{g(x)}\right\rvert=0$ と同値。
as $x\to a$	「$x\to a$ のとき」。as は数学記号ではなく英語そのままだが，画数が少なく，「なんとなく記号っぽい」ので日本語の文章中でも使う。
$[x^n]f(x)$	形式的冪級数 $f(x)$ の x^n の係数。
$\lfloor x\rfloor$, $[x]$	ガウス記号。床関数。実数 x を超えない最大の整数。
$[x]_\sim$, $[x]$, $\bar{x}$	（同値関係 $\sim$ に関する）x の属する同値類$\{y \mid y\sim x\}$. X 上の同値関係とは $a\sim a, [a\sim b\Rightarrow b\sim a], [a\sim b, b\sim c\Rightarrow a\sim c]$ $(\forall a,b,c\in X)$ を満たす X 上の二項関係 $\sim$ である。x を $[x]$ の代表元，同値類全体 $X/{\sim} := \{[x]\mid x\in X\}$ を商集合と言う。
$d(X,Y)$	幾何学的対象 X,Y（点や集合，図形）間の距離。
$B_r(x)$	x を中心とする半径 r の開（境界を含まない）球体。
∂X	幾何学的対象 X の境界。X に向きが定義されているとき，∂X にもそれに整合する向きを考えることが多い。例えば，X が平面内の領域の場合，∂X には X の内部が常に進行方向に対して左側にあるように回る向きを入れる。その向きを逆にしたものを $(\partial X)^{-1}$ と書く場合がある。
$\displaystyle\int_a^\infty f(x)dx$	広義積分 $\displaystyle\lim_{b\to\infty}\int_a^b f(x)dx$.
$\displaystyle\int_{-\infty}^\infty f(x)dx$	広義積分 $\displaystyle\lim_{a\to-\infty}\int_a^c f(x)dx+\lim_{b\to\infty}\int_c^b f(x)dx$. ここで，$c$ は任意の実数。広義積分が存在すれば対称な積分の極限 $\lim_{R\to\infty}\int_{-R}^R f(x)dx$ と等しいが，対称な積分の極限値が存在しても広義積分が収束するとは限らない。

	積分区間の端点で被積分関数が発散するタイプの広義積分もあるが，通常の積分と同じ記号で表記される。
$E[X]$, $E(X)$	確率変数 X の期待値。平均という意味で μ_X とも書く。
$\mathrm{Cov}[X,Y], \sigma_{XY}$	X と Y の共分散。$\mathrm{Cov}[X,Y] := E[(X-\mu_X)(Y-\mu_Y)]$. $\mathrm{Cov}[X,Y] = E[XY] - E[X]E[Y]$.
$V[X]$	X の分散。$V[X] := E[(X-E[X])^2] = \mathrm{Cov}[X,X]$.

これらの記号は大学1・2年の数学でよく使われるものである。出会うたびに定義を確認すればよく，全て一気に覚える必要はない。そもそも記号の説明に現れる用語の定義を知ってからでないと読めない（ある程度は記号の説明と同時に解説しているが，例えば「群」や「環」については群論の章を参照)。

なお，数学科でしか使わないような記号までは載せていない。数学科や数学系大学院で使う記号やマイナーな記号まで網羅するとそれだけで本が何冊か書ける量になってしまう。

本書ではこれら以外の記号も適宜導入する。これらしか使わないわけではなく，これらを全て使うわけでもない。また，文脈上別の意味が付与されない限り e はネイピア数（自然対数の底)，π は円周率を表すものとする。ただし，群論の文脈では e は単位元を表す。

■高校数学と大学数学の用語・記号・定義の違いに関する注意

✓ 大学数学（特に集合論や代数学）では 0 も自然数に含むことがよくある。
✓ 大学数学では「多項式」は単項式も含み，整式と同義とすることが多い。
✓ 大学数学では $X=Y$ の可能性があっても $X \subset Y$ と書くことが多い。真部分集合，すなわち全体に一致しない部分集合は $\subsetneq$ で表す。
✓ 大学数学では X の補集合は X^c と書き，（位相空間論などにおける）閉包や同値類，拡張，共役などと紛らわしいので $\overline{X}$ とはあまり書かない。
✓ 測度論やルベーグ積分論では $0 \times \infty = 0$ と定義する。
✓ $0^0 = 1$ を断りなく仮定することがある。x^x の $x \to +0$ での極限を考えると自然であり，テイラー展開などを表記するときにも便利である。
✓ 断りなく空和（何も足さない）は 0，空積（何も掛けない）は 1 と定義することが多い。総和 Σ や総積 Π の添え字集合が空集合の場合に当たる。
✓ A が偽のとき「A ならば B」は B が何であろうと真である（vacuous truth と言う)。また，「$\forall x \in \emptyset\ P(x)$」は命題 P が何であろうと真である。大学数学ではこれを知らないと意味が通らない文や式がよく出てくる。
✓ 高校数学の「因数分解」は，大学数学では「既約分解」（素元分解）と呼ばれ，どの環上の多項式環の元として考えるかによって答えが変わる。例えば，$4x^3-8x^2+4x-8$ の $\mathbb{Z}[x]$ 上の既約分解は $2^2(x-2)(x^2+1)$ であり，$\mathbb{R}[x]$ や $\mathbb{Q}[x]$ 上での既約分解は$(4x-8)(x^2+1)$でも$(x-2)(4x^2+4)$でも良く，$\mathbb{C}[x]$ 上の既約分解は$(4x-8)(x-i)(x+i)$などである。多項式環に限らず，掛ける順番と単元倍（同伴）の違いを除いて一意な既約分解ができる環を一意分解整域（UFD）と言う。UFD 上の多項式環は UFD である。

✓ 高校数学では極限を「限りなく近づく」という曖昧な考え方に基づいて「定義」する（定義した気にさせる）が，大学数学では ε-δ 論法や ε-N 論法を用いて厳密に定義する。例えば，複素数列$\{a_n\}$と複素数 a に対し，
$a_n \to a\ (n\to\infty) :\Longleftrightarrow \forall\varepsilon>0, \exists N\in\mathbb{N}\ \text{s.t.}\ \forall n\in\mathbb{N}\ [n\geq N \Rightarrow |a_n-a|<\varepsilon]$.

✓ 大学数学では断りなく任意定数（積分定数に限らない）を C や c で表すことがある。複素数の定数だったり，実数の定数だったり，正の定数だったり，文脈により様々である。

✓ 高校数学では上付き添え字は基本的に冪指数を表すが，大学数学では番号やそれ以外の意味の添え字が上に付くことがある。例えば，コホモロジー群，関数空間（ソボレフ空間，ベゾフ空間，ハーディー空間，…），反変テンソルの成分（アインシュタインの縮約記法）など。

✓ 高校数学では積分を $\int f(x)dx$ という順番で書かないと×にされることもあるくらいだが，大学数学（特に逐次積分の文脈や物理由来の文献）では $\int dx\, f(x)$という表記が平気で見られる。

✓ 高校までの数学・算数では数式中で計算の優先順位を表す括弧は[{( )}]の順とされるが，これは日本式であり，大学数学では欧米に合わせて{[( )]}の順としたり，面倒なので全ての括弧を( )で書いたりする。アメリカの Chicago Manual は，内側から parenthesis ( ), bracket [ ], brace { }の順で，それ以降はまた( )から繰り返すものと規定している。こうした事情からか，現在の日本産業規格(JIS)では順番については特に規定しないとする一方で，( ), { }, [ ]をそれぞれ「小括弧」「中括弧」「大括弧」ではなく「丸括弧」「波括弧」「角括弧」と呼ぶものとしている。本書では「でもそんなの関係ねぇ！分かれば何でも良し」の精神でテキトーに用いる。

✓ 高校数学では $\sqrt{x}\ (x \geqq 0)$ を x の非負の平方根として定義するが，大学数学，特に複素解析では，$\sqrt{\ }$ を多価関数と見たり，分枝の取り方に依存して定義したりする。例えば，$\sqrt{\ }$ を複素多価関数と見れば $\sqrt{1}=\{1,-1\}$ であり，分枝の取り方によっては $\sqrt{1}=-1$ というのも正しい。

✓ 高校数学では様々な集合を「領域」と呼ぶが，大学数学，特に解析学では「($\mathbb{R}^n$の）連結な開集合」を指し，常に境界は含まない。

✓ 大学数学では「発散する」という言い方はするが，その特別な場合として極限が「振動する」という言い方はあまりしない。

✓ 大学数学では「全ての○○からなる集合」「○○全体のなす集合」のことを単に「○○全体」と言うことがよくある。
✓ 大学数学ではベクトルの矢印をあまり書かない。ベクトルを表すのに太字や黒板太字を使うこともあるが，特に数学科では普通の文字を使う傾向がある（例えば零ベクトルを $\vec{0}$ や $\mathbb{0}$ ではなく単に 0 と書く）。そもそも幾何ベクトルではなく抽象的な線形空間の元を扱うことが多い。
✓ 高校数学ではベクトルの成分表示は横向きに書くが，大学数学の線形代数では主に縦ベクトル（列ベクトル）で書く。
✓ 高校数学では 2 つのベクトルについて「垂直である」と言うときに両者が共に零ベクトル以外であることを前提にするが，大学数学では内積空間において零ベクトル（零元）は任意のベクトルに直交する（垂直である）ものと定義する場合がある。
✓ 高校数学ではベクトルの大きさを絶対値と同じ記号 $|\vec{a}|$ で表すが，大学数学ではノルム $\|\cdot\|$ で表す。ただし，ユークリッド空間のノルムは $|\cdot|$ で表すことも多い。内積は高校では $\vec{a}\cdot\vec{b}$，大学ではよく $\langle a,b\rangle$ や (a,b) と表す。量子力学ではブラケット記法 $\langle a|b\rangle$ で表す（双対空間とのペアリング）。
✓ 高校数学では ∞ や $-\infty$ は特定の実体を指さないただの記号であって数としては扱わないが，大学数学では場合によっては数として扱われる。解析学の通常の極限の理論や測度論における ∞ は拡大実数と見做される。他にも，超準実数や順序数，超現実数などの無限大を含む体系が存在する。
✓ 大学数学では「関数」を「写像」ということがある。写像は関数を数の集合とは限らない集合へ拡張した概念で，明らかに関数は写像の一種だが，どこまでを関数と呼ぶかは何を数だと思うかに依存するので，「関数」と「写像」の使い分けはぶっちゃけ主観に過ぎない。例えば，数ベクトル空間の間の線形写像を「多変数ベクトル値関数」と言う人もいるが，それは関数ではなく一般の写像だと言う人もいる。圏論では写像を更に一般化した「射」という概念が登場する。写像は集合の圏における射である。始域と終域が同じ写像を（その集合上の）「変換」と言う。例えば線形写像 $f\colon V\to V$ は V 上の線形変換と呼ばれる。
✓ 大学数学では「関数」を「函数」と書くことがある。
✓ 高校数学では関数の値が取り得る範囲（像）を「値域」と言うが，大学数学，特に古い数学書に影響を受けた講義では従属変数が取り得ない値も含めた終域全体を「値域」と言うことがある。
✓ 高校数学では多項式と多項式関数の区別が曖昧だが，大学数学では係数体が有限体の場合に明確な違いが出る。例えば，二元体上の x^2-x はそれに付随する多項式関数が 0（零写像）に等しいが，0（二元体の零元）でない係数をもつので多項式としては 0（零多項式）ではない。無限体の場合は付随する多項式関数が一致することと多項式として一致することが同値なので概念的に混同していてもこのような問題は起こらない。

- ✓ 高校数学（教科書外）では三角関数を含む不等式を何故か「三角不等式」と呼ぶことがあるが，正式な数学用語ではなく，大学数学ではほぼ間違いなく距離空間やノルム空間の三角不等式を指す。
- ✓ 大学数学では「well-defined」という概念が頻繁に登場する。これは矛盾なく定義することに成功しているという意味である。例えば，「$a > 0$ に対し，$x^2 = a$ となる実数 x をとり，$f(a) = x^3$ とすることで，関数 $f: \mathbb{R}_+ \to \mathbb{R}$ を定める」と言っても，$a = 1$ のとき $x = 1$ とするか $x = -1$ によって $f(a)$ の値が変わってしまうので，well-defined ではない。このように与えられたものに対して複数の取り方があり得るものを経由して写像を定義する場合や，そもそも存在するかどうかが非自明なものを経由して定義する場合，定義するのに何か前提が必要な場合は注意が必要である。商集合からの写像が代表元の取り方によらずに定義できているかどうかはよく問題になる。「well-defined」は「上手く定義される」「矛盾なく定義できる」「定義可能である」「良定義である」「能く定義される」などと訳されることもあるが，決まった和訳はなく，日本語の文章中でもよく英語で well-defined と書かれる。つまり，「well-defined」の和訳は 1 元集合 {“well-defined”} から日本語の集合への写像として well-defined ではない。
- ✓ 大学数学では代数方程式の解を「根」と言うことがある。多項式 P に対し，$P(x) = 0$ の解を「$P(x) = 0$ の根」とも「$P(x)$ の根」とも言うが，「$P(x)$ の解」とは言わない。
- ✓ 大学数学では構造の入った集合を「空間」と言う。正確には土台となる集合（台集合）と数学的構造を表すものの組だが，よく土台となる集合と同じ記号で表す。例えば，位相空間は正確にはある集合 X と X 上の位相 $\mathcal{O}$ の組だが，「$(X, \mathcal{O})$ は位相空間である」とも言うし，単に「X は位相空間である」とも言う。
- ✓ 高校数学では選択公理を使わないと証明できない命題は出てこないが，大学数学では選択公理を仮定しないと話にならない分野を多く扱う。例えば，任意の線形空間の基底の存在やハーン・バナッハの拡張定理，チコノフの定理，極大イデアルの存在，代数閉包の存在，ルベーグ非可測集合の存在，集合の濃度の比較可能性，可算集合の可算和の可算性などは選択公理なしの ZF 公理系では証明できない。

ただし，「これが大学数学だ」という一義的な体系は存在せず，どの流儀を採用しているかは文献や講義によるので，正確には逐一確認が必要である。

1　ロピタルの定理と超準解析

ロピタルの定理は高校数学で極限を求める際の「裏技」としてよく知られ，しばしば記述式の試験で使って良いのか否かについて議論を巻き起こす。「正しく使えるなら使っても良い」という意見が多数派のようだが，ロピタルの定理は意外と仮定が複雑で正しく使うのが難しい。なんとなく「分子・分母を微分すれば極限が求まる」などと安易に考えていると罠にはまる。まずは定理のステートメント（特に仮定）を確認しよう。

ロピタルの定理

$c \in \mathbb{R} \cup \{-\infty, \infty\}$とする。微分可能な関数 $f, g\colon \mathbb{R} \to \mathbb{R}$ が

$$\lim_{x\to c} f(x) = \lim_{x\to c} g(x) = 0 \text{ または } \lim_{x\to c} f(x) = \lim_{x\to c} g(x) = \pm\infty$$

を満たしていて，c のある除外近傍上で常に $g'(x) \neq 0$ であるとする。

このとき，極限 $\displaystyle\lim_{x\to c}\frac{f'(x)}{g'(x)}$ が存在するならば，$\displaystyle\lim_{x\to c}\frac{f(x)}{g(x)} = \lim_{x\to c}\frac{f'(x)}{g'(x)}$.

極限を片側極限（$x \to c-0$ や $x \to c+0$）に置き換えても成り立つ。極限が確定して $-\infty$ や ∞ となるケースも「極限が存在する」に含めて良い。要するに「極限が存在する」とは「振動しない」という意味である。$f'(x)/g'(x)$ の極限の存在は仮定する必要があるが，微分していない方の商 $f(x)/g(x)$ の極限の存在は結論に含まれる（仮定しなくてよい）。ここで，c の除外近傍とは，

- c が実数のとき，c を含むある開区間から c 自身のみを取り除いた集合
- $c = -\infty$ のとき，ある実数 a より小さい実数全体 $(-\infty, a)$
- $c = \infty$ のとき，ある実数 a より大きい実数全体 (a, ∞)

（またはそれを含む集合）を指す。「c のある除外近傍上で常に $g'(x) \neq 0$」は直感的には「c の十分近くで $g'(x) \neq 0$（ただし，c 自身では成り立たなくても良い）」ということである。実は f, g の微分可能性も c のある除外近傍上でさえ成り立つと仮定すれば十分である。

ロピタルの定理を使う際にチェックすべきポイントは以下の 3 つである。

(1)　$0/0$ または ∞/∞ の不定形であること
(2)　c の十分近くで $g'(x) \neq 0$ であること
(3)　微分の商 $f'(x)/g'(x)$ の極限が存在すること

これらの条件のうちどれか一つでも欠けると反例がある。例えば，以下はそれぞれの条件を満たさない（が，他は満たす）場合の反例になっている。

(1)　$f(x)=x+1,\ g(x)=x+2,\ c=0$

(2)　$f(x)=x+\sin x\cos x\,,\ g(x)=e^{\sin x}(x+\sin x\cos x),\ c=\infty$

(3)　$f(x)=x+\sin x\,,\ g(x)=x,\ c=\infty$

必要性が一番理解しづらい仮定は(2)だと思うが，これはロピタルの定理の通常の証明がコーシーの平均値の定理を用いていることに由来する。例えば，0/0 型で c が実数の場合，ロピタルの定理は c の左右の十分小さい開区間でコーシーの平均値の定理を用いて，その区間の幅を小さくする極限をとることで容易に示されるが，コーシーの平均値の定理の式は分母に g' を含むので仮定(2)が必要になる。$c=\pm\infty$ の場合は独立変数の逆数をとる変数変換で $c=0$ の場合に帰着させる証明が一般的である。∞/∞ 型の場合はやや煩雑なので詳細は割愛するが，やはりコーシーの平均値の定理が鍵になる。

尤も，反例の恣意性を考えれば分かるように，(2)だけを満たさないような関数はわざとらしく振動する形のものに限られる（特に c が有限のときは大抵 $\sin(1/(x-c))$ のような“病的”に振動する式が含まれる）ので，高校数学の極限の問題で分母の微分に関する条件が障害になることはほとんどないだろう。とはいえ，定理を適用する以上，仮定の確認は怠れない。

問題

$\displaystyle\lim_{x\to 0}\frac{\sin 2x+x\cos x}{4x+2\sin 3x}$ を求めよ。

正攻法 三角関数の公式の利用

$$\lim_{x\to 0}\frac{\sin 2x+x\cos x}{4x+2\sin 3x}=\lim_{x\to 0}\frac{2\left(\sin x+\frac{x}{2}\right)\cos x}{4x+2\sin 3x}=\lim_{x\to 0}\frac{\frac{2}{3}\left(\frac{\sin x}{x}+\frac{1}{2}\right)\cos x}{\frac{4}{3}+2\cdot\frac{\sin 3x}{3x}}$$

$$=\frac{2/3\cdot(1+1/2)\cdot 1}{4/3+2\cdot 1}=\frac{3}{10}$$

分子を cos で括るために sin の倍角の公式を用いたが，もちろんいきなり x で割っても良い。

チート解法① ロピタルの定理

$f(x) = \sin 2x + x\cos x$, $g(x) = 4x + 2\sin 3x$ とおくと，f, g は微分可能で，$f'(x) = 2\cos 2x + \cos x - x\sin x$, $g'(x) = 4 + 6\cos 3x$. $g'(0) = 10$ と g' の連続性から，$x = 0$ を含むある区間で常に $g'(x) > 0$ である。また，

$$\lim_{x\to 0} f(x) = \lim_{x\to 0} g(x) = 0, \quad \lim_{x\to 0}\frac{f'(x)}{g'(x)} = \frac{f'(0)}{g'(0)} = \frac{3}{10} \text{ (極限が存在)}.$$

よって，ロピタルの定理より，$\displaystyle\lim_{x\to 0}\frac{f(x)}{g(x)} = \lim_{x\to 0}\frac{f'(x)}{g'(x)} = \frac{3}{10}$.

もしロピタルの定理を使って記述式の答案に書くとしたら，ロピタルの定理の重要な 3 つの仮定（不定形であること，分母の微分が近付ける点の(除外)近傍で 0 にならないこと，微分した方の極限が存在すること）を確認し，上のように書いておくべきだろう。

これで果たして満点がもらえるかどうかは保証できないが。

チート解法②“脱法ロピタル”

$$\lim_{x\to 0}\frac{\sin 2x + x\cos x}{4x + 2\sin 3x} = \lim_{x\to 0}\frac{\dfrac{\sin 2x + x\cos x - 0}{x - 0}}{\dfrac{4x + 2\sin 3x - 0}{x - 0}} = \frac{\dfrac{d}{dx}(\sin 2x + x\cos x)\Big|_{x=0}}{\dfrac{d}{dx}(4x + 2\sin 3x)\Big|_{x=0}}$$

$$= \frac{2\cos 2x + \cos x - x\sin x}{4 + 6\cos 3x}\Bigg|_{x=0} = \frac{3}{10}$$

これは筆者が高校生のとき「脱法ロピタル」と呼んでいた方法である。もちろん正式な数学用語ではない。

$\displaystyle\lim_{x\to c} f(x)/g(x)$ が $0/0$ 型の不定形で f, g が微分可能なら $f(c) = g(c) = 0$ より

$f(x)/g(x) = (f(x) - f(c))/(g(x) - g(c))$ であり，更に $g'(c) \neq 0$ なら分子・分母を $x - c$ で割ると微分を定義する差分商の形が現れ，極限をとると $f'(c)/g'(c)$ となる。不定形だからこそ無理やり微分の形を作り出せるのである。

ロピタルの定理を記述試験で無断使用して良いかはしばしば物議を醸し，無断使用して良いとしても定理の仮定が満たされる根拠を正確に記述するのは面倒臭い。そこで，**簡便に微分の形を作り，実質的にロピタルの定理と同じことを高校数学の範囲内で行う**。「範囲外の知識を使いたきゃ証明してから使え」と言われることもあるが，「脱法ロピタル」はより強い仮定の下で限定的なケ

ースでロピタルの定理を瞬時に証明しているようなものなので，その観点からも文句の付けようがない。

チート解法③ テイラー展開

$\sin x = x + O(x^2)$, $\cos x = 1 + O(x)$ $(x \to 0)$ より，

$$\frac{\sin 2x + x\cos x}{4x + 2\sin 3x} = \frac{2x + O(x^2) + x \cdot (1 + O(x))}{4x + 6x + O(x^2)} = \frac{3x + O(x^2)}{10x + O(x^2)} = \frac{3 + O(x)}{10 + O(x)}$$

$$\therefore \lim_{x \to 0} \frac{\sin 2x + x\cos x}{4x + 2\sin 3x} = \frac{3}{10}$$

ここで，O はランダウの記法（定義は冒頭の記号集を参照）である。要するに，$O(x^n)$ と書いた部分は $x \to 0$ のとき（定数倍の違いを無視して）x^n と同じかそれより速いスピードで 0 に収束する何らかの関数だということである。$o(x^n)$ という表記もあるが，それは $x \to 0$ のとき x^n よりも真に速いスピードで 0 に収束する関数だということである。テイラー展開については後述する。

ロピタルの定理は微分可能というかなり弱い仮定だけで 1 階微分を使った計算を保証していた。しかし，高校数学の極限の問題でよく見る関数たちはもっと滑らかで，しかも性質が良いので，もっと大雑把なことをしても大丈夫である。強いことを仮定すればより強力な操作をしても良いことが言える。

後述するテイラー展開を既知とすれば，ロピタルの定理よりも強力である。要するに，0/0 型の不定形の場合，分子と分母が 0 に近づくスピードを比較すればよく，最も遅く 0 に近づく項の係数さえ分かればよいということである。

ただし，テイラー展開は高校範囲外である上に，ランダウの記号の使い方にうるさい人もいるので気を付けたい。どの点に近づくときのオーダーなのか（この場合「$(x \to 0)$」）を文脈に委ねて明記しなかったり，lim をとっている式の中にランダウの記号を書いたりすると怒られる可能性がある。

問題

$a > 0$ のとき，$\displaystyle\lim_{n \to \infty} (1 + a^n)^{1/n}$ を求めよ。

（京大 2012）

正攻法 対数の性質の利用

対数をとった $(1/n)\log(1 + a^n)$ について考える。

$0 < a \leq 1$ のとき，$0 < a^n \leq 1\ (\forall n)$ より，

$$\lim_{n\to\infty} \frac{\log(1+a^n)}{n} = 0 \quad \therefore \lim_{n\to\infty} (1+a^n)^{1/n} = 1.$$

$a > 1$ のとき，$a^{-n} \to 0\ (n \to \infty)$ より，

$$\lim_{n\to\infty} \frac{\log(1+a^n)}{n} = \lim_{n\to\infty} \frac{\log\{a^n \cdot (1+a^{-n})\}}{n} = \lim_{n\to\infty} \frac{n\log a + \log(1+a^{-n})}{n} = \log a$$

$$\therefore \lim_{n\to\infty} (1+a^n)^{1/n} = a.$$

見た目から e の定義に持ち込むタイプかと錯覚するかもしれないが，これは $0 < a \leq 1$ のとき不定形ではなく，不定形の場合でも 1^∞ 型ではなく ∞^0 型なので違う。定石通り対数をとって，不定形のケースでは対数の性質を利用して簡単に極限が分かる部分と誤差を分離する。もし対数の中に 1 がなければそのまま $\log a$ になるが，1 が邪魔である。無限に大きくなる a^n に比べれば 1 の影響は無視できるという直感を正当化すると自然とこの解法に至る。

対数の極限が極限の対数になるのは対数関数の連続性から従う。

チート解法 ロピタルの定理

対数をとった $(1/n)\log(1+a^n)$ について考える。

$0 < a \leq 1$ のとき，$0 < a^n \leq 1\ (\forall n)$ より，

$$\lim_{n\to\infty} \frac{\log(1+a^n)}{n} = 0 \quad \therefore \lim_{n\to\infty} (1+a^n)^{1/n} = 1.$$

$a > 1$ のとき，ロピタルの定理より

$$\lim_{x\to\infty} \frac{\log(1+a^x)}{x} = \lim_{x\to\infty} \frac{\{\log(1+a^x)\}'}{x'} = \lim_{x\to\infty} \frac{1}{1+a^x} \cdot a^x \log a = \log a$$

$$\therefore \lim_{n\to\infty} (1+a^n)^{1/n} = a.$$

このように分数以外の不定形の極限にもロピタルの定理は有効である。

分子・分母を微分してもまた不定形になる場合，もう 1 度微分すると不定形が解消されることがある。その極限は元の極限に等しいことがロピタルの定理を繰り返し使うと分かる。同様に，2 度微分してダメでも 3 度微分すれば極限が求まることがある。後述するテイラー展開の考え方から分かるように，不定形を解消するために必要な微分の回数は分子・分母の発散や 0 への収束が速い

ほど多くなる。例えば，e^x/x^n の $x \to \infty$ のときの極限は分子・分母を n 回微分すると解消され，極限は ∞ である，すなわち，よく知られているように多項式より指数関数の方が速く増大することが分かる。$x^k(\log x)^n \to 0$ $(x \to +0)$ は $\log x = -t$ と変数変換するとこれに帰着するが，全体を $1/n$ 乗して分子が $\log x$，分母が $x^{-k/n}$ だと思うと 1 回ロピタルの定理を使うだけで済む。

次のように愚直にロピタルの定理を使おうとすると何度も微分する必要が出てかえって計算が大変になる場合もある。

問題

$\displaystyle\lim_{x\to 0}\frac{\sin x - \tan x}{x(\cos 4x - \cos 3x)}$ を求めよ。

正攻法 三角関数の公式の利用

$$
\begin{aligned}
\lim_{x\to 0}\frac{\sin x - \tan x}{x(\cos 4x - \cos 3x)} &= \lim_{x\to 0}\frac{\sin x}{x}\cdot\frac{1-\frac{1}{\cos x}}{\cos 4x - \cos 3x} = \lim_{x\to 0}\frac{\sin x}{x}\cdot\frac{1-\frac{1}{\cos x}}{-2\sin\frac{7}{2}x\sin\frac{1}{2}x} \\
&= \lim_{x\to 0}\frac{\sin x}{x}\cdot\frac{1}{2\cos x}\cdot\frac{1-\cos x}{\sin\frac{7}{2}x\sin\frac{1}{2}x} \\
&= \lim_{x\to 0}\frac{\sin x}{x}\cdot\frac{1}{2\cos x}\cdot\frac{\frac{7}{2}x}{\sin\frac{7}{2}x}\cdot\frac{\frac{1}{2}x}{\sin\frac{1}{2}x}\cdot\frac{4}{7}\cdot\frac{(1-\cos x)(1+\cos x)}{x^2(1+\cos x)} \\
&= \lim_{x\to 0}\frac{\sin x}{x}\cdot\frac{1}{2\cos x}\cdot\frac{\frac{7}{2}x}{\sin\frac{7}{2}x}\cdot\frac{\frac{1}{2}x}{\sin\frac{1}{2}x}\cdot\frac{4}{7}\cdot\left(\frac{\sin x}{x}\right)^2\cdot\frac{1}{1+\cos x} \\
&= 1\cdot\frac{1}{2}\cdot 1\cdot 1\cdot\frac{4}{7}\cdot 1^2\cdot\frac{1}{2} = \frac{1}{7}
\end{aligned}
$$

$\cos 4x - \cos 3x$ の部分は和積の公式で処理する。$1-\cos x$ が登場する極限は分子・分母に $1+\cos x$ を掛けて $\sin x$ を含む極限に帰着させるのが定石である。理系の大学受験生であれば $(1-\cos x)/x^2 \to 1/2$ $(x \to 0)$ はよく使うので準公式として覚えている人も多いだろう。

チート解法① ロピタルの定理（工夫なし）

ロピタルの定理より，

$$\lim_{x\to 0}\frac{\sin x-\tan x}{x(\cos 4x-\cos 3x)}=\lim_{x\to 0}\frac{(\sin x-\tan x)'}{\{x(\cos 4x-\cos 3x)\}'}$$

$$=\lim_{x\to 0}\frac{\cos x-\dfrac{1}{\cos^2 x}}{-\cos 3x+\cos 4x+3x\sin 3x-4x\sin 4x}$$

$$=\lim_{x\to 0}\frac{\left(\cos x-\dfrac{1}{\cos^2 x}\right)'}{(-\cos 3x+\cos 4x+3x\sin 3x-4x\sin 4x)'}$$

$$=\lim_{x\to 0}\frac{-\sin x-2\dfrac{\sin x}{\cos^3 x}}{6\sin 3x-8\sin 4x+9x\cos 3x-16x\cos 4x}$$

$$=\lim_{x\to 0}\frac{\left(-\sin x-2\dfrac{\sin x}{\cos^3 x}\right)'}{(6\sin 3x-8\sin 4x+9x\cos 3x-16x\cos 4x)'}$$

$$=\lim_{x\to 0}\frac{-\cos x-\dfrac{4\sin^2 x+2}{\cos^4 x}}{27\cos 3x-48\cos 4x-27x\sin 3x+64x\sin 4x}=\frac{-1-2}{27-48}=\frac{1}{7}$$

和積の公式を使うという発想が出なくても機械的に極限が求まる。

一方，分子・分母を 3 回も微分するので計算は正攻法より大変である。実は最初に $(\sin x)/x$ を外に括り出すと微分する回数が 1 回減る（チート解法②）。それに気付かなくても，1 回微分した時点で分子を整理して $1/\cos^2 x$ を括り出しておくと商の微分を使う必要がなくなるので計算が楽になる。

記述式の試験で少しでも減点されにくくするためには，$x(\cos 4x-\cos 3x)$ は何度微分しても零点（値が 0 になる点）が離散的であること，分子・分母を $0, 1, 2$ 階微分してできる分数の極限はみな $0/0$ 型の不定形であること，更に，「分子・分母を 3 階微分してできる分数の極限が存在するのでロピタルの定理から分子・分母を 2 階微分してできる分数の極限も存在してそれに一致し，再びロピタルの定理から分子・分母を 1 階微分してできる分数の極限も存在してそれに一致し，最後に再びロピタルの定理から元の分数の極限も存在してそれに一致する」という順番の推論を使っていることに言及しておくと良いだろう。減点されないようにするためには正攻法を使うに越したことはないが。

チート解法②　ロピタルの定理（工夫あり）

ロピタルの定理より，

$$\lim_{x\to 0}\frac{\sin x-\tan x}{x(\cos 4x-\cos 3x)}=\lim_{x\to 0}\frac{\sin x}{x}\cdot\frac{1}{\cos x}\cdot\frac{\cos x-1}{\cos 4x-\cos 3x}$$

$$=\lim_{x\to 0}\frac{\sin x}{x}\cdot\frac{1}{\cos x}\cdot\frac{(\cos x-1)'}{(\cos 4x-\cos 3x)'}$$

$$=\lim_{x\to 0}\frac{\sin x}{x}\cdot\frac{1}{\cos x}\cdot\frac{-\sin x}{-4\sin 4x+3\sin 3x}=$$

$$=\lim_{x\to 0}\frac{\sin x}{x}\cdot\frac{1}{\cos x}\cdot\frac{(-\sin x)'}{(-4\sin 4x+3\sin 3x)'}$$

$$=\lim_{x\to 0}\frac{\sin x}{x}\cdot\frac{1}{\cos x}\cdot\frac{-\cos x}{-16\cos 4x+9\cos 3x}=1\cdot 1\cdot\frac{-1}{-16+9}=\frac{1}{7}$$

正攻法とロピタルの定理の合わせ技として，極限がすぐ分かる成分や不定形でない部分をその都度括り出してより簡単な式にしてから微分すると，このように計算を減らすことができる。上の例は工夫しなくてもギリギリ許せるレベルの計算量だったが，例えば

$$\lim_{x\to 0}\frac{\tan^2 x\cos x-\sin^2 x}{x^4\{e^x+x^3\tan(\cos x)\}}=\frac{1}{2}$$

のような極限の場合，このような工夫をせずにロピタルの定理を使うと 4 回も大変な微分計算をする羽目になる。先に$((\sin x)/x)^2$と分母の{ }内を外に括り出しておけば簡単な微分計算を 2 回するだけで済む。

ちなみに高校の定期試験や大学入試で出題されることはほぼあり得ないが，

$$\lim_{x\to +0}\frac{x^{2/x}}{e^{-1/x}}=0$$

という極限をそのままロピタルの定理で求めようとすると，分子・分母の任意の階数の微分が 0 に収束するので，いくら微分しても不定形が解消されず，いつか終わると信じて微分し続けると試験どころか人生が終わってしまう。しかし，全体を $1/x$ 乗の形にすれば $(ex^2)^{1/x}\to 0$ $(x\to +0)$ となり一瞬である。不定形の極限を見たらすぐロピタるのではなく，ロピタるべきかロピタらないべきかも含めて少しは考えてから計算しよう。

チート解法③ テイラー展開

三角関数のマクローリン展開

$$\sin x=\sum_{n=0}^{\infty}\frac{(-1)^n}{(2n+1)!}x^{2n+1},\qquad \cos x=\sum_{n=0}^{\infty}\frac{(-1)^n}{(2n)!}x^{2n},$$

$$\tan x = \sum_{n=1}^{\infty} \frac{B_{2n}(-4)^n(1-4^n)}{(2n)!} x^{2n-1} \quad \left(|x| < \frac{\pi}{2},\quad B_k\text{: ベルヌーイ数}\right)$$

より，

$$\frac{\sin x - \tan x}{x(\cos 4x - \cos 3x)} = \frac{\left(x - \frac{1}{6}x^3 + O(x^5)\right) - \left(x + \frac{1}{3}x^3 + O(x^5)\right)}{x\left[1 - \frac{1}{2}(4x)^2 + O(x^4) - \left\{1 - \frac{1}{2}(3x)^2 + O(x^4)\right\}\right]} \text{ as } x \to 0$$

$$\therefore \lim_{x\to 0} \frac{\sin x - \tan x}{x(\cos 4x - \cos 3x)} = \lim_{x\to 0} \frac{x - \frac{1}{6}x^3 - x - \frac{1}{3}x^3}{x - 8x^3 - x + \frac{9}{2}x^3} = \frac{-\frac{1}{6} - \frac{1}{3}}{-8 + \frac{9}{2}} = \frac{1}{7}$$

特に $\tan x$ のマクローリン展開（テイラー展開の一種）はわけが分からないと感じるかもしれないが，実はマクローリン展開を完全に求めなくても 3 階までの微分とテイラーの定理を使えば同じことができるので安心して良い。

■テイラーの定理

さて，ここで，後述するとしていたテイラー展開とテイラーの定理について解説しよう。

テイラーの定理

$k \geq 1$ とし，$f\colon \mathbb{R} \to \mathbb{R}$ を $a \in \mathbb{R}$ で k 階微分可能な関数とすると，

$$h_k(x) \to 0 \ (x \to a),$$

$$f(x) = f(a) + f'(a)(x-a) + \frac{f''(a)}{2!}(x-a)^2 + \cdots + \frac{f^{(k)}(a)}{k!}(x-a)^k + h_k(x)(x-a)^k \quad (\forall x \in \mathbb{R})$$

を満たす関数 $h_k\colon \mathbb{R} \to \mathbb{R}$ が存在する。

$f(x)$ についての等式を満たす $h_k(x)$ が存在するのは当たり前である（各 $x \neq a$ に対してその等式を $h_k(x)$ について解いた式で値を定めればよい）。重要なのはその h_k が $h_k(x) \to 0 \ (x \to a)$ を満たすということである。

$$P_k(x) := f(a) + f'(a)(x-a) + \frac{f''(a)}{2!}(x-a)^2 + \cdots + \frac{f^{(k)}(a)}{k!}(x-a)^k$$

を f の a における k 次の**テイラー多項式**と言う。f の滑らかさについての追加の仮定の下で，剰余項 $r_k(x) := f(x) - P_k(x)$ を具体的に表示する公式がいくつか知られている。平均値の定理から次が得られる：

ラグランジュの剰余項とコーシーの剰余項

$a<x$, $f\colon \mathbb{R}\to\mathbb{R}$ が $[a,x]$ 上 C^k 級，(a,x) 上 $k+1$ 階微分可能のとき，

$$\exists\xi_L\in(a,x);\ f(x)-P_k(x)=\frac{f^{(k+1)}(\xi_L)}{(k+1)!}(x-a)^{k+1},$$

$$\exists\xi_C\in(a,x);\ f(x)-P_k(x)=\frac{f^{(k+1)}(\xi_C)}{(k+1)!}(x-\xi_C)^k(x-a)$$

$x<a$ のときは区間を $[x,a],(x,a)$ に置き換えたステートメントが成り立つ。C^k 級とは「k 階までの微分が存在して全て連続である」という意味である。積分形の剰余項の明示公式も存在する。積分表示を天下り的に与えて部分積分を繰り返して $P_k(x)$ の形を作り出すことで次が証明できる：

ベルヌーイの剰余項

$f\colon \mathbb{R}\to\mathbb{R}$ が $[a,x]$ または $[x,a]$ 上 C^{k+1} 級のとき，

$$f(x)-P_k(x)=\int_a^x\frac{f^{(k+1)}(t)}{k!}(x-t)^k dt.$$

ルベーグ積分を用いると，仮定は「k 回微分が絶対連続」に弱められる。

f が a を含む開区間で C^∞ 級, つまり何回でも微分できるとき, $P_k(x)$ で $k\to\infty$ とした級数

$$\sum_{k=0}^{\infty}\frac{f^{(k)}(a)}{k!}(x-a)^k$$

が考えられる。これを f の a におけるテイラー級数と言う。a を含むある開区間でテイラー級数が収束し，かつ，f の値に等しいとき，f は a においてテイラー展開可能だと言い，そのテイラー級数を f の a を中心とした（a における）**テイラー展開**と呼ぶ。0 を中心としたテイラー展開を**マクローリン展開**と言う。ある開区間（あるいはより一般に領域）の各点でテイラー展開可能な関数は，その区間上で解析的である（その区間上の解析関数である）と言われる。

テイラー展開可能性はラグランジュの剰余項を評価することで示すことが多い。例えば，$\exists r>0$ に対して $(a-r,a+r)$ 上で高階微分の列が一様有界なら

$$|f(x)-P_k(x)|\le\sup_{x\in(a-r,a+r),k\in\mathbb{N}}\left|f^{(k+1)}(x)\right|\cdot\frac{r^{k+1}}{(k+1)!}\to 0\quad(k\to\infty)\ \big(\forall x\in B_r(a)\big)$$

となり，a においてテイラー展開できる（$\sin x$, $\cos x$, e^x など）。テイラー展開可能な関数同士の和や積もテイラー展開できる。正則関数（複素数を変数として微分可能な複素関数）に拡張できる関数もテイラー展開できる。

マクローリン展開の具体例をいくつか紹介しよう。単なる等比級数の式

$$\frac{1}{1-x} = \sum_{n=0}^{\infty} x^n \ \ (|x| < 1)$$

もマクローリン展開と見做せる。冪級数（$\sum_{n=0}^{\infty} a_n(x-c)^n$ の形の級数）は**何回でも項別微積分可能**（微分や積分が Σ の中に入る）で収束半径（その級数が収束するような点からなる複素数平面上の最大の開円板の半径）が変わらないという性質があるので，ここから微分・多項式倍・独立変数の置換（x の部分を $-x$ や x^m に置き換える等）を繰り返すことで

$$\frac{2x^2}{(1+x^5)^3} = \sum_{n=0}^{\infty}(-1)^n(n-1)nx^{5n} \ \ (|x| < 1)$$

などのような様々なマクローリン展開が得られる（例は 2 階微分して x^2 倍して $-x^5$ を代入した結果）。初項 1，公比 $-x$ の等比級数の式を項別積分すると

$$\log(1+x) = \sum_{n=1}^{\infty} \frac{(-1)^{n+1}}{n} x^n \ \ (|x| < 1)$$

が得られ，逆にこれを項別微分すると等比級数の和の公式が得られる。帰納法で $\frac{d^n}{dx^n}\log(1+x) = (-1)^{n+1}(n-1)!/(x+1)^n$ を示して剰余項を評価しても良い（この方法の方が多くの文献に載っている）が，手間がかかる。ここで x の部分に x/a を代入すれば $\log(a+x)$ のマクローリン展開も得られる。

一方で，初項 1，公比 $-x^2$ の等比級数を項別積分すると

$$\tan^{-1} x = \sum_{n=0}^{\infty} \frac{(-1)^n}{2n+1} x^{2n+1} \ \ (|x| \leq 1)$$

が得られる（分母に階乗が付く $\sin x$ の展開と混同しないよう注意）。$x = \pm 1$ のときの収束は，かなり後で紹介するアーベルの連続性定理から従う。奇関数なので，マクローリン展開には奇数次の項しか現れていない。

$$\sin x = \sum_{n=0}^{\infty} \frac{(-1)^n}{(2n+1)!} x^{2n+1} \ \ (\forall x \in \mathbb{R}), \qquad \cos x = \sum_{n=0}^{\infty} \frac{(-1)^n}{(2n)!} x^{2n} \ \ (\forall x \in \mathbb{R})$$

は前述の剰余項の評価と n 階微分の一般項（周期 4 なので容易）から分かる。ちなみに $\sin x, \cos x, \tan x, \sec x, \tan^{-1} x$ のマクローリン展開から各項の符号部分 $(-1)^n$ を外した（1 に置き換えた）式はそれぞれ $\sinh x, \cosh x, \tanh x$, $\operatorname{sech} x, \tanh^{-1} x$ のマクローリン展開になる。これは偶然ではなく（そもそも数学に偶然などないが），三角関数と双曲線関数の微分公式の類似性に起因する。双曲線関数のマクローリン展開は，指数関数のマクローリン展開

$$e^x = \sum_{n=0}^{\infty} \frac{x^n}{n!} \ \ (\forall x \in \mathbb{R})$$

から得られる。指数関数は微分で不変なので剰余項の評価も容易である。

任意の実数 α（複素冪の説明はしないが，実は複素数でも良い）に対して成り立つ一般化二項展開（二項級数）

$$(1+x)^\alpha = \sum_{n=0}^{\infty} \frac{\alpha(\alpha-1)(\alpha-2)\cdots(\alpha-(n-1))}{n!} x^n \quad (|x|<1)$$

も剰余項の評価から得られる。分子は $n=0$ のときは空積で 1 と見做す。α が自然数のときは $n>\alpha$ の係数が全て 0 となり，普通の二項展開の式に一致する。$\alpha=-1/2$ とした二項級数で x を $-x^2$ に置き換えてから項別積分すれば

$$\sin^{-1} x = \sum_{n=0}^{\infty} \frac{(2n)!}{4^n (n!)^2 (2n+1)} x^{2n+1} \quad (|x|<1)$$

を得る。$n \geq 1$ のときは $2^n n! = (2n)!!$ より $(2n)!/4^n(n!)^2 = (2n-1)!!/(2n)!!$ であり，これを用いて変形した形の式もよく見る。$\sinh^{-1} x$ のマクローリン展開は $\sin^{-1} x$ のマクローリン展開の $2n+1$ 次の係数に $(-1)^n$ を付けた形になる。

$\tan x, \csc x, \sec x, \cot x$ のマクローリン展開の一般項はベルヌーイ数が出てきて非常に面倒臭い。そもそも極限を求めたり関数値を近似したりするだけなら，マクローリン展開の一般項を求める必要はない。何階かまで 0 における微分係数を求め，テイラーの定理を使って $f(x) = P_k(x) + o(x^k)$ の形に書いておく方が簡便である。展開が既に途中まで分かっている関数同士の和や積の展開は以下のランダウの記号の性質を使えば途中まで求まる。

- $c \cdot o(f(x)) = o(f(x))$（$c$ は定数）
- $o\big(f(x)\big) + o\big(f(x)\big) = o\big(f(x)\big)$
- $f(x) \cdot o\big(g(x)\big) = o\big(f(x)g(x)\big),\ o\big(f(x)\big)O\big(g(x)\big) = o\big(f(x)g(x)\big)$
- $o(x^m) + o(x^n) = o\big(x^{\min\{m,n\}}\big),\ x^{n+1} = o(x^n)$ as $x \to 0$
- $f(x) = o\big(g(x)\big), g(x) = O\big(h(x)\big) \Rightarrow f(x) = o\big(h(x)\big)$

（これらは o-記法を O-記法に置き換えても成り立つ。冪についての性質以外は x が 0 以外の定数に近付くときや $x \to \infty$ のときも成り立つ。）

逆数の展開が分かっているときは $(1+x)^{-1}$ の展開との合成を考えることで微分しなくても求まる。例えば，$x \to 0$ を考えるものとすると，

$$\cos x = \sum_{n=0}^{\infty} \frac{(-1)^n}{(2n)!} x^{2n} = 1 - \frac{1}{2}x^2 + \frac{1}{24}x^4 + O(x^6)$$

より，

$$\begin{aligned}
\cos^2 x &= \left(1 - \frac{1}{2}x^2 + \frac{1}{24}x^4 + O(x^6)\right)^2 \\
&= 1 - \frac{1}{2}x^2 + \frac{1}{24}x^4 - \frac{1}{2}x^2 \times \left(1 - \frac{1}{2}x^2 + \frac{1}{24}x^4\right) + \frac{1}{24}x^4 \times \left(1 - \frac{1}{2}x^2 + \frac{1}{24}x^4\right) \\
&\qquad + O(x^6) \\
&= 1 - \frac{1}{2}x^2 + \frac{1}{24}x^4 - \frac{1}{2}x^2 + \frac{1}{4}x^4 + O(x^6) + \frac{1}{24}x^4 + O(x^6) + O(x^6)
\end{aligned}$$

$$= 1 - x^2 + \frac{x^4}{3} + O(x^6).$$

6 乗以上の項が出てきたらその部分を $O(x^6)$ としてまとめれば良い。もちろん半角の公式で次数を下げてから cos のマクローリン展開に $2x$ を代入しても良い（ランダウの記号の練習のためにそのまま 2 乗したが，次数を下げた方が速い)。更に幾何級数の展開 $(1+x)^{-1} = 1 - x + x^2 + O(x^3)$ を用いると，

$$\begin{aligned}
\frac{1}{\cos^2 x} &= \frac{1}{1 - x^2 + \frac{x^4}{3} + O(x^6)} \\
&= 1 - \left(-x^2 + \frac{x^4}{3} + O(x^6)\right) + \left(-x^2 + \frac{x^4}{3} + O(x^6)\right)^2 + O(x^6) \\
&= 1 + x^2 - \frac{x^4}{3} + O(x^6) + x^4 + O(x^6) + O(x^6) \\
&= 1 + x^2 + \frac{2}{3}x^4 + O(x^6).
\end{aligned}$$

一般に，展開が（途中まで）分かっている関数 f, g に対する $h = f/g$ の展開も $hg = f$ で係数比較して未知の係数に関する連立方程式を作ることで（途中まで）求まるが，なかなか面倒である。

冒頭の記号集でも述べた通り，ランダウの記法は慣習的に「=」を用いて表されるが，等しいという意味ではない。例えば，「$o(x^{n+1}) = o(x^n)$ as $x \to 0$」は真だが，「$o(x^n) = o(x^{n+1})$ as $x \to 0$」は偽である。本当はランダウの記号自身は何か特定の数学的な実体を表しているわけではなく，ただの記号でしかないのだが，分かりにくければとりあえずランダウの記号で表されている対象が関数の集合だと思うのが良いかもしれない。この解釈の下では，両辺がランダウの記号を含む式の場合の「=」は「$\subseteq$」，左辺が関数で右辺がランダウの記号の場合の「=」は「$\in$」というような意味にとることができる。あたかもランダウの記号に演算を施しているかのような表記は，各ランダウの記号の部分に別々にそのオーダーの関数を入れてできる関数全体の集合だと思うのが良い。例えば，$o(x^2) + o(x^2) + O(x^3)$ は

$$\{f(x) + g(x) + h(x) \mid f(x) = o(x^2), g(x) = o(x^2), h(x) = O(x^3)\}$$

という集合だと思えば矛盾なく解釈できるだろう。ランダウの記号を含む等式は普通の等式ではないので，慣れないと扱いが難しい。

高校数学の数列や関数の極限の分野で現れる関数のオーダーを比較して，ランダウの記法で表すと次のようになる（$0 < \varepsilon < 1$）：

$$\log n = o(n^\varepsilon) = o(n^{1/\varepsilon}) = o(e^{n^\varepsilon}) = o(e^n) = o(n!) = o(n^n) = o(e^{n^{1+\varepsilon}}) \text{ as } n \to \infty,$$

$$e^{-x^2} = o(e^{-x}) = o(x^{1/\varepsilon}) = o(x) = o(x^\varepsilon) = o(-\log x) \text{ as } x \to +0.$$

ランダウの記法はともかく，こういった比較は覚えておくと役立つ。o の中身は右に行くほど（極限をとったときに相対的に無限に）“大きい”。つまり，左÷右が 0 に収束する。例えば，$e^n/n! \to 0$ $(n \to \infty)$，$\sqrt{x}/\log x \to 0$ $(x \to +0)$ である。言い換えると，$n \to \infty$ のケースに対しては o の中身は右に行くほど発散が速く，$x \to +0$ のケースに対しては o の中身は右に行くほど 0 への収束が遅い。$f(x) \to \infty$，$f(x) = o\bigl(g(x)\bigr)$ as $x \to \infty$ のとき，「$x \to \infty$ のとき g は f よりも高位の無限大である」と言い，よく $f \prec g$ と書く。同様に，$g(x) \to 0$，$f(x) = o\bigl(g(x)\bigr)$ as $x \to c$ のとき，「$x \to c$ のとき f は g よりも高位の無限小である」と言う。

ランダウの記法がどうしても面倒臭いなら，曖昧さを許して「≒」や「≈」（ほぼ等しい）などの記号を使ってごまかすこともできる。例えば，

$$\sin x \approx x - \frac{1}{6}x^3.$$

しかし，このような書き方は精度が保証されていないので厳密ではない。そもそも「≒」や「≈」は数値がほぼ等しいことを主張する記号であって，関数の漸近挙動を表すために用いるのは一般的ではない。関数の漸近挙動を表す記号には「≃」（「漸近的に等しい」，すなわち，左辺÷右辺が 1 に収束する）や「∼」（「漸近的に比例する」，すなわち，左辺÷右辺が 0 でない定数に収束する）などがある（ただし，記法の流儀は文献により様々であり，「∼」を「漸近的に等しい」とする場合や「左辺が上下から右辺の正定数倍で抑えられる」とする場合もある）が，これらが表すのは 1 次近似のみであり，テイラー展開の 2 次以上の項の情報まで考慮する場合には向いていない。

マクローリン展開は単純な形をしていて扱いやすく，任意の点に近づく極限は関数を平行移動させれば $x \to 0$ の場合に帰着できるので，テイラー展開の中でもマクローリン展開を考える機会は多い。しかし，もちろん全ての関数がマクローリン展開できるわけではない。

$\sqrt{x}$，$x^{5/2}$，$\log x$ などの関数は（複素関数に拡張したときに原点が分岐特異点になるので）マクローリン展開不可能である。$x^{5/2}$ を $x \leq 0$ で 0 となるものとして拡張した関数は $x = 0$ で 2 階まで微分可能なので $x = 0$ におけるテイラーの定理は適用できるが，$\sqrt{x}$ や $\log x$ はそれもできない。$x = 0$ で無限回微分可能（従ってテイラーの定理は適用できる）でもテイラー展開可能だとは限らない。例えば，隆起関数を構成するためによく使われる $e^{-1/x}$ $(x > 0)$ を $x \leq 0$ で 0 となるものとして拡張した関数は $x = 0$ で無限回微分可能だが，恒等的には 0 でないにもかかわらず全ての階数の微分係数が 0 となり，マクローリン展

開できない。しかし，いずれも正の実数 $x = a > 0$ ではテイラー展開できる。ちなみに，マクローリン展開を分数冪も許すように一般化したものをピュイズー級数展開と言い，$\sqrt{x}$, $x^{5/2}$ はそれ自身がピュイズー級数展開と見做される。

このようなマクローリン展開不可能な関数を含む式の $x \to 0$ のときの極限でも，$t = \sqrt{x}$ や $t = -\log x$ などと置換することで，マクローリン展開を利用して求めることができる場合もある。しかし，こういった状況においてはむしろ正攻法やロピタルの定理などの方が汎用性が高いだろう。

問題

$\displaystyle\lim_{x \to 0} \frac{e^{x^2 \sin x} - 1}{x^3}$ を求めよ。

解法　マクローリン展開

$$x^2 \sin x = x^2 \cdot (x + O(x^3)) = x^3 + O(x^5)$$

$$e^{x^2 \sin x} = 1 + x^2 \sin x + O((x^2 \sin x)^2) = 1 + x^3 + O(x^5)$$

$$\therefore \lim_{x \to 0} \frac{e^{x^2 \sin x} - 1}{x^3} = \lim_{x \to 0} \frac{1 + x^3 - 1}{x^3} = 1.$$

マクローリン展開を既知とすると，このような高校数学では誘導なしで出題され得ない高難度の 0/0 型の極限も一瞬で求められる。

$O(x^5)$ の部分は $o(x^4)$ と書いても良い。x^3 より真に早く 0 に収束する項は無視できる。高校数学における分数関数の極限の定石に従って分子・分母を x^3 で割れば分かる（x^5 以降に無限個の項が続くのでその部分の収束性について不安を覚えるかもしれないが，x^5 で括った残りが有界なので問題ない。そもそもマクローリン展開以前にテイラーの定理から $O(x^5)$ であることが言える）。

もちろんロピタルの定理を 3 回使って求めることもできる。1 回微分するごとに次数が 1 下がるため，**分子・分母のテイラー展開の最低次の項の次数は不定形を解消するために必要なロピタルの定理の適用回数に一致する**。要するにロピタルの定理とは，（0/0 型の不定形で分子・分母がテイラー展開可能な関数の場合）テイラー展開の最低次の項の係数を取り出して比較する操作だと見做せる。よって，何度もロピタルの定理を使う必要がある問題でもテイラー展開を 1 回用いるだけで解ける場合があるが，テイラー展開を覚えていなければテイラー展開を求めるために同じ回数微分する必要があるという意味では結局同じことである。

問題

$\displaystyle\lim_{x\to 0}\frac{\log(1+x)\tan^3 x}{x^2(1-\cos x)}$ を求めよ。

正攻法 e の定義と三角関数の極限公式

$$\lim_{x\to 0}\frac{\log(1+x)\tan^3 x}{x^2(1-\cos x)}=\lim_{x\to 0}\frac{\log(1+x)}{x}\cdot\frac{\sin^3 x}{x^3\cos^3 x}\cdot\frac{x^2(1+\cos x)}{(1-\cos x)(1+\cos x)}$$
$$=\lim_{x\to 0}\log(1+x)^{1/x}\cdot\frac{\sin^3 x}{x^3}\cdot\frac{x^2}{\sin^2 x}\cdot\frac{1+\cos x}{\cos^3 x}=(\log e)\cdot 1^3\cdot 1^2\cdot 2$$
$$=2$$

$1-\cos x$ が出てきたらとりあえず $1+\cos x$ を掛けて $\sin^2 x$ の形を作ってから $(\sin x)/x$ の極限公式を使う。半角の公式で $1-\cos x=2\sin^2(x/2)$ としても実質的に同じである。$\tan x$ は $\sin x$ と $\cos x$ で書く。

チート解法 マクローリン展開

$$\lim_{x\to 0}\frac{\log(1+x)\tan^3 x}{x^2(1-\cos x)}=\lim_{x\to 0}\frac{\left(x+O(x^2)\right)\cdot\left(x+O(x^2)\right)^3}{x^2\left(1-\left(1-\frac{x^2}{2}+O(x^4)\right)\right)}=\lim_{x\to 0}\frac{x^4+O(x^5)}{x^2\left(\frac{x^2}{2}+O(x^4)\right)}$$
$$=\lim_{x\to 0}\frac{x^4}{x^2\cdot(x^2/2)}=2$$

分母に $1-\cos x$ があり，準公式 $(1-\cos x)/x^2\to 1/2\ (x\to 0)$ によりこれが $x^2/2$ で近似できると目星がつけば，分子も $c\cdot x^4+O(x^5)$ の形まで展開すれば十分だろうと察しが付く。$\log(1+x)$，$\tan x$ は $x=0$ で 0 なのでマクローリン展開に定数項はなく 1 次の項から始まるはずであり，$x\cdot x^3=x^4$ だから，1 次の項の係数さえ求まれば決着がつくと事前に分かる。1 次近似が頭に入っていれば暗算どころか何も計算せずに瞬殺であり，頭に入っていなくてもそれぞれ 1 回だけ微分すればすぐに求まる。

この手のオーバーキルには厳密性警察の他にも循環論法警察が常に目を光らせていることには留意すべきである。例えば，$(\sin x)/x$ の $x\to 0$ のときの極限は $(\sin x)'=\cos x$ の証明に使うのでそれを求めるのにロピタルの定理を使うのは循環論法だという話がよくある。ロピタルの定理ですら循環論法に陥るのにテイラー展開などという強力な（導くのに多くの前提を必要とする）道具を用いるのは危険ではないかと思うかもしれない。しかし，テイラー展開の導出に使うのは微分と剰余項の評価だけなので，余程基本的な（微分の基本公式の導出に使うような）極限の問題に用いない限り直接的な「循環論法」にはならないことが多い。そもそも循環論法かどうかは何をどう導くかという経路に依存し，何を定義としているかにも依存するので，遠回りでも循環論法を上手く迂回する証明経路を見つけることや，最悪「$\sin x$ をマクローリン展開により実解析関数として定義していると思いました」というぶっ飛んだ言い訳も可能である。ただ，テイラー展開を計算するよりも圧倒的に簡単な極限の問題に対してわざわざテイラー展開を用いるのはテイラー展開の無駄遣いだとは言えるだろう。

答案に直接書くのは憚られるとしても，もちろん検算には使い放題である。また，テイラー展開を応用可能な範囲は極限の計算のみに留まらず，近似的な数値計算，不等式評価，数列の母関数，無限級数，極限と積分の順序交換による定積分の計算など幅広い。更に数学のみならず物理学でもよく用いられる。かなり強力かつ汎用性が高いので是非とも覚えておきたい。更には，誘導付きでテイラー展開を求めさせる，マクローリン展開を有限項で打ち切って得られる「マクローリン型不等式」を証明させるなど，テイラー展開を背景とする大学入試問題も割と多い。マクローリン型不等式とは，例えば，

$$1-\frac{1}{2}x^2 \leq \cos x \leq 1-\frac{1}{2}x^2+\frac{1}{24}x^4 \quad (\forall x \in (-\infty, \infty))$$

などの不等式であり，$\sin x, \cos x$ $(x \geq 0)$ の場合はマクローリン展開を負の項で止めると下からの評価，正の項で止めると上からの評価が得られる。n 次式による評価の証明は，両辺の差の n 階導関数が符号変化せず $x=0$ で 0 だから増減表から $n-1$ 階導関数も同様であり，$n-2$ 階導関数も… という論法を繰り返して，最終的に 0 階導関数，すなわち元の両辺の差が符号変化しないことが言えるので機械的にできる。$\cos x$ は偶関数なので x が一般の実数の場合も同じ不等式が成り立つ。$|x| \leq 1$ の範囲では，わざわざ微分して増減を調べなくてもマクローリン展開と次の交代級数の性質から不等式が従う。

ライプニッツの交代級数判定法と部分和との誤差（打切り誤差）の評価

$a_0 \geq a_1 \geq a_2 \geq \cdots \geq a_n \to 0$ $(n \to \infty)$ のとき，$\sum_{n=0}^{\infty}(-1)^n a_n$ は収束し，

$$0 \leq (-1)^N \left(\sum_{n=0}^{N}(-1)^n a_n - \sum_{n=0}^{\infty}(-1)^n a_n\right) = \left|\sum_{n=N+1}^{\infty}(-1)^n a_n\right| \leq a_{N+1}.$$

$\log(1+x)$ $(0 \leq x < 1)$ のマクローリン型不等式もここからすぐ従う。

さて，マクローリン展開の話は（他の章の解法でちょくちょく使うが）このくらいにして，ロピタルの定理の数列版と言われるシュトルツ・チェザロの定理の応用を紹介しよう。

問題

数列$\{a_n\}$を漸化式

$$a_{n+1}=\frac{a_n}{(1+a_n)^2},\quad a_1=\frac{1}{2}$$

によって定める。

(1) 各 $n=1,2,3,\dots$ に対し，$b_n=1/a_n$ とおく。$n>1$ のとき $b_n>2n$ となることを示せ。

(2) $\displaystyle\lim_{n\to\infty}\frac{1}{n}(a_1+a_2+\cdots+a_n)$ を求めよ。

(3) $\displaystyle\lim_{n\to\infty} na_n$ を求めよ。

（東大 2006）

正攻法 調和級数ではさみうち

(1) $\{a_n\}$の漸化式より

$$b_{n+1}=\frac{1}{a_{n+1}}=\frac{a_n^2+2a_n+1}{a_n}=a_n+2+\frac{1}{a_n}=\frac{1}{b_n}+2+b_n\ (n=1,2,3,\dots)$$

$n=2$ のとき，$b_2=1/2+2+2>2\cdot 2$ より成立する。

$n=k$ のとき $b_k>2k$ と仮定すると，

$$b_{k+1}=\frac{1}{b_k}+2+b_k>0+2+2k=2(k+1)$$

となり，$n=k+1$ のときも成立する。

よって，数学的帰納法により，全ての $n>1$ に対して $b_n>2n$.

(2) (1)より $0<a_n<1/(2n)$ $(n\geq 2)$. よって，

$$a_1+a_2+\cdots+a_n\leq\frac{1}{2}\left(1+\frac{1}{2}+\frac{1}{3}+\cdots+\frac{1}{n}\right)<\frac{1}{2}\left(1+\sum_{k=2}^{n}\int_{k-1}^{k}\frac{1}{x}dx\right)$$

$$=\frac{1}{2}\left(1+\int_1^n\frac{1}{x}dx\right)=\frac{1}{2}(1+\log n)$$

$$\therefore 0<\frac{a_1+a_2+\cdots+a_n}{n}\leq\frac{1+\log n}{2n}\to 0\ (n\to\infty).$$

はさみうちの原理より，

$$\lim_{n\to\infty}\frac{1}{n}(a_1+a_2+\cdots+a_n)=0.$$

(3) $\{b_n\}$の漸化式で(1)を用い，それを繰り返し適用すると，

$$\begin{aligned}b_n &= b_{n-1}+2+\frac{1}{b_{n-1}} \le b_{n-1}+2+\frac{1}{2(n-1)}\\ &\le \left(b_{n-2}+2+\frac{1}{2(n-2)}\right)+2+\frac{1}{2(n-1)} \le \cdots\\ &\le b_1+2(n-1)+\frac{1}{2}\sum_{k=1}^{n-1}\frac{1}{k} \le 2n+\frac{1}{2}(1+\log(n-1)).\end{aligned}$$

よって，

$$\frac{n}{2n+\frac{1}{2}(1+\log(n-1))} \le na_n < n\cdot\frac{1}{2n}=\frac{1}{2}\ (n=2,3,\dots).$$

また，

$$\frac{n}{2n+\frac{1}{2}(1+\log(n-1))}=\frac{1}{2+\frac{1}{2n}(1+\log(n-1))}\to\frac{1}{2}\ (n\to\infty).$$

はさみうちの原理より $\lim_{n\to\infty} na_n=\dfrac{1}{2}$

調和級数 $1+1/2+1/3+\cdots$ は対数くらいのオーダーで発散するが，高校数学ではこのことをよくΣを積分で上下から挟むことで説明する。

チート解法 シュトルツ・チェザロの定理

(2) (1)より $0<a_n<1/(2n)$ $(n\ge 2)$. はさみうちの原理より $a_n\to 0$ $(n\to\infty)$. シュトルツ・チェザロの定理またはチェザロ平均の性質より，

$$\lim_{n\to\infty}\frac{a_1+a_2+\cdots+a_n}{n}=\lim_{n\to\infty}a_n=0.$$

(3) シュトルツ・チェザロの定理より，

$$\lim_{n\to\infty}na_n=\lim_{n\to\infty}\frac{n}{b_n}=\lim_{n\to\infty}\frac{1}{b_{n+1}-b_n}=\lim_{n\to\infty}\frac{1}{2+1/b_n}=\frac{1}{2}$$

シュトルツ・チェザロの定理とは，ロピタルの定理における微分を差分に置き換えたものである。

シュトルツ・チェザロの定理

$\{a_n\}$を実数列，$\{b_n\}$を狭義単調（増加または減少）な数列とする。$b_n \to \infty$ $(n \to \infty)$ または $a_n \to 0$, $b_n \to 0$ $(n \to \infty)$ のとき，

$$\lim_{n\to\infty} \frac{a_{n+1} - a_n}{b_{n+1} - b_n}$$

が存在すれば，

$$\lim_{n\to\infty} \frac{a_n}{b_n} = \lim_{n\to\infty} \frac{a_{n+1} - a_n}{b_{n+1} - b_n}$$

$b_n = n$ と a に収束する数列$\{a_n\}$に対して適用すると，チェザロ平均の収束

$$\lim_{n\to\infty} \frac{a_1 + a_2 + \cdots + a_n}{n} = a$$

が得られる。チェザロ平均の収束は大学1・2年の講義で ε-N 論法の力を誇示するために「ε-N 論法を使わなければ証明できない事実の例」としてよく紹介されるが，このあるあるな謳い文句は嘘であり，実際には以下のように高校数学の範囲内で証明できる。

証明：

$\{a_n\}$を実数 a に収束する数列とする。このとき，$\{a_n\}$ は有界である。すなわち，ある $M > 0$ が存在して，全ての自然数 n に対して $|a_n| \le M$ である。実際，もし全ての自然数 m に対して，ある自然数 n_m が存在して $|a_{n_m}| > m$ が成り立つと仮定すると，m を大きくするごとに逐次部分列に移ることで $|a_{n'_m}| > m$ $(\forall m)$となる単調増加な自然数の数列$\{n'_m\}$がとれる。このとき追い出しの原理より $|a_{n'_m}| \to \infty$ $(m \to \infty)$ となるが，収束する数列$\{a_n\}$の部分列$\{a_{n'_m}\}$が発散することになり矛盾する。

ここで，$b_n \to \infty$, $b_n/n \to 0$ $(n \to \infty)$, $b_n \le n$ $(n = 1,2,3,\dots)$ となる広義単調増加な自然数の列$\{b_n\}$を一つとり，固定する。このような$\{b_n\}$は存在する。実際，$b_n = \lfloor \sqrt{n} \rfloor$ や $b_n = 1 + \lfloor \log n \rfloor$ などがある。$|a_k - a|$ $(k = b_n, b_n + 1, \dots, n)$ が最大値を達成するような番号 k の中で最大のものを各自然数 n に対してとり，k_n とおくと，k_n は広義単調増加である。このとき，

$$\left|\frac{a_1 + a_2 + \cdots + a_n}{n} - a\right| = \left|\frac{(a_1 - a) + (a_2 - a) + \cdots + (a_n - a)}{n}\right|$$

$$\le \frac{1}{n}(|a_1 - a| + |a_2 - a| + \cdots + |a_n - a|) = \frac{1}{n}\sum_{k=1}^{b_n} |a_k - a| + \frac{1}{n}\sum_{k=b_n+1}^{n} |a_k - a|$$

$$\le \frac{1}{n} b_n (M + |a|) + \frac{1}{n}(n - b_n)|a_{k_n} - a| \to 0 \ (n \to \infty).$$

□

対数をとったものにチェザロ平均の収束を適用することで，相乗平均の収束

$$\lim_{n\to\infty}\sqrt[n]{a_1a_2\cdots a_n}=a\quad(\text{for }\{a_n\}\subset(0,\infty)\text{ s.t. }\lim_{n\to\infty}a_n=a)$$

も言える。例えば，$a_n=(1+n^{-1})^n$ とすれば，$n/\sqrt[n]{n!}\to e\ (n\to\infty)$ となる。数列ではなく連続関数 f に対しても，b_n に当たる部分を $b(x)$ などとして積分区間を分割し，遠方部分で積分型の平均値の定理を使えば，同様の要領で

$$f(x)\to a\ (x\to\infty)\Rightarrow\lim_{L\to\infty}\frac{1}{L}\int_0^L f(x)dx=a$$

が証明できる。これに関連する問題は大学入試のみならず，大学院入試でもよく出題されている。

$b_n\to\infty\ (n\to\infty)$ で極限が有限確定の場合のシュトルツ・チェザロの定理も次のように工夫すれば直接的に高校数学の範囲内で証明できる。

証明：

$$\ell:=\lim_{n\to\infty}\frac{a_{n+1}-a_n}{b_{n+1}-b_n},\qquad\eta_n:=\frac{a_{n+1}-a_n}{b_{n+1}-b_n}-\ell$$

とおく。$b_n>\max\{|a_1|^2,|b_1|^2\}$ となる十分大きい各自然数 n に対し，

$$|a_m|\leq\sqrt{b_n},\quad b_m\leq\sqrt{b_n}$$

となる最大の $m<n$ を $N=N(n)$ とおくと，$\{b_n\}$の単調増加性から$\{N(n)\}$は広義単調増加である。また，$b_n\to\infty$ と N の最大性から $N(n)\to\infty\ (n\to\infty)$ でなければならない。

$$a_{k+1}-a_k=(b_{k+1}-b_k)\ell+(b_{k+1}-b_k)\eta_k\ (k=N,N+1\dots,n-1)$$

を足し合わせ，両辺を $b_n>0$ で割ると，

$$\frac{a_n}{b_n}=\frac{a_N}{b_n}+\frac{b_n-b_N}{b_n}\ell+\sum_{k=N}^{n-1}\frac{b_{k+1}-b_k}{b_n}\eta_k.$$

$n\to\infty$ のときの各項の極限を考えると，

$$\left|\frac{a_{N(n)}}{b_n}\right|\leq\frac{\sqrt{b_n}}{b_n}\to 0,\quad\frac{b_n-b_{N(n)}}{b_n}\ell=\left(1-\frac{b_{N(n)}}{b_n}\right)\ell\to\ell\quad(n\to\infty),$$

$$\left|\sum_{k=N}^{n-1}\frac{b_{k+1}-b_k}{b_n}\eta_k\right|\leq\frac{1}{b_n}\sum_{k=N}^{n-1}(b_{k+1}-b_k)\max_{N(n)\leq k\leq n-1}|\eta_k|=\left(1-\frac{b_{N(n)}}{b_n}\right)\max_{N(n)\leq k\leq n-1}|\eta_k|$$

$$\leq\max_{N(n)\leq k\leq n-1}|\eta_k|=\left|\eta_{k(n)}\right|\to 0\quad(n\to\infty).$$

ここで，$|\eta_k|\ (k=N(n),N(n)+1,\dots,n-1)$ が最大値を達成するような番号 k の中で最大のものを $k(n)$ とおき，$k(n)\geq N(n)\to\infty,\ \eta_n\to 0\ (n\to\infty)$ であることを用いた。

各項の極限を足すと，$\lim_{n\to\infty} a_n/b_n = \ell.$

□

通常の ε-N 論法による証明では，最初に $\varepsilon > 0$ を任意にとり，それに応じて $[n > N \Rightarrow |\eta_n| < \varepsilon]$ となるような N を固定し，$n > N$ の範囲で n を動かして議論する。そして，上の証明と同様の a_n/b_n の式の各項で $n \to \infty$ として

$$\lim_{n\to\infty} \frac{a_N}{b_n} = 0, \qquad \lim_{n\to\infty} \left(1 - \frac{b_N}{b_n}\right)\ell = \ell, \quad \limsup_{n\to\infty} \left|\sum_{k=N}^{n-1} \frac{b_{k+1} - b_k}{b_n} \eta_k\right| \le \varepsilon$$

を示すか，$n > N$ が更に十分大きいときに各項の極限との誤差が ε の定数倍で抑えられることを示すことで結論する。一方，上記の証明方法では N を n に依存させ，$\{b_{N(n)}\}$が$\{b_n\}$よりも真に遅く発散するように収束のスピードを調整している。$a_n \to 0,\ b_n \to 0\ (n \to \infty)$ の場合については，逆に分子にある a_N や b_N の方が分母にある b_n よりも早く 0 に収束するようにとることで同様に証明できる。

ε-N 論法自体も実は高校数学から導ける。「え？どういうこと？定義じゃないのか」って？その通り。ε-N 論法は本来極限を定義するものだが，高校数学で極限が満たすとされるいくつかの性質を写像 $\lim\colon \mathbb{R}^{\mathbb{N}} \to \mathbb{R} \cup \{\infty, -\infty, (\text{振動})\}$ に関する公理と見做せば，逆にそこから導くことができる。厳密な定式化と証明は非常に長くなるので，概略のみ説明する。$\{a_n\} \in \mathbb{R}^{\mathbb{N}}, a \in \mathbb{R}$ に対し，$a_n \to a\ (n \to \infty) \Rightarrow \forall\varepsilon > 0, \exists N_\varepsilon \in \mathbb{N}\ \text{s.t.}\ \forall n \in \mathbb{N}\ [n \ge N_\varepsilon \Rightarrow |a_n - a| < \varepsilon] \cdots (*)$ は部分列への移行が極限を保つこと（高校範囲内と見做す）から背理法で容易に分かる。逆については，まず（順序体に対して実数の連続性と等価だから必然的に）中間値の定理から上限性質を証明できる（それとはさみうちの原理などを合わせると有界単調列の収束も言える）。すると，$(*)$ の後件を仮定したとき，上極限と下極限（に相当するもの）の存在が言えて，$\sup_{k\ge n} a_k$，$\inf_{k\ge n} a_k$（に相当するもの）を介したはさみうちの原理より $a_n \to a\ (n \to \infty)$ が得られる。

■超準解析

無限大や無限小を含む体系で極限を扱うという方法もある。超準解析という分野で用いられる「超実数」あるいは「超準実数」と呼ばれる実数を拡張した数の体系は，数列の集合を「数」と見做すことで作れる。例えば，$1/n$ で $n \to \infty$ として得られる 0 よりも，$1/n^2$ で $n \to \infty$ として得られる 0 の方が（後者の方が収束のスピードが速いので）「めっちゃ 0」「より強く 0」な感じがするだろう。これらは数列が無限小（完全な 0 ではない）を表していると思うことで区別・比較できるようになる。ただし，数列自体が個別の無限大や「実数

$\pm$ 無限小」を表すと思うと，例えば「数列の最初の方は極限には関係ないので有限項を除いて同じ数列は同じものを表していると思いたい」「振動する数列もある」といった問題が生じるので，数列自体ではなく，数列全体の上で定義される適当な同値関係（ある意味で同じという関係）で割って得られる同値類（同値なものの集合）を考える必要がある。ここで，適切な同値関係を定義するために活躍するのが自然数全体の冪集合 $2^{\mathbb{N}}$ 上のフィルターという概念であり，以下の 4 条件を満たす $2^{\mathbb{N}}$ の部分集合 $\mathcal{F}$ として定義される。

1. $\mathcal{F} \neq \emptyset$（i.e., $\mathcal{F}$ は何か元をもつ。条件 4 と合わせると $\mathbb{N} \in \mathcal{F}$ が分かる）
2. $\emptyset \notin \mathcal{F}$（もし空集合が入っていると条件 4 から $\mathcal{F} = 2^{\mathbb{N}}$ となり無意味）
3. $A, B \in \mathcal{F} \Rightarrow A \cap B \in \mathcal{F}$（i.e., 有限個の共通部分をとる操作で閉じている）
4. $A \in \mathcal{F}, A \subset B \subset \mathbb{N} \Rightarrow B \in \mathcal{F}$（i.e., 大きい集合ほど $\mathcal{F}$ に入りやすい）

フィルターの中で極大である（すなわち，それを含むより大きいフィルターが存在しない）ものを超フィルターと言う。選択公理を認めると，補集合が有限であるような $\mathbb{N}$ の部分集合全体（フレシェ・フィルター）を含む超フィルターは複数存在するが，その一つ $\mathcal{F}_0$ をとり，$(a_n) \sim (b_n) :\Longleftrightarrow \{n \in \mathbb{N} \mid a_n = b_n\} \in \mathcal{F}_0$ により数列全体 $\mathbb{R}^{\mathbb{N}}$ における同値関係 $\sim$ を定義する。この同値関係による同値類が超実数であり，その全体を $\mathbb{R}^*$ と書く。任意の実数 a は数列 $a, a, a, \ldots$ の同値類と同一視することで超実数とも思えるから，$\mathbb{R}^*$ は $\mathbb{R}$ の拡張になっている。数列 (a_n) が属する同値類を $[(a_n)]$ で表すと，超実数の四則演算

$$[(a_n)] \pm [(b_n)] := [(a_n \pm b_n)], \qquad [(a_n)] \cdot [(b_n)] := [(a_n b_n)],$$
$$[(a_n)]/[(b_n)] := [(a_n/b_n)] \ ([(b_n)] \neq [(0, 0, \ldots)])$$

が well-defined である，つまり，代表元 $(a_n), (b_n)$ の取り方に依存せずに結果が定まることが確認できる。順序は $[(a_n)] \leq [(b_n)] :\Longleftrightarrow \{n \in \mathbb{N} \mid a_n \leq b_n\} \in \mathcal{F}_0$ で定義する。この順序で 0 より大きくて任意の実数より小さい超実数が正の無限小であり，任意の実数よりも大きい超実数が正の無限大である。無限大の逆数は無限小で，無限大や無限小にも様々な大きさが存在する。超実数 $x - y$ が無限小または 0 のとき，$x \approx y$ と書く。

自然数の数列の属する同値類である超実数を超自然数と言う。実数列 (a_n) と超自然数 $\omega = [(\omega_n)]$ に対して，「(a_n) の ω 番目の項」を表す超実数 a_ω を $[(a_{\omega_n})_n]$ で定義する。これも ω の表し方に依存せず，well-defined である。すると，実数列 (a_n) と実数 a に対し，$a_n \to a \ (n \to \infty)$ と [任意の無限大超実数 ω に対して $a_\omega \approx a$] となることは同値になる。関数 $f: \mathbb{R} \to \mathbb{R}$ と超実数 $x = [(x_n)]$ に対しても，${}^*f(x) := [(f(x_n))]$ が定まり，${}^*f: \mathbb{R}^* \to \mathbb{R}^*$ は f の超実数体への拡張になる。実関数 f と実数 a, b に対し，$f(x) \to b \ (x \to a)$ と [a との差が無限小である任意の超実数 α に対して ${}^*f(\alpha) \approx b$] となることは同値になる。

振動する数列に対しても対応する超実数が定義されるが，これは超フィルター $\mathscr{F}_0$ の取り方に依存する。例えば，$\alpha = [\{(-1)^n\}_n]$, $\beta = [\{(-1)^{n+1}\}_n]$ は $(\alpha-1)(\beta-1)=0$, $\alpha+\beta=0$ を満たすから，どちらかは 1 でどちらかは -1 だが，そのどちらになるかは $\mathscr{F}_0$ によって変わる。より具体的には偶数全体と奇数全体のどちらが $\mathscr{F}_0$ に属するかである。両方とも属すことや両方とも属さないことはあり得ない。フィルター $\mathscr{F}$ が極大であることと，任意の $S \subset \mathbb{N}$ に対して $S \in \mathscr{F}$ か $S^c \in \mathscr{F}$ の一方だけが成り立つことは同値だからである。

任意の有限な（つまり，ある実数で上下から挟まれる）超実数 x に対して，それに無限に近い（つまり，x との差が無限小以下の）実数 $\mathrm{st}(x)$ が一意に定まり，これを x の標準部と言う。環論的な言い方をすると，有限超実数全体 $\mathbb{F}$ は無限小全体 $\mathbb{S}$ を唯一の極大イデアルとする局所環であり，剰余体は $\mathbb{F}/\mathbb{S} \cong \mathbb{R}$ である。標準部関数 st は和や積，順序を保存し，x が無限小でなく，かつ有限なら $\mathrm{st}(1/x) = 1/\mathrm{st}(x)$ が成り立つ。普通の実数の数列や関数の極限は，一度超実数だと思って計算してから最後に標準部をとる（無限小の誤差を無視する）ことで超準解析的に求められる。微積で登場する dx という記号は任意に与えられた無限小超実数だと思うことができる。例えば，

$$\frac{d}{dx}x^3 = \mathrm{st}\left(\frac{(x+dx)^3 - x^3}{dx}\right) = \mathrm{st}\left(\frac{3x^2dx + 3x\ dx^2 + dx^3}{dx}\right)$$
$$= \mathrm{st}(3x^2 + 3x\ dx + dx^2) = 3x^2.$$

普通の微積との違いは絶対値が十分小さい値 Δx で考えてから $\Delta x \to 0$ とするか，いきなり無限小 dx とするかの違いである。

オーバーキルにも程があるが，前問（東大 2006）の (2) は ε-N 論法を回避したチェザロ平均の収束の証明と超準解析の合わせ技で次のように解くこともできる。

チート解法 超準解析

(2) $\omega = [\{\omega_n\}]$ を任意の無限大超自然数とする。任意の自然数変数整数値関数 f, g に対し，$\sum_{k=f(\omega)}^{g(\omega)} a_k := \left[\left\{\sum_{k=f(\omega_n)}^{g(\omega_n)} a_k\right\}_n\right]$ と定める。

各自然数 n に対し，$\kappa_n \in \displaystyle\mathop{\arg\max}_{\lfloor\sqrt{\omega_n}\rfloor+1 \le k \le \omega_n} |a_k|$ をとり，$\kappa := [\{\kappa_n\}]$ とおく。

$\kappa \ge \lfloor\sqrt{\omega}\rfloor$, $a_n \to 0\ (n \to \infty)$ より，$|a_\kappa| \approx 0$，すなわち $\mathrm{st}(|a_\kappa|) = 0$.

$$\therefore 0 \le \mathrm{st}\left(\left|\frac{1}{\omega}\sum_{k=1}^{\omega} a_k\right|\right) = \mathrm{st}\left(\left|\frac{1}{\omega}\sum_{k=1}^{\lfloor\sqrt{\omega}\rfloor} a_k + \frac{1}{\omega}\sum_{k=\lfloor\sqrt{\omega}\rfloor+1}^{\omega} a_k\right|\right)$$

$$\leq \mathrm{st}\left(\frac{\lfloor\sqrt{\omega}\rfloor}{\omega}\sup_{k\in\mathbb{N}}|a_k| + \frac{\omega - \lfloor\sqrt{\omega}\rfloor}{\omega}|a_\kappa|\right) = 0\cdot\sup_{k\in\mathbb{N}}|a_k| + (1-0)\cdot 0 = 0.$$

ω は任意だったから，$\displaystyle\lim_{n\to\infty}\frac{1}{n}\sum_{k=1}^{n}a_k = 0.$

極限が存在することが既に分かっていれば，数列を拡張して番号 n をある無限大超自然数とした値を調べれば極限が分かるが，極限の存在を示すには n をどの無限大超自然数としても値が同じになることを言う必要がある。例えば，超偶数 $\mathcal{N}$（偶数からなる数列の定める超実数）に対しては $(-1)^{\mathcal{N}} = 1$，超奇数 $\mathcal{M}$ に対しては $(-1)^{\mathcal{M}} = -1$ なので，$\{(-1)^n\}$ の極限は存在しない。連続的な極限 $x\to\infty$ の場合は無限大超自然数の代わりに無限大超実数を用いる。

一般のチェザロ平均の収束も，極限を予め引いておけば極限が 0 の場合に帰着させられるから，上と同じ論法で示せる。

問題

$\displaystyle\lim_{n\to\infty}\frac{\sin^2 n + \cos^2\sqrt[3]{n^3-\pi n}}{n-\sqrt{n^2-6n}}$ を求めよ。

正攻法 有理化 & はさみうちの原理

$$\lim_{n\to\infty}\frac{\sin^2 n + \cos^2\sqrt[3]{n^3-\pi n}}{n-\sqrt{n^2-6n}}$$

$$= \lim_{n\to\infty}\frac{n+\sqrt{n^2-6n}}{6n}\cdot\left(\frac{1-\cos 2n}{2} + \frac{1+\cos 2\sqrt[3]{n^3-\pi n}}{2}\right)$$

$$= \lim_{n\to\infty}\frac{n+\sqrt{n^2-6n}}{6n}\cdot\left(1 + \frac{\cos 2\sqrt[3]{n^3-\pi n} - \cos 2n}{2}\right)$$

$$= \lim_{n\to\infty}\frac{1+\sqrt{1-\frac{6}{n}}}{6}\cdot\left\{1 - \sin\left(\sqrt[3]{n^3-\pi n}+n\right)\sin\left(\sqrt[3]{n^3-\pi n}-n\right)\right\}$$

$$= \lim_{n\to\infty}\frac{1+\sqrt{1-\frac{6}{n}}}{6}$$

$$\cdot\left\{1 + \sin\left(\sqrt[3]{n^3-\pi n}+n\right)\sin\frac{\pi n}{(n^3-\pi n)^{2/3} + n\sqrt[3]{n^3-\pi n} + n^2}\right\}$$

ここで，

$$\left|\sin\left(\sqrt[3]{n^3-\pi n}+n\right)\right| \leq 1 \ (\forall n),$$

$$\frac{\pi n}{(n^3-\pi n)^{2/3}+n\sqrt[3]{n^3-\pi n}+n^2} = \frac{\pi}{(n^{3/2}-\pi n^{-1/2})^{2/3}+\sqrt[3]{n^3-\pi n}+n}$$

$$= \frac{1}{n}\cdot\frac{\pi}{(1-\pi n^{-2})^{2/3}+\sqrt[3]{1-\pi n^{-2}}+1} \to 0 \ (n\to\infty).$$

はさみうちの原理より，

$$\lim_{n\to\infty}\sin\left(\sqrt[3]{n^3-\pi n}+n\right)\sin\frac{\pi n}{(n^3-\pi n)^{2/3}+n\sqrt[3]{n^3-\pi n}+n^2} = 0.$$

また，

$$\lim_{n\to\infty}\frac{1+\sqrt{1-\frac{6}{n}}}{6} = \frac{1+1}{6} = \frac{1}{3}$$

よって，

$$\lim_{n\to\infty}\frac{\sin^2 n+\cos^2\sqrt[3]{n^3-\pi n}}{n-\sqrt{n^2-6n}} = \frac{1}{3}\cdot(1+0) = \frac{1}{3}$$

$n-\sqrt{n^2-6n}$ は分子・分母に $n+\sqrt{n^2-6n}$ を掛けると「有理化」できて不定形 $\infty-\infty$ が解消される。商ではなく差の不定形なので，間違っても「$n\to\infty$ のとき $6n$ は n^2 と比べて小さいオーダーだから無視できて $n^2-6n \fallingdotseq n^2$. よって，$\sqrt{n^2-6n}\fallingdotseq n$.」などという乱暴な近似はしてはいけない。$n^2-6n$ と n^2 の差は無限大に発散し，ルートを付けた差は 1/3 に収束する。差が無限大に発散するのにルートを付けただけで差が有界になるのが若干不思議かもしれないが，その原因に対する一つの直感的説明は $y=\sqrt{x}$ の微分係数が $x\to\infty$ のとき 0 に近づくからである。つまり，ルートの中身の差が発散する力とルートのグラフが横ばいに近づく力が拮抗して 0 でない有限な値 1/3 に収束すると考えると直感的にも納得がいく。

$\sin^2 n+\cos^2\sqrt[3]{n^3-\pi n}$ は 1 になるか振動するかのどちらかだと予想が付くが，厳密に計算するには三角関数の中身を何とかして比較しなければならない。半角の公式で三角関数の 1 次式へと次数を下げてから和積の公式を使うと無理関数部分が三角関数の引数の中に入り，比較できる状態になる（2020 年の一橋大学の過去問に類題がある）。3 乗根の差は $a^3-b^3=(a-b)(a^2+ab+b^2)$ を使うと「有理化」でき，不定形が解消される。これが面倒臭ければ微分を定義する差分商の形に持ち込むこともできる：

$$\sqrt[3]{n^3-\pi n}-n = n\left(\sqrt[3]{1-\frac{\pi}{n^2}}-1\right) \to \frac{d}{dx}(1-\pi x^2)^{1/3}\Big|_{x=0} = 0 \ (n\to\infty).$$

チート解法 テイラーの定理 & 超準解析

無限大超自然数 ω を任意にとる。$1/\omega$ は無限小超実数だから，テイラーの定理より，ある無限小超実数 h_ω，g_ω が存在して，

$$\sqrt{1-\frac{6}{\omega}}=1-\frac{3}{\omega}+h_\omega\cdot\frac{1}{\omega},\quad \sqrt[3]{1-\frac{\pi}{\omega^2}}=1-\frac{\pi}{3\omega^2}+g_\omega\cdot\frac{1}{\omega^2}.$$

半角の公式と和積の公式より，

$$\begin{aligned}
&\mathrm{st}\,\frac{{}^*\!\sin^2\omega+{}^*\!\cos^2\sqrt[3]{\omega^3-\pi\omega}}{\omega-\sqrt{\omega^2-6\omega}}\\
&=\frac{1}{\mathrm{st}\bigl(\omega-\sqrt{\omega^2-6\omega}\bigr)}\mathrm{st}\left(1+\frac{{}^*\!\cos 2\sqrt[3]{\omega^3-\pi\omega}-{}^*\!\cos 2\omega}{2}\right)\\
&=\frac{1}{\mathrm{st}\left\{\omega\left(1-\sqrt{1-\frac{6}{\omega}}\right)\right\}}\\
&\qquad\cdot\left[1-\mathrm{st}\bigl\{{}^*\!\sin\bigl(\sqrt[3]{\omega^3-\pi\omega}+\omega\bigr)\bigr\}\,\mathrm{st}\left[{}^*\!\sin\left\{\omega\left(\sqrt[3]{1-\frac{\pi}{\omega^2}}-1\right)\right\}\right]\right]\\
&=\frac{1}{\mathrm{st}(3-h_\omega)}\cdot\left[1-\mathrm{st}\bigl\{{}^*\!\sin\bigl(\sqrt[3]{\omega^3-\pi\omega}+\omega\bigr)\bigr\}\,\mathrm{st}\left[{}^*\!\sin\left\{\frac{1}{\omega}\cdot\left(-\frac{\pi}{3}+g_\omega\right)\right\}\right]\right]\\
&=\frac{1}{3}\cdot\bigl[1-\mathrm{st}\bigl\{{}^*\!\sin\bigl(\sqrt[3]{\omega^3-\pi\omega}+\omega\bigr)\bigr\}\cdot 0\bigr]=\frac{1}{3}
\end{aligned}$$

これは ω の取り方に依存しないので，

$$\lim_{n\to\infty}\frac{\sin^2 n+\cos^2\sqrt[3]{n^3-\pi n}}{n-\sqrt{n^2-6n}}=\frac{1}{3}$$

テイラーの定理と超準解析の最強コラボである。h_ω，g_ω の存在はテイラーの定理において引数 x に 0 に収束する数列を代入した式から得られる。

無限小超実数を用いた極限の特徴付けから，実数値関数 f が連続であることと任意の有限超実数 x に対して ${}^*f(x)=f(\mathrm{st}(x))$ が成り立つことは同値である。特に，sin の中身が有限であれば st を sin の中に入れられる。

超実数の計算をこんなに実数と同様に行っていいのかと驚くかもしれないが，実は「移行原理」と言って，一般に全ての実多変数実数値関数を関数記号として許した一階述語論理式で記述可能な実数の性質であれば超実数も満たすことが言えるので割と気楽に扱える。

$\sin\bigl(\sqrt[3]{n^3-\pi n}+n\bigr)$ は振動するが，$\sin\bigl(\sqrt[3]{\omega^3-\pi\omega}+\omega\bigr)$ は（極大フィルターの取り方には依存するものの）一つの超実数として定まっており，有限である。それが何であろうと，全体の標準部をとると 0 倍されるので消える。

2 数学定数の近似や評価

$e, \pi, \gamma, e^{\pi}, \log c, \sin c, c^{n/m}$ $(c > 0; n, m \in \mathbb{Z})$などの数学定数を不等式評価する方法としては，以下やそれらの組み合わせが考えられる。

1. 図形的に考えて面積や周の長さを単純なものと比較する
2. 定積分で表してグラフの面積を評価する
3. 定積分で表して解析的に評価する
4. 級数で表して何項か計算する
5. 値の表式に含まれる定数の部分を動かして微積に持ち込む
6. **1次近似**や**マクローリン型不等式**，**凸不等式**などの道具を使う
7. 定義に戻って計算でゴリ押す
8. 先人の英知から天下りする

まずは，みんな大好きな円周率の近似から始めよう。

問題

円周率が 3.05 より大きいことを証明せよ。

（東大 2003）

正攻法① アルキメデスの方法

単位円周の長さは 2π である。
一方，単位円に内接する正八角形の一辺の長さは，余弦定理より

$$\sqrt{1^2 + 1^2 - 2 \cdot 1 \cdot 1 \cdot \cos 45^\circ} = \sqrt{2 - \sqrt{2}}.$$

線分よりも円弧の方が長いから $2\pi > 8\sqrt{2 - \sqrt{2}}$. 即ち $\pi > 4\sqrt{2 - \sqrt{2}}$.

よって，$4\sqrt{2 - \sqrt{2}} > 3.05$ を示せばよいが，これは $\sqrt{2} < 2 - \frac{3.05^2}{4^2}$ と同値であり，更に $2 < \left(2 - \frac{3.05^2}{4^2}\right)^2$ と同値である。この右辺を計算すると 2.0124... だから，成り立っている。よって，$\pi > 3.05$ も成り立つ。

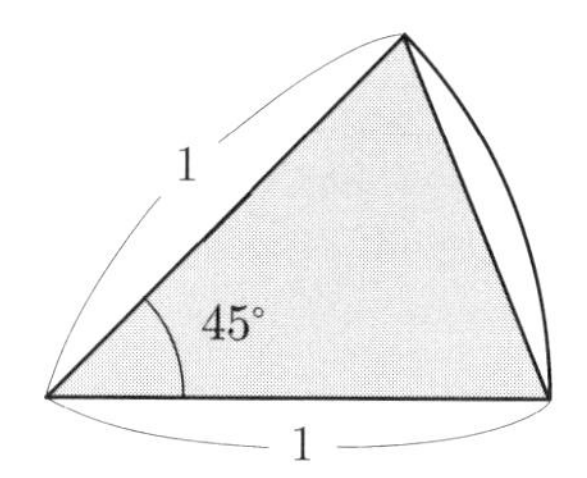

「図形的に考えて面積や周の長さを単純なものと比較する」という方法であり，円周率の評価としては最も古典的な手段である。

正六角形を用いた場合に $\pi > 3$ という結論が得られるのはすぐ分かるので，より精度を上げるために試しに正八角形を用いてみると上手くいく。ちなみに余裕をもって正十二角形で同様の方針をとると，$\pi > 6\sqrt{2-\sqrt{3}} > 3.1$ が得られる。π を下からではなく上から評価したい場合は円に外接する正多角形を考えれば良い。一般化すると，正 n 角形を用いた場合，

$$n \sin\frac{\pi}{n} < \pi < n \tan\frac{\pi}{n}$$

という評価が得られる。最右辺も最左辺も円周率に収束するので，原理的にはこれでいくらでも良い近似が得られる。しかし，より高い精度の近似値を得ようとすると，非常に大きな n が必要になり，三角関数の特殊値の計算や，その表示に現れる冪根の値の評価も必要になるため，大変である。後述するチート解法と比べると圧倒的に効率が悪い。

正攻法② tan 置換型の積分による評価

$\dfrac{1}{1+x^2} \geq 1 - x^2$ ($\forall x$: 実数) より，

$$\frac{\pi}{6} = \int_0^{\frac{1}{\sqrt{3}}} \frac{1}{1+x^2}dx \geq \int_0^{\frac{1}{\sqrt{3}}}(1-x^2)dx = \frac{1}{\sqrt{3}} - \frac{1}{3}\left(\frac{1}{\sqrt{3}}\right)^3 = \frac{8}{27}\sqrt{3} > 0.513$$

$$\therefore \pi > 3.078 > 3.05$$

この解法は和歌山大学の 2023 年の入試問題（最終的に $\pi > 3.07$ を示せという趣旨の問題）に付いている誘導に従ったものである。

実質，$1/(1+x^2)$ のマクローリン展開から $\arctan 1/\sqrt{3}$ の評価を得ている。マクローリン展開の評価など難しいことを考えなくても，チェックするだけなら $(1-x^2)(1+x^2)=1-x^4\leq 1$ で済む。

チート解法① 積分による評価

$$\int_0^1 x^4(1-x)^4dx > \int_0^1 \frac{x^4(1-x)^4}{1+x^2}dx$$
$$= \int_0^1 \left(x^6-4x^5+5x^4-4x^2+4-\frac{4}{1+x^2}\right)dx$$
$$= \left[\frac{x^7}{7}-\frac{2}{3}x^6+x^5-\frac{4}{3}x^3+4x-4\arctan x\right]_0^1 = \frac{22}{7}-\pi.$$

$\displaystyle\int_0^1 x^4(1-x)^4dx = \frac{\Gamma(5)^2}{\Gamma(10)} = \frac{1}{630}$ だから，$\pi > \dfrac{22}{7}-\dfrac{1}{630} > 3.141 > 3.05$

円周率の近似分数として有名な 22/7 が登場する。しかし，$22/7-\pi>0$ だと π の上からの評価になってしまうので，π を下から評価するために更に積分を上から具体的な値で抑える。

最後の計算は$(1-x)^4$を展開して多項式を地道に積分しても良いが，部分積分の反復やベータ関数を使えば瞬殺である。

この積分を用いた評価方法は D. P. Dalzell の 1944 年の論文に見られる。上下からの評価も得られ，一般化すると次のようになる：

$$\frac{1}{2^{2n-1}}\int_0^1 x^{4n}(1-x)^{4n}dx = \frac{1}{2^{2n-1}(8n+1)_{8n}C_{4n}}$$
$$< \frac{1}{2^{2n-2}}\int_0^1 \frac{x^{4n}(1-x)^{4n}}{1+x^2}dx = f_n(\pi)$$
$$< \frac{1}{2^{2n-2}}\int_0^1 x^{4n}(1-x)^{4n}dx = \frac{1}{2^{2n-2}(8n+1)_{8n}C_{4n}}$$

ここで，$f_n(x)$ は x の 1 次式である（一般項が書けるが，複雑なので省略）。真ん中の積分の形と，それを上下から抑えることで**簡単に高精度の円周率の近似が得られる**ことは覚えておくと便利である。更に，真ん中の積分の被積分関数の分母 $1+x^2$ を $1+x$ に置き換えると今度は $\log 2$ の高精度近似ができる。

ベータ関数とガンマ関数の相互関係 $\mathrm{B}(\alpha,\beta)=\displaystyle\int_0^1 x^{\alpha-1}(1-x)^{\beta-1}dx=\frac{\Gamma(\alpha)\Gamma(\beta)}{\Gamma(\alpha+\beta)}$ (for $\mathrm{Re}\,\alpha>0, \mathrm{Re}\,\beta>0$)を用いたが，自然数 k に対しては $\Gamma(k)=(k-1)!$ である。α,β が共に自然数のときは頑張れば高校数学でも部分積分の反復と帰納法

で示せる。ここで積分変数の変換 $t=(b-a)x+a$ を施すと次のようになり，1/6 公式，1/12 公式，1/3 公式，1/30 公式などを含む一般化が得られる。1/6 公式以外の裏技公式をチマチマ覚えるのは紛らわしい上に受験期の貴重な頭のストレージの無駄遣いなので次の統一的な公式で一気に覚えよう。m,n の一方が小さいときは部分積分でも瞬殺できる。

$$\int_a^b (t-a)^m(t-b)^n dt=(-1)^n\frac{m!\,n!}{(m+n+1)!}(b-a)^{m+n+1}.$$

チート解法② 積分による評価

$$\frac{1}{8}\int_0^1 x^8(1-x)^8dx<\frac{1}{4}\int_0^1\frac{x^8(1-x)^8}{1+x^2}dx$$

$$=\frac{1}{4}\Big[\frac{x^{15}}{15}-\frac{4}{7}x^{14}+\frac{27}{13}x^{13}-4x^{12}+\frac{43}{11}x^{11}-\frac{4}{5}x^{10}-\frac{5}{3}x^9+\frac{16}{7}x^7-\frac{16}{5}x^5+\frac{16}{3}x^3$$

$$-16x+16\arctan x\Big]_0^1=\pi-\frac{47171}{15015}$$

$$\therefore \pi>\frac{47171}{15015}+\frac{1}{8}\int_0^1 x^8(1-x)^8dx=\frac{47171}{15015}+\frac{1}{1750320}>3.141592>3.05$$

先の積分で $n=2$ とした評価である。項の数は多くなったが，評価は一気に $\pi>3.141592$ まで言える。高校数学の問題でここまでの精度が要求されることは最早あり得ないと言って良いだろう。

阪大の 2013 年の挑戦枠では $3.141<\pi<3.142$ を示す問題が誘導付きで出題され，まじめに誘導に従うと $(2-\sqrt{3})^7$ の値が必要になるなど，計算のエグさも含めて伝説となったが，誘導を無視して**チート解法②**を使えばそれすらも上回る圧倒的な近似精度で無双できただろう。ちなみに，その挑戦枠の誘導は

$$\lim_{n\to\infty}\int_0^{2-\sqrt{3}}\frac{1-x^{4n}}{1+x^2}dx=\lim_{n\to\infty}\int_0^{2-\sqrt{3}}\frac{1+x^{4n+2}}{1+x^2}dx=\frac{\pi}{12}$$

を証明せよというものだが，仮に「求めよ」でも有界収束定理と arctan の特殊値を知っていれば瞬殺である（tan 置換型の積分との誤差を，被積分関数の分母を 1 に置き換えて評価し，倍角の公式で特殊値を探るのが正攻法である）。

チート解法③ マチンの公式

マチンの公式と arctan のマクローリン展開から，

$$\begin{aligned}\pi &= 16\arctan\frac{1}{5} - 4\arctan\frac{1}{239}\\ &= \lim_{N\to\infty}\left(16\sum_{n=0}^{3N+2}\frac{(-1)^n}{2n+1}\left(\frac{1}{5}\right)^{2n+1} - 4\sum_{n=0}^{N}\frac{(-1)^n}{2n+1}\left(\frac{1}{239}\right)^{2n+1}\right)\end{aligned}$$

最右辺で lim をとる前の有限和を$S(N)$とおく。

$$S(2) = \frac{28625623799552119133870716 5236}{91118190535753209686279296875}.$$

交代級数の誤差評価

$$\sum_{n=0}^{3\cdot 2+2}\frac{(-1)^n}{2n+1}\left(\frac{1}{5}\right)^{2n+1} - \frac{1}{2\cdot 9+1}\cdot\frac{1}{5^{2\cdot 9+1}} < \sum_{n=0}^{\infty}\frac{(-1)^n}{2n+1}\left(\frac{1}{5}\right)^{2n+1},$$

$$\sum_{n=0}^{2}\frac{(-1)^n}{2n+1}\left(\frac{1}{239}\right)^{2n+1} > \sum_{n=0}^{\infty}\frac{(-1)^n}{2n+1}\left(\frac{1}{239}\right)^{2n+1}$$

と合わせると,

$$\begin{aligned}\pi &> S(2) - 16\cdot\frac{1}{2\cdot 9+1}\cdot\frac{1}{5^{2\cdot 9+1}}\\ &> 3.141592653589791684 > 3.05\end{aligned}$$

さすがに人間をやめなければ手計算は不可能だが，3.14159265358979 まで正しい値が得られる。より項数を減らした同様の評価

$$\begin{aligned}\pi &= 16\arctan\frac{1}{5} - 4\arctan\frac{1}{239}\\ &> 16\sum_{n=0}^{1}\frac{(-1)^n}{2n+1}\left(\frac{1}{5}\right)^{2n+1} - 4\sum_{n=0}^{0}\frac{(-1)^n}{2n+1}\left(\frac{1}{239}\right)^{2n+1}\\ &= \frac{281476}{89625} > 3.1405969\end{aligned}$$

くらいなら人間をやめなくても手計算できるかもしれない。

$\pi = 4\arctan 1$ だが，これに直接 arctan のマクローリン展開を用いた式（グレゴリー・ライプニッツ級数）は収束が遅い。原点に近いほどマクローリン展開の収束が速いので，マチンの公式の方が数値計算には適している。マチンの公式の証明自体は簡単であり， $\tan(4\arctan(1/5) - \pi/4) = 1/239$ を tan の加法定理と倍角の公式を用いて確かめれば良い。

1/5 よりも 1/239 の方が遥かに小さいため，2 つの級数の収束の速さに違いが生じる。それを緩和するために項数を変えている。

絶対値が単調減少で 0 に収束する数列の項の和として表される交代級数は収束し，級数の値とその第 N 部分和の差は $N+1$ 項目の絶対値で抑えられる。極限に近付く向きは偶数番目の部分和か奇数番目の部分和かによって異なる。

不等式評価において正項級数と比べた交代級数の利点は，上からと下からの評価が両方得られることである。直感的には何か数を足して大きくなりすぎたらその足した数よりも小さい数を引き，それで小さくなりすぎたら今度はその引いた数よりも小さい数を足して，…ということを繰り返して極限との誤差が減っていくのである。1つ目の級数の $n=9$ の項は負なので，それ以降の無限和は正である。2つ目の級数において $n=2$ の項は正，$n=3$ の項は負なので，第2部分和は極限の上からの評価を与えるが，全体では2つ目の級数に負の係数がついていることに注意すると，次のようになるということである：

$$\pi = 16\sum_{n=0}^{\infty}\frac{(-1)^n}{2n+1}\left(\frac{1}{5}\right)^{2n+1} - 4\sum_{n=0}^{\infty}\frac{(-1)^n}{2n+1}\left(\frac{1}{239}\right)^{2n+1}$$
$$> 16\sum_{n=0}^{9}\frac{(-1)^n}{2n+1}\left(\frac{1}{5}\right)^{2n+1} - 4\sum_{n=0}^{2}\frac{(-1)^n}{2n+1}\left(\frac{1}{239}\right)^{2n+1}$$

マチンの公式を更に改良した高野喜久雄の公式というものもあるが，マチンの公式よりも複雑で尚更手計算には向かない。

チート解法④ BBP 公式

Bailey-Borwein-Plouffe の公式より，

$$\pi = \sum_{k=0}^{\infty}\frac{1}{16^k}\left(\frac{4}{8k+1}-\frac{2}{8k+4}-\frac{1}{8k+5}-\frac{1}{8k+6}\right) > 4-\frac{1}{2}-\frac{1}{5}-\frac{1}{6}=\frac{47}{15}$$
$$= 3.1333\ldots > 3.05$$

1つ目の等号が Bailey-Borwein-Plouffe (BBP)の公式である。全ての項は正なので部分和を計算すると下からの評価が得られる。16進法を念頭に置いたコンピュータ向けの公式だが，あまりにも収束が速いので，人間をやめなくても容易に手計算できる $k=0$ の項だけで決着がつく。2進法や16進法では小数点以下 $n-1$ 桁までを計算せずにいきなり n 桁目の数を出せるという利点がある。

ちなみに，

$$0 < \int_0^1 \frac{x^2(1-x)^4}{1+x^2}dx = \left[\frac{1}{5}x^5 - x^4 + \frac{5}{3}x^3 - 4x + 4\arctan x\right]_0^1 = \pi - \frac{47}{15}$$

からも同じ評価が得られる。

チート解法⑤ リーマン・ゼータ関数の特殊値

$\pi^4/90 = \zeta(4) > 1$, $3.05^4 = 86.53650625 < 90$ より，$\pi > \sqrt[4]{90} > 3.05$

リーマン・ゼータ関数は $\mathrm{Re}\, s > 1$ に対しては $\zeta(s) = \sum_{n=1}^{\infty} n^{-s}$ により定義され，s が偶数のときは π^s の有理数倍となる。

$\pi^4/90 = \zeta(4) > 1 + 2^{-4} + 3^{-4}$ や $\pi^6/945 = \zeta(6) > 1$ を使うと $\pi > 3.13$ まで得られる。$\zeta(10) > 1$ を使うと $\pi > 3.141$ まで得られる。より有名な $\zeta(2) = \pi^2/6$（バーゼル問題）で同様の近似をやろうとすると，結構な項数が必要になる。

チート解法⑥ チュドノフスキー(Chudnovsky)の級数

$$\pi = \left(12\sum_{n=0}^{\infty}\frac{(-1)^n(6n)!}{(3n)!\,(n!)^3}\cdot\frac{13591409+545140134n}{640320^{3n+\frac{3}{2}}}\right)^{-1}$$

$$> \left(12\sum_{n=0}^{0}\frac{(-1)^n(6n)!}{(3n)!\,(n!)^3}\cdot\frac{13591409+545140134n}{640320^{3n+\frac{3}{2}}}\right)^{-1}$$

$$= \frac{426880\sqrt{10005}}{13591409} > \frac{42688000}{13591409} > 3.14 > 3.05$$

ラマヌジャンでもない限り，こんな答案を出したらテキトーなことを書いていると思われて×にされる可能性が高い。

最後に平方根部分を些か雑に評価したせいで精度が悪くなっているが，

$$\frac{426880\sqrt{10005}}{13591409} = 3.1415926535897342\ldots$$

であり，$n = 0$ の項だけで小数第 13 位まで正しい値が得られる。1 つ項を計算するごとに 14 桁程度精度が上がる恐ろしい公式である。ラマヌジャンの級数

$$\frac{1}{\pi} = \frac{2\sqrt{2}}{99^2}\sum_{n=0}^{\infty}\frac{(4n)!\,(1103+26390n)}{(4^n 99^n n!)^4}, \quad \frac{4}{\pi} = \sum_{n=0}^{\infty}\frac{(-1)^n(21460n+1123)(4n!)}{882^{2n+1}4^{4n}(n!)^4}$$

（これらは 1 項ごとに 8 桁程度改善）よりも収束が速い。アイゼンシュタイン級数を用いて示されるが，証明は容易ではない。チュドノフスキーの級数は 2022 年時点での世界記録である 100 兆桁までを計算するのにも使用された。

ちなみに，円周率の正則連分数展開

$$\pi = 3 + \cfrac{1}{7 + \cfrac{1}{15 + \cfrac{1}{1 + \cfrac{1}{292 + \cfrac{1}{1+\ddots}}}}}$$

を途中で（特に大きな数字が現れる直前で）打ち切る方法でも良い近似分数が得られる。例えば，292 の直前で打ち切ると，

$$\pi \fallingdotseq 3+\cfrac{1}{7+\cfrac{1}{15+\cfrac{1}{1+0}}}=\frac{355}{113}=3.14159292035\ldots$$

円周率の冪も正則連分数展開に突然大きな数字が現れることが知られている。しかし，普通は正則連分数展開を計算するために円周率の具体的な値が必要になる（整数部分をとる→残った小数部分の逆数の整数部分をとる→…という操作を繰り返すことで正則連分数展開を得る）ため，円周率の値の評価をするためにこれを用いるのは（普通は）循環論法である。

問題

$a>0$ とする。

(1) $1+x \leq e^x \leq 1+\dfrac{e^a-1}{a}x \ \ (0 \leq x \leq a)$ を示せ。

(2) (1)を用いて $1+a+\dfrac{a^2}{2}<e^a<1+\dfrac{a}{2}(e^a+1)$ を示せ。

(3) (2)を用いて $2.64<e<2.78$ を示せ。

（横浜市立大 2010）

正攻法 グラフの面積評価（台形公式）

(1) $y=1+x$ は $y=e^x$ のグラフの $x=0$ における接線の式である。$y=e^x$ は下に凸だから，$e^x \geq 1+x$. また，$y=1+((e^a-1)/a)x \ (0 \leq x \leq a)$ は $y=e^x$ のグラフ上の 2 点$(0,1),(a,e^a)$を結ぶ線分の式だから，再び凸性より，

$$e^x \leq 1+\frac{e^a-1}{a}x \ \ (0 \leq x \leq a).$$

(2) (1)で考えたグラフの上下関係より，それぞれのグラフと x 軸，y 軸，直線 $x=a$ で囲まれる領域の面積を考えると，

$$\frac{(1+(1+a))a}{2}<\int_0^a e^x dx<\frac{(1+e^a)a}{2} \quad \therefore 1+a+\frac{a^2}{2}<e^a<1+\frac{a}{2}(e^a+1).$$

(3) $a=1/2$ として(2)を用い，2 乗すると，

$$\frac{13}{8}<\sqrt{e}<\frac{5}{3} \ \therefore 2.64<\frac{169}{64}<e<\frac{25}{9}<2.78$$

思いつかなければ潔く微分して増減表を書いても(1)，(2)の不等式は証明できるが，グラフや図形で捉えると楽になるパターンである。センスがある人

は，(1) で示せと言われている式の両端が 1 次関数という単純な形で，最右辺の係数が意味深であることにピンとくるだろう。

上下からの評価に使う領域は共に台形なので，（実質積分しているのと同じだが計算上は）積分するまでもなく面積が求まる。

安直に $a=1$ を代入しても精度が足りないので，1 次近似の理論や図形的考察から分かるように原点に近いほど近似精度が高いことを利用し，試しに $a=1/2$ としてみると上手くいく。

1 次近似や凸性の利用は誘導なしでも使えるようにしておきたい。例えば，1999 年の東大では，$e^\pi > 21$ を自力で示す必要がある定積分の値の評価問題が出題されている。e^x を $x=3$ において 1 次近似して $e^\pi > e^3 + e^3(\pi-3) = e^3(\pi-2) > 2.7^3 \cdot 1.14 > 22.4$ とすれば十分である（実際は $e^\pi = 23.14\ldots$）。

台形公式（ニュートン・コーツの数値積分公式の 1 次の場合）も自力で使えるようにしておきたい。類題として 2007 年の東大では，(1) で

$$\frac{2x}{a} < \int_{a-x}^{a+x} \frac{dt}{t} \ \left(= \log\frac{a+x}{a-x}\right) < x\left(\frac{1}{a+x} + \frac{1}{a-x}\right) \quad (0 < x < a)$$

を示し，(2) で $0.68 < \log 2 < 0.71$ を示す問題が出題されたが，(1) で $\frac{a+x}{a-x} = 2$ となる x を代入するだけでは精度が足りないため，代わりに $\frac{a+x}{a-x} = \sqrt{2}$ となる x を用いるとか，積分区間を $[a-x, a], [a, a+x]$ に分割してそれぞれで台形と接線による面積の上下からの評価を用いるなどの工夫をして自力で精度を上げる必要がある。テイラーの定理を用いると，台形近似の誤差が

$$\int_a^b f(x)dx - \frac{1}{2}(b-a)\big(f(a)+f(b)\big) = -\frac{(b-a)^3}{12} f''(\xi) \quad (\exists \xi \in [a,b])$$

と書けることが分かる。この式から，積分区間を N 個に分割すると（各区間の誤差が N^{-3} 倍，区間の数が N 倍になるので）誤差が大体 $1/N^2$ くらいに改善しそうなことや，2 階微分が大人しい方が精度が高いことが読み取れる。実は 1 次関数で等間隔に近似する台形公式よりも，2 次関数で近似するシンプソンの公式や，非等間隔に分点をとるガウス求積や Clenshaw-Curtis 型数値積分則の方が高精度なので，それを使って圧倒的な近似精度で殴るという手もある。ただし，不等式評価には誤差評価も考慮する必要がある。

チート解法① マクローリン展開

(1) e^x のマクローリン展開から，

$$e^x = 1 + x + \frac{x^2}{2!} + \frac{x^3}{3!} + \frac{x^4}{4!} + \cdots \geq 1 + x,$$

$$e^x = 1 + x + \frac{x^2}{2!} + \frac{x^3}{3!} + \frac{x^4}{4!} + \cdots = 1 + \frac{x}{a}\left(a + \frac{x}{2!}a + \frac{x^2}{3!}a + \frac{x^3}{4!}a + \cdots\right)$$

$$\leq 1 + \frac{x}{a}\left(a + \frac{a^2}{2!} + \frac{a^3}{3!} + \frac{a^4}{4!} + \cdots\right) = 1 + \frac{x}{a}(e^a - 1).$$

(2) (1)の2つ目の不等式において等号は区間の端でしか成り立たないから，積分すると真の不等号となり，

$$e^a - 1 = \int_0^a e^x dx < \int_0^a \left(1 + \frac{e^a - 1}{a}x\right) dx = a + \frac{a}{2}(e^a - 1) = \frac{a}{2}(e^a + 1).$$

また，$e^a = 1 + a + \frac{a^2}{2!} + \frac{a^3}{3!} + \frac{a^4}{4!} + \cdots > 1 + a + \frac{a^2}{2}.$

(3) (2)の結果をもう一度積分して更に上からの評価の精度を上げる。

$$e^a - 1 = \int_0^a e^x dx < \int_0^a \left(1 + \frac{x}{2}(e^x + 1)\right) dx = a + \frac{a^2}{4} + \frac{1}{2}((a-1)e^a + 1)$$

で $a = 1$ とすると，$e < 11/4 = 2.75$

また，$e > 1 + 1 + \frac{1}{2!} + \frac{1}{3!} = \frac{8}{3} = 2.6666\ldots > 2.64$

テイラー展開の全情報が分かっていれば，無論1次近似の上位互換である。

e^x の下からの評価はマクローリン展開が強い。分母に階乗が含まれるため，そのままでも十分収束が速い。上からの評価は次のようにしても良い。

チート解法② マクローリン展開を途中から等比級数で評価

(3) $2.64 < \frac{8}{3} = \sum_{k=0}^{3} \frac{1}{k!} < e < \sum_{k=0}^{3} \frac{1}{k!} + \sum_{k=4}^{\infty} \frac{1}{4!\,5^{k-4}} = \frac{8}{3} + \frac{1}{4!} \cdot \frac{1}{1 - 1/5} = \frac{87}{32} = 2.71875$

問題

(1) $-1 < x < 1, x \neq 0$ のとき，$(1-x)^{1-\frac{1}{x}} < (1+x)^{\frac{1}{x}}$ を示せ。

(2) $0.9999^{101} < 0.99 < 0.9999^{100}$ を示せ。

（東大 2009）

正攻法

(1) $f(x) := \log(\text{右辺}) - \log(\text{左辺}) > 0$ を示す。

$$f(x)=\frac{1}{x}\log(1+x)-\left(1-\frac{1}{x}\right)\log(1-x)=\frac{1}{x}(\log(1+x)+(1-x)\log(1-x)).$$

$$g(x):=\log(1+x)+(1-x)\log(1-x).$$

$$g'(x)=-\frac{x}{x+1}-\log(1-x),\quad g''(x)=\frac{x(x+3)}{(x+1)^2(1-x)}.$$

$0<x<1$ のとき，$g''(x)>0$ より，$g'(x)$ は単調増加。
$-1<x<0$ のとき，$g''(x)<0$ より，$g'(x)$ は単調減少。
これと $g'(0)=0$ より，いずれの場合も $g'(x)>0$ である。
更に，これと $g(0)=0$ より，$g(x)<0\ (-1<x<0)$，$g(x)>0\ (0<x<1)$.
よって，$f(x)=(1/x)g(x)>0\ (-1<x<0,\ 0<x<1)$.

(2) (1)で示された式の両辺に$(1-x)^{1/x}$ (>0)を掛けると，$1-x<(1-x^2)^{1/x}$.
これに $x=0.01$ を代入すると，$0.99<0.9999^{100}$
また，$x=-0.01$ を代入すると，$1.01<0.9999^{-100}$

よって，$0.9999^{100}<\dfrac{1}{1.01}$，すなわち $0.9999^{101}<\dfrac{0.9999}{1.01}=0.99$

$f(x)$ をそのまま微分すると大変なことになる。関数形からそれが予想できれば速いが，一度微分して後悔してからでもすぐ戻れば遅くはない。$1/x$ の符号は既知なので他の部分の符号さえ分かれば良い。$g(x)$ も一度微分するだけでは符号が分からないが，対数に掛かっているのが高々1次式なので二度微分すれば分数の形にまとまる。

チート解法① 誘導を無視して常用対数(大変)

(2) 各辺の常用対数を比較する。

$$\log_{10}0.99=\log_{10}\frac{3^2\times 11}{10^2}=2\log_{10}3+\log_{10}11-2>2\times 0.47712+1.04139-2$$
$$=-0.00437$$

$$\log_{10}0.9999^{101}=101\log_{10}\frac{3^2\times 11\times 101}{10^4}$$
$$=101\times(2\log_{10}3+\log_{10}11+\log_{10}101-4)$$
$$=101\times\left(2\log_{10}3+\log_{10}11+2+\log_{10}e\cdot\log_e\left(1+\frac{1}{100}\right)-4\right)$$
$$<101\times\left(2\log_{10}3+\log_{10}11+2+\log_{10}e\cdot\left(\frac{1}{100}-\frac{1}{2}\times\frac{1}{100^2}+\frac{1}{3}\times\frac{1}{100^3}\right)-4\right)$$
$$<101\times(2\times 0.4771213+1.0413927+2+0.4343\times 0.00995034-4)<-0.00437$$

よって，$0.9999^{101} < 0.99$

$$\log_{10} 0.99 = \log_{10} \frac{3^2 \times 11}{10^2} = 2\log_{10} 3 + \log_{10} 11 - 2$$
$$< 2 \times 0.4771214 + 1.0413927 - 2 = -0.0043645$$

$$\log_{10} 0.9999^{100} = 100 \log_{10} \frac{3^2 \times 11 \times 101}{10^4}$$
$$= 100 \times (2\log_{10} 3 + \log_{10} 11 + \log_{10} 101 - 4)$$
$$= 100 \times \left(2\log_{10} 3 + \log_{10} 11 + 2 + \log_{10} e \cdot \log_e \left(1 + \frac{1}{100}\right) - 4\right)$$
$$> 100 \times \left(2\log_{10} 3 + \log_{10} 11 + 2 + \log_{10} e \cdot \left(\frac{1}{100} - \frac{1}{2} \times \frac{1}{100^2}\right) - 4\right)$$
$$> 100 \times \left(2 \times 0.4771212 + 1.0413926 + 2 \right.$$
$$\left. + 0.434294 \times \left(\frac{1}{100} - \frac{1}{2} \times \frac{1}{100^2} + \frac{1}{3} \times \frac{1}{100^3} - \frac{1}{4} \times \frac{1}{100^4}\right) - 4\right)$$
$$> -0.004364$$

よって，$0.99 < 0.9999^{100}$

ここで，マクローリン展開と交代級数の性質から従う

$$x - \frac{1}{2}x^2 + \frac{1}{3}x^3 - \frac{1}{4}x^4 < \log(1 + x) < x - \frac{1}{2}x^2 + \frac{1}{3}x^3 \ (0 < x < 1)$$

を用いた。

ここでは，(1)を利用する(2)の式変形が思いつかなかったという想定で，(2)だけ無理やり解く。常用対数の近似値は語呂などで覚えておくと良いが，できれば四捨五入した結果だけではなく上下からの評価まで覚えた方が不等式評価に利用できるので便利である。次の桁が 0 以上 4 以下になる所まで覚えれば四捨五入した結果と切り捨てが一致するので不等式にも安心して使える。最後が四捨五入の可能性があると，厳密な不等式評価に使う場合，1 桁犠牲になる。対数の中身を素因数分解することで，素数以外の対数は他から計算でき，常用対数の場合は $\log_{10} 5 = 1 - \log_{10} 2 \fallingdotseq 0.698970$ も $\log_{10} 2$ から計算できる。

0.9999 の対数の方は 100 倍くらいされるので，2 桁分くらい余計に精密な評価が必要になる。小数第 5 位で決着をつけるためには，小数点以下 7 桁まで計算する必要がある。$\log_{10} 101$ を下からではなく上から十分な精度で評価するために，$\log_{10}(101/100)$ の底を e に変換して $\log(1 + x)$ に対するマクローリン展開を 3 次までで打ち切った 3 次式で上から評価する。面倒だが，$\log_{10} 101$ を

$\log_{10} 102$ に置き換えるだけでガバガバな評価になってしまうので仕方ない。面倒とはいえ，代入するのが 1/100 なので分数を計算せずに 10 進法のまま直接 $\log_e(1+\frac{1}{100}) < 0.01 - 0.5 \times 0.0001 + 0.333\ldots \times 0.000001 = 0.009950333\ldots$ と計算できる。上からの場合は $\log_{10} e$ の評価は若干甘くしても平気である。

上の解法では最小限の精度の計算を行ったが，実際にはどのくらいの精度で近似値を比較すれば十分なのかが前もって分からないので，最初から知る限りのフルパワーの近似で挑むべきである。

そもそも与えられていない近似値を記述式の証明問題で勝手に使ったとしたら減点されないのかが気になるところだが，どうせチートなのでもう気にしてもしょうがない。しかし，近似値を覚えるメリットはやはり大きい。問題によってはバレないように使えるかもしれないし，近似値を覚えておけば，簡単な近似分数を見つけてそれを証明できる可能性もある（例えば $10^3 < 2^{10} = 1024$, $2^{13} = 8192 < 10^4 \therefore \frac{3}{10} < \log_{10} 2 < \frac{4}{13} = 0.307\ldots$）が，覚えていなければ精度の良い近似分数も見つけづらい。本問は要求される精度が高すぎて絶望的だが…。記述式でも証明問題ではなく答えが重要な場合は近似値を使ってでも答えが出せるか出せないかでは大きな違いである。答えだけで良い場合は露骨に近似値の力で求めても問題ない。「10 をこの数乗したらこれになるから，○○は大体△△くらいかな」などと感覚的に見当がつくだけでもご利益がある。

以下は覚えておくと数学のみならず物理や化学，地学の計算や検算にも役立つ。また，数の大きさの比較の問題で答えの当たりを付けるのにも役立つ。

数	近似値	語呂	備考
$\log_{10} 2$	0.3010	「おっさん多い」 「竿入れ」	0.30102999566… なので $\log_{10} 2 < 0.30103$ も覚えておくとかなりの精度が出る
$\log_{10} 3$	0.4771 0.4771213	「死なない」 「死なない兄さん」	0.4771212547… なので「死なないにぃに」と「死なない兄さん」の間
$\log_{10} 7$	0.8451 0.84509804	「はよ来い」 「はよこれ配れよ」	0.8451 は四捨五入した結果で上からの評価になっているので注意
$\log_{10} 11$	1.04139 1.041392685	「入れよ，遺作」 「異例よ, 遺作にロバ語」	ここまでは覚える必要ないと言われがちだが，上の解法では使っている
$\log_{10} 13$	1.11394	「いい遺作よ」	何故か「遺作」つながり

$\log_{10} 17$	1.2304489	「委任され斟酌」	$1, 2, 3$ と来て 1 桁飛ばして 4 が連続するのが印象的
$\log_{10} 19$	1.27875360	「井に菜の花ござろう」	1.27875360095 ... で高精度
$\log_{10} e$	0.43429448	「押し刺しに来る獅子は」	$\log_e 10$ の逆数
$\log_e 10$	2.3026 2.302585	「兄さんお風呂」	$\log_e x = \log_e 10 \cdot \log_{10} x$ で常用対数の近似を自然対数の近似に変換できる

ただし，「兄さん」が「213」なのか「23」なのかは要注意である。

近似値が問題で与えられた場合は，覚えていようがいまいができるだけそれに沿うべきである。$\log_{10} 2, \log_{10} 3$ の近似値が与えられていて $\log_{10} 7$ の近似値が与えられていないときでも，$\log_{10} 48 < \log_{10} 7^2 < \log_{10} 50$ や

$$\log_{10} 2400 < \log_{10} 7^4 < \log_{10}\left(48 \times \frac{2^{10}}{10^3}\right)$$

などを利用すれば自力で $\log_{10} 7$ の近似値をある程度導ける。$\log_{10} 2, \log_{10} 3$ のみで解くことを想定した問題で出題者の想定解以外の解き方をして $\log_{10} 7$ や $\log_{10} 11$ が必要になっても諦める必要はない。

近似値は等号を使って表すべきではない。「≒」「≃」を使って表すか，正確に分かっている数字の後に「...」を付けて表すべきである。（数学定数の近似値とは意味が異なるが）理科では有効数字を明確にする表記や不確かさを含めた表記を使うべきである。たまに「$\log_{10} 3 = 0.4771$ を用いても良い」とか「ただし，円周率は 3.14 とする」というような表記を見ることがあると思うが，反面教師にした方が良い。古典論理における爆発律により，矛盾からは任意の命題が導ける。「左辺は無理数で，右辺は有理数なので，問題の仮定は偽である。よって，何を答えても真である。」というのはさすがに屁理屈が過ぎるが，等しくない量を等しいとしたが為に知らない間に誤謬を犯していたり誤差が降り積もって的外れな計算をしていたりする可能性が生じてしまう。

対数の分野にはあまり関係がないが，小中学校で聞くような円周率や平方根の近似値，平方数の語呂合わせもいざというときのために忘れないでおきたい。平方根の評価は当たりを付けて 2 乗して超えるか超えないかで比較的簡単に確認できるし，最悪，開平法という手もあるが，対数の場合は同様のことをある程度の精度でやろうとすると巨大な累乗を何度も手計算する羽目になり，直接概算するのが困難だからこそ近似値を覚える価値が高い。

ちなみに，ネイピア数 $e = 2.718281828459045\ldots$ には「鮒（ふな）一鉢二鉢一鉢二鉢至極惜しい」という有名な語呂合わせがあるが，「い（5）」が「1」と紛らわしい。大体 2.7 くらいであることと 1828 が二連続するインパクトから自然と覚えてしまうので，e の近似値はわざわざ暗記しようと思わなくても e

チート解法② マクローリン展開

(2) $\log(1-x)$ のマクローリン展開より，

$$\log 0.9999^{101} = 101\log(1-10^{-4}) = 101\log(1-10^{-4}) < -101\cdot\left(10^{-4}+\frac{1}{2}\cdot 10^{-8}\right)$$
$$= -101\cdot\left(10^{-4}+\frac{1}{2}\cdot 10^{-8}\right) = -0.010100505$$
$$\log 0.99 = \log(1-10^{-2}) = -\sum_{n=1}^{\infty}\frac{10^{-2n}}{n} > -\left(10^{-2}+\frac{1}{2}\cdot 10^{-4}+\frac{1}{3}\sum_{n=3}^{\infty}10^{-2n}\right)$$
$$= -\left(10^{-2}+\frac{1}{2}\cdot 10^{-4}+\frac{1}{3(1-10^{-2})}\cdot 10^{-6}\right) = -0.010050336700\ldots$$

よって，$0.9999^{101} < 0.99$

$$\log 0.99 = \log(1-10^{-2}) = -\sum_{n=1}^{\infty}\frac{10^{-2n}}{n} < -\left(10^{-2}+\frac{1}{2}\cdot 10^{-4}+\frac{1}{3}\cdot 10^{-6}\right)$$
$$= -0.0100503333\ldots$$
$$\log 0.9999^{100} = 100\log(1-10^{-4}) = 100\log(1-10^{-4})$$
$$> -10^{2}\cdot\left(10^{-4}+\frac{1}{2}\sum_{n=2}^{\infty}10^{-4n}\right)$$
$$= -10^{2}\cdot\left(10^{-4}+\frac{1}{2(1-10^{-4})}\cdot 10^{-8}\right) = -0.01000050005\ldots$$

よって，$0.99 < 0.9999^{100}$

本問の場合，「近似値なんか知るか！マクローリン展開は最強なんだ！」という精神の方がスマートな解法に辿り着けるかもしれない。もし(1)がなかったとしたら正攻法よりも計算が単純である。

チート解法①は近似値を使おうとしてそれだけでは精度が足りなかったからやむを得ずマクローリン展開を使った感じだったが，中途半端に近似値を使うくらいならいきなりマクローリン展開で済ませてしまおう。

マクローリン展開で比較しやすいように自然対数を用いる。常用対数を用いても比較する 3 つの値に同じ値 $\log_{10} e$ が余計に掛かるだけである。

マクローリン展開だけで解決しようとすると $0.9999 = 1-10^{-4}$ などを活かさずにはいられないが，$\log(1+x)$ と違って $\log(1-x)$ は定符号の級数なので下からの評価に交代級数の性質を使えない。そこで，あるところ以降の無限和を具体的に計算できる等比級数で評価する。10^{-4} が非常に小さいので極めて収束が速く，2 次近似まで見れば十分である。

チート解法③ 実際に 100 乗する

(2) $0.9999^{100} =$
0.99004933869137081525350289844080729730800247294290147821859409646
88826584102641081130757346092337422891936656942390984674075984235944
45718292931753703699322959600725679148570978168439503513640174675838
18102009029194586281485081776097498969928665448615825303789038807
00686760410767666173868587758215313023394215189821977285267536235419
67471776889629933683235120022935558404487128721208830049499900001

$0.9999^{101} =$
0.98995033375750167817197754815096321657827167269560718807077223705
92357701444230817022644270357728189149647463276696745575608576637520
86273721102460528328953027304765606580656121070622659563288810658370
59720198828291666822856933267919889220031672582070963721258659903
12616691734726589407251200899439491492091875768302995087539009481796
13275029711940970689866796510933264848646680008336709166494950010099
99

よって，$0.9999^{101} < 0.99 < 0.9999^{100}$

最早この解法で解ける受験生は宇宙からの帰国子女しかいないと思うが，Wolfram Alpha を使えば上の答えがほんの数秒で出てくる。見ての通り小数第 5 位を巡る戦いだったのである。数字の並び自体に人間に理解できる規則性はないと思われるが，小数点を無視して mod 10000 で考えれば分かるように，冪指数を増やすごとに下 4 桁は 9999 と 0001 を交互に繰り返す。0.9999^n は小数点以下の桁数が $4n$ であり，最初の 0.00…0 を除いた部分は $\lfloor n \log_{10} 9999 \rfloor + 1$ 桁である。これは n が小さいとき $4n$ に一致する。0.9999 が十分 1 に近いため，しばらくこの状態が続くが，$n = 23025$ のとき初めて $0.9999^n < 0.1$ になる。

人知を超えていない規則性がある場合は，無限小数の特定の位の数字を求めることができる。次は開成中学の過去問で，算数の問題なのだが，マクローリン展開または等比級数の背景知識があると見通し良く解ける。「すうさん」ではなく「さんすう」なのだが，規則性を読むにせよ，級数展開を利用するにせよ，試される思考力は大学入試問題に匹敵する。開成中学を受験するレベルの小学生であれば，級数展開を利用して解ける可能性は大いにあるだろう。

問題

$\dfrac{1}{9998}$ を小数で表すとき，小数第 96 位の数を求めなさい。

（開成中学 2021）

正攻法 筆算から規則性を読む

まず 1 を 9998 で割る筆算を途中まで実行する。

```
          0.0001000200040008...
9998 ) 1.0000000000000000...
         9998
         -----
            20000
            19996
            -----
                40000
                39992
                -----
                    80000
                    79984
                    -----
                       16
                          ⋱
```

すると，4 桁ずつに規則性があることが分かる。そこで，小数点以下を 4 桁ずつに区切って考える。4 桁を超える繰り上がりが起こらないうちは，4 桁の区切りに現れる数字は

$$1,\quad 2,\quad 2\times 2=4,\quad 2\times 2\times 2=8,\ldots$$

である。例えば，48 桁目を求めたければ，$48\div 4=12$ で，2 を 12 回掛けても 4 桁を超えないことに注意すると，2 を 11 回掛けて得られる 2048 の最後の 8 という数字が 48 桁目だと分かる。

しかし，2 をたくさん掛け算していくと，いつかは 4 桁を超えてしまう。そこで，割り算の筆算の仕組みに戻って考える。商の計算結果の欄のある位置に数字 X を立てるという操作は，1 を 9998 個の箱に同じ量ずつ振り分けようとしている途中で，とりあえず $0.000\ldots 00X$ ずつだけ配って，既に振り分けられている所に付け足すというような意味である。よって，数字が 4 桁を超えた場合，その超えた分の影響を既に振り分けられている手前の 4 桁の数字に単純に足せば良いと考えられる。

$96\div 4=24$ であり，2 を 23 回掛けると 8388608，更に 2 を掛けると 16777216，更に 2 を掛けると 33554432 であることに注意すると，

小数第96位
⇩

```
  8388608
      16777216
+         33554432
------------------
  ……8605……
```

となり，小数第 96 位は 6 であると分かる。

算数っぽい言い方で頑張っているが，累乗という概念が使えないと正直きつい。2 の累乗は具体的に計算するしかないが，中学受験生は 2 の累乗を計算するのが得意だという前提の出題だろうか。2 の累乗が 4 桁を超えた所から繰り上がりが生じるので注意が必要である。桁数だけ見ると一見 33554432 は関係ないように見えるが，実はそこがひっかけであり，$7+3=10$ で更に繰り上がりが生じるため，影響がある。

チート解法① $(1-x)^{-1}$ のマクローリン展開

$$\frac{1}{9998}=\frac{1}{10^4}\times\frac{1}{1-2\cdot10^{-4}}=\sum_{n=1}^{\infty}\{2^{n-1}\cdot10^{-4n}\}=\frac{1}{10^4}+\frac{2}{10^8}+\frac{2^2}{10^{12}}+\cdots$$

$n\leqq23$ のとき $2^{n-1}\cdot10^{-4n}$ の形の項は $10^{-4\times23}=10^{-92}$ の整数倍だから最右辺において小数第 96 位には影響しない。一方，

$$\sum_{n=27}^{\infty}\{2^{n-1}\cdot10^{-4n}\}=10^{-96}\times\frac{2^{26}}{10^8}\times\sum_{n=1}^{\infty}\{2^{n-1}\cdot10^{-4n}\}<10^{-100}\quad\cdots(*)$$

$$\begin{aligned}\sum_{n=24}^{26}\{2^{n-1}\cdot10^{-4n}\}&=(2^{23}+2^{23}\times2\times10^{-4}+2^{23}\times2^2\times10^{-8})\times10^{-96}\\&=(8388608+1677.7216+0.33554432)\times10^{-96}\\&=83\ldots86.05\ldots2\times10^{-96}.\end{aligned}$$

$(*)$より，$n\geqq27$ の項全ての寄与を $n=24,25,26$ の項の和に足しても繰り上がりは起こらない。よって，小数第 96 位は 6 である。

9998 が 10^4 に近いことに着目して $f(x)=1/(1-x)$ のマクローリン展開または無限等比級数に持ち込み，$96\div4=24$ 項目周辺とそれ以外に分けて評価する。規則性が最初から見えるので見通しが良い。

小さい数にせよ，大きい数にせよ，特定の位の数字は，適当な $\bmod 10^k$ で考えて上位の何桁かを無視し，残りをその位の数字が確定する程度の精度で近似

することで求まる。高校数学でよくある大きな累乗数を二項展開して下何桁かを求めるタイプの問題も同じ原理であるが，整数だけで方が付くため，これには近似は必要ない。一方，違うパターンとして，最高位から何番目かの数字を常用対数を使って求める問題では，対数の近似値が必要になる。

チート解法② 圧倒的な計算力で全てをねじ伏せる

$$\frac{1}{9998} = 0.0001000200040008001600320064012802560512102420484096819363872$$
$$7745549109821964392878575715143028605721144\ldots$$

よって，小数第 96 位は 6 である。

ミスをしなければ誰も文句は言えず満点だが，計算ミスをしたり桁がズレたりしたら一発アウトである。チートにはリスクが付き物である。

ちなみに，「有理数だからいつかは循環するだろ」と期待して筆算し続けると，循環節の長さが 357 桁なので，循環する前に 96 桁目が来てしまう。

問題

$e < x < y$ のとき，x^y と y^x のどちらが大きいか？

解法

$f(t) = \dfrac{\log t}{t}$ は $f'(t) = \dfrac{1 - \log t}{t^2}$ より $t = e$ で最大値をとり，$t > e$ で単調減少である。このことから $e < x < y$ に対して $(\log x)/x > (\log y)/y$，すなわち $y^x < x^y$ である。

$y^x < x^y$ という答えの予想が付けば，このような解き方ができる。

直感的には大きい数は底にもってくるより冪指数にもってきた方が強烈だということであり，多項式関数よりも指数関数の方が速く増大することとも整合する。一方，$x < y < e$ のときは大小関係が逆になる。

チート解法

$x^y = y^x,\ x > 0,\ y > 0$ を満たす点 (x, y) 全体からなる集合 S を考える。直線 $y = x$ が含まれることは明らかである。また，x, y を交換しても S の定義式は不変なので S は直線 $y = x$ に関して対称である。S の $y > x$ の部分に属する (x, y) に対し，$y = tx\ (t > 1)$ とおくと $x^{tx} = (tx)^x$. 両辺を $1/x$ 乗して $x^t = tx$. 両辺を x で割ってから $1/(t-1)$ 乗して $x = t^{1/(t-1)}$. このとき $y = tx = t^{t/(t-1)}$. 式変形に使った操作はみな可逆だから，逆に $t > 1$ に対してこのように表される (x, y) は S に属する。$s := 1/(t-1)$ とおくと，$t \to 1^+$ のとき $s \to \infty$ だから $t^{1/(t-1)} = (1 + s^{-1})^s \to e,\ t^{t/(t-1)} \to e\ \ (t \to 1^+)$.

$$\left(\frac{\log t}{t-1}\right)' = \frac{t(1-\log t)-1}{(t-1)^2 t} < 0\ (t > 0)\quad \left(\because \max_{t>0} t(1-\log t) = 1\right)$$

より $t \mapsto t^{1/(t-1)}\ (t > 1)$ は単調減少で，$t \to \infty$ のとき $t^{1/(t-1)} = e^{(\log t)/(t-1)} \to 1$, $t^{t/(t-1)} \to \infty$ であることを踏まえると，S の概形は次のようになる。

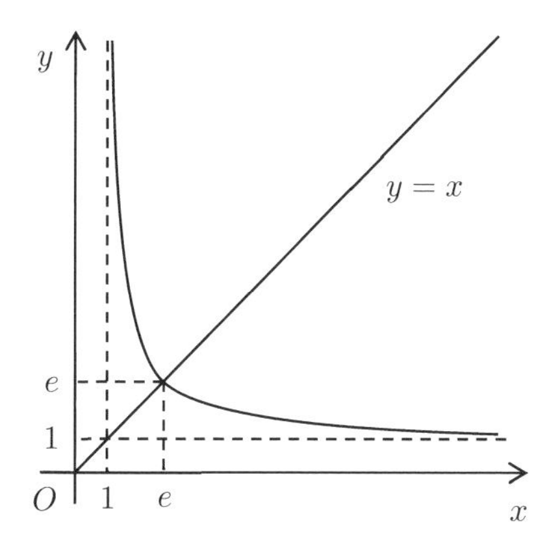

第 1 象限において $(x, y) \mapsto x^y - y^x$ は連続だから，S で区切られる各領域で $x^y - y^x$ は定符号である。$D := \{(x, y) \mid e < x < y\}$ はそのうち一つの領域に含まれ，$(3,4) \in D$, $3^4 = 81 > 64 = 4^3$ だから D 全体で $x^y > y^x$ が成り立つ。

もしかしたら与えられた範囲でも場合分けが生じるかもしれないが，大域的に全てのケースで大小関係を調べ尽くしてしまえば当然勝ちである。大小関係が切り替わる境目，すなわち $x^y = y^x$ のところを特定すればよい。

$x \leq e \leq y$ のときは $x^y < y^x$ の場合も $x^y > y^x$ の場合もあり得るが，その境目を初等関数で陽的に表示することはできない。パラメータ表示かランベルトの W 関数（$w \mapsto we^w$ の逆関数 $w = W(x)$）が必要になる。W を用いると，

$$x^y = y^x \iff 1 = y^x e^{-y\log x} \iff 1 = ye^{-y(\log x)/x} \iff -\frac{\log x}{x} = -\frac{\log x}{x} ye^{-y(\log x)/x}$$

$$\iff -\frac{\log x}{x} y \in \left\{W_0\left(-\frac{\log x}{x}\right), W_{-1}\left(-\frac{\log x}{x}\right)\right\}$$

$$\iff y \in \left\{-\frac{x}{\log x} W_0\left(-\frac{\log x}{x}\right), -\frac{x}{\log x} W_{-1}\left(-\frac{\log x}{x}\right)\right\}.$$

ただし，$x \neq 1$ の下で考えた。W は複素多価関数であり，$W \geq -1$ に値を制限した一価関数を主枝 W_0，$W \leq -1$ に値を制限した一価関数を W_{-1} で表す。W_0 の定義域は $[-1/e, \infty)$，W_{-1} の定義域は $[-1/e, 0)$ である。$0 < x \leq e$ のとき $-(\log x)/x \in [-1/e, \infty)$ で $-\log x \geq -1$ だから $W_0(-(\log x)/x) = -\log x$，$x > e$ のとき $W_{-1}(-(\log x)/x) = -\log x$ である。ここから $y = x$ という解が現れ，それぞれの場合において W の他の分枝からもう一つの解が得られる。

一旦等号を満たすケース（2 変数で等式が 1 本の場合は曲線 $f(x, y) = 0$ になる）を考え，それで区切られてできる各領域でどちら向きの不等号が成り立つかを調べるという手法はもっておくと良い。いわゆる**「正領域」「負領域」**という考え方である。例外的なケース（例えば左辺から右辺を引いてできる式 $f(x, y)$ が連続でない場合や 0 が f の正則値でない場合）を除いて，隣り合う領域では互いに反対向きの不等号が成り立つ。非有界な領域の場合，どちら向きの不等号になるかの確認では，適当な点で値を見る他にも，極限をとるという手段がある。上の例題で言うと，$x^y - y^x > 0$ $(\forall (x, y) \in D)$ は，固定された $x > 1$ に対して $x^y - y^x \to \infty > 0$ $(y \to \infty)$ であることからも従う。類題として，「$\log_x y < \log_y x$，$x \neq 1$，$y \neq 1$ を満たす第 1 象限にある点 (x, y) 全体の集合を図示せよ」という問題は高校数学の範疇だが，まじめに場合分けすると面倒である。等号を満たすケースについて，底の変換公式を使ってから分母を払って因数分解すると，$y = x$，$y = 1/x$，$x = 1$，$y = 1$ が境目になると分かる。$y = x$，$y = 1/x$ をまたぐときに符号が反転することは $\log_x y - \log_y x$ の微分（勾配）の非退化性から言えるが，特異点の集合 $x = 1$，$y = 1$ をまたぐときに符号が反転することは一般論からは従わないので個別に確認すべきである。

x, y に具体的な値を入れることで，非自明な数学定数の評価が得られる。

これに関連する問題は大学入試問題で頻出であり，$\pi^e < e^\pi$（筑波大 2000），$1000^{999} < 999^{1000}$（名古屋市立大医 2008），$50^{49} < 49^{50}$（甲南大 2016 ※実際は確率が絡んだ出題）などが挙げられる。対数をとって近似値を使うだけでは困難な問題も多いので，誘導なしでも解けるようにしておきたい。

3　有限和と和分差分学

問題

$S=\displaystyle\sum_{k=1}^{10}k(k+1)(k+2)(11-k)(12-k)$ の値を求めよ。

Σの中身を展開すると k の 5 次式が出てくる。その各項のΣを計算...なんてやってられるか！ $k(k+1)(k+2)$という綺麗な形があるので活かしたいが，$(11-k)(12-k)$の部分をどうするかが悩みどころである。

解法① 連続整数の積の和の利用

$(11-k)(12-k)=a+b(k+3)+c(k+3)(k+4)$が任意の自然数 k に対して成り立つような a,b,c を係数比較により求めると，$c=1$, $a=210$, $b=-30$.

よって，

$$\begin{aligned}
S&=210\sum_{k=1}^{10}k(k+1)(k+2)-30\sum_{k=1}^{10}k(k+1)(k+2)(k+3)\\
&\qquad+\sum_{k=1}^{10}k(k+1)(k+2)(k+3)(k+4)\\
&=210\sum_{k=1}^{10}\frac{k(k+1)(k+2)(k+3)-(k-1)k(k+1)(k+2)}{4}\\
&\quad-30\sum_{k=1}^{10}\frac{k(k+1)(k+2)(k+3)(k+4)-(k-1)k(k+1)(k+2)(k+3)}{5}\\
&\quad+\sum_{k=1}^{10}\frac{k(k+1)(k+2)(k+3)(k+4)(k+5)-(k-1)k(k+1)(k+2)(k+3)(k+4)}{6}\\
&=210\cdot\frac{1}{4}\cdot10\cdot11\cdot12\cdot13-30\cdot\frac{1}{5}\cdot10\cdot11\cdot12\cdot13\cdot14+\frac{1}{6}\cdot10\cdot11\cdot12\cdot13\cdot14\cdot15\\
&=60060
\end{aligned}$$

一定個数の連続する整数の和なら簡単に求まる(数学B頻出事項)。例えば，

$$\sum_{k=1}^{n}k(k+1)(k+2)=\sum_{k=1}^{n}\frac{k(k+1)(k+2)(k+3)-(k-1)k(k+1)(k+2)}{4}$$

の右辺の項を書き出すと $n(n+1)(n+2)(n+3)/4$ 以外は打ち消し合う。

これを利用するために$(11-k)(12-k)$を強引に変形する。実際に展開して係数比較などしなくても最高次の項の係数 $c=1$ は一目で分かる。次に $k=-3$ を代入して $a=210$ が分かる。更に $k=11$ を代入して $b=-30$ が分かる。

最後の計算は適度に共通因数を括ってから掛け算しよう。

解法② 二項係数と組み合わせ論的解釈の利用

$$S = 3!\,2!\sum_{k=1}^{10}\frac{k(k+1)(k+2)}{3!}\cdot\frac{(11-k)(12-k)}{2!} = 3!\,2!\sum_{k=1}^{10}{}_{k+2}C_3\cdot{}_{12-k}C_2$$

ここで，下図において点 A から点 B へ行く最短経路の総数について考える。

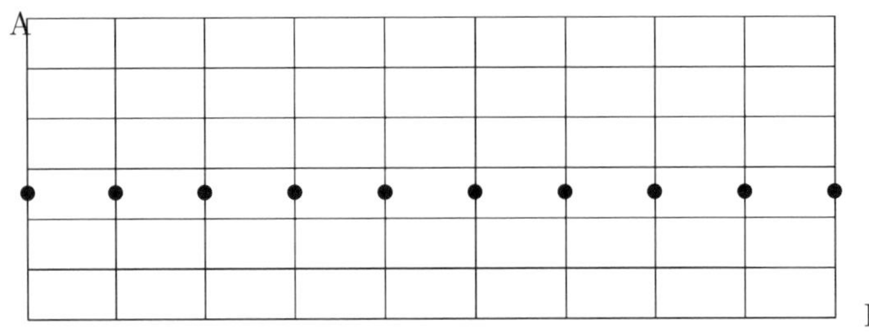

そのような経路は黒丸で示した点のいずれかをちょうど 1 度通過する。そのうち左から k 番目の黒丸を通過する経路は${}_{k+2}C_3\cdot{}_{12-k}C_2$通りある。何故ならば，A から黒丸の真上の交差点への行き方が「3 個の↓と $k-1$ 個の→の並べ方」に対応して${}_{k+2}C_3$通り，黒丸の真下の交差点から B への行き方が「2 個の↓と $10-k$ 個の→の並べ方」に対応して${}_{12-k}C_2$通りあるからである。

一方で，最短経路は「6 個の↓と 9 個の→の並べ方」に対応するから，合計 ${}_{15}C_6$通りある。よって，$\sum_{k=1}^{10}{}_{k+2}C_3\cdot{}_{12-k}C_2={}_{15}C_6$であり，

$$S = 3!\,2!\sum_{k=1}^{10}{}_{k+2}C_3\cdot{}_{12-k}C_2 = 3!\,2!\,{}_{15}C_6 = 60060$$

解法②の考え方を一般化すると次のようになる：

> 自然数 n,p,q に対し，
>
> $$\sum_{k=1}^{n}k(k+1)\cdots(k+p-1)\cdot(n+1-k)(n+2-k)\cdots(n+q-k)$$
> $$= p!\,q!\sum_{k=1}^{n}{}_{k+p-1}C_p\cdot{}_{n+q-k}C_q = p!\,q!\,{}_{n+p+q}C_{p+q+1}.$$

なお，$k=n+1, n+2, \ldots, n+q$ とした項はいずれも 0 なので，Σ の上限をこれらのうちいずれかに置き換えても同じ値になる。

有名なファンデルモンドの畳み込みや二項係数の第 1 引数に関する畳み込みとは似て異なる等式なので注意せよ。

最短経路ではなく，1〜15 の数字から 6 個選ぶ方法の総数を 4 番目に大きい数字 k $(4 \leqq k \leqq 13)$ で場合分けして数えることなどによっても求まる。また，${}_mC_\ell = 0$ $(m < \ell)$ と $(1-x)^{-\beta}$ $(|x|<1)$ のマクローリン展開 $\sum_{l=0}^{\infty} {}_{\beta+l-1}C_l x^l$ を用いて，$\sum_{k=1}^{n} {}_{k+p-1}C_p \cdot {}_{n+q-k}C_q$ の母関数を求める方法もある：

$$
\begin{aligned}
\sum_{n=0}^{\infty}\sum_{k=1}^{n} {}_{k+p-1}C_p \cdot {}_{n+q-k}C_q x^n &= \sum_{n=0}^{\infty}\sum_{k=0}^{n} {}_{k+p-1}C_p \cdot {}_{n+q-k}C_q x^n \\
&= \sum_{j=0}^{\infty}\sum_{k=0}^{\infty} {}_{k+p-1}C_p \cdot {}_{j+q}C_q x^{k+j} = \sum_{j=0}^{\infty} {}_{j+q}C_q x^j \sum_{k=0}^{\infty} {}_{k+p-1}C_p x^k \\
&= (1-x)^{-q-1} \cdot x(1-x)^{-p-1} = x(1-x)^{-(p+q+2)} = x\sum_{l=0}^{\infty} {}_{l+p+q+1}C_l x^l \\
&= \sum_{n=0}^{\infty} {}_{n+p+q}C_{n-1} x^n = \sum_{n=0}^{\infty} {}_{n+p+q}C_{p+q+1} x^n.
\end{aligned}
$$

この x^n の係数を比較すると，$\sum_{k=1}^{n} {}_{k+p-1}C_p \cdot {}_{n+q-k}C_q = {}_{n+p+q}C_{p+q+1}$.

解法③ 部分和分の反復

自然数 p, k と，自然数に対して定義された関数 f, g に対し，

$$
(k)_p^+ := k(k+1)\cdots(k+p-1) = \frac{(k+p-1)!}{(k-1)!}, \quad \Delta f(k) := f(k+1) - f(k)
$$

とおくと，$\Delta(k)_p^+ = p(k+1)_{p-1}^+$，$\Delta\bigl(f(k)g(k)\bigr) = f(k)\Delta g(k) + g(k+1)\Delta f(k)$

$$
\therefore \Delta\frac{(k-1)_{p+1}^+}{p+1} = (k)_p^+, \quad \sum_{k=1}^{n} f(k)\Delta g(k) = [f(k)g(k)]_{k=1}^{k=n+1} - \sum_{k=1}^{n} g(k+1)\Delta f(k).
$$

これらを用いると，

$$
\begin{aligned}
S &= \sum_{k=1}^{10} (k)_3^+(11-k)_2^+ = \sum_{k=1}^{10} \Delta\frac{(k-1)_4^+}{4} \cdot (11-k)_2^+ \\
&= \left[\frac{(k-1)_4^+}{4} \cdot (11-k)_2^+\right]_{k=1}^{k=11} - \sum_{k=1}^{10} \frac{(k)_4^+}{4} \Delta(11-k)_2^+ \\
&= -\sum_{k=1}^{10} \frac{(k)_4^+}{4} \cdot \bigl(-2(11-k)\bigr) = \frac{1}{2}\sum_{k=1}^{10} \Delta\frac{(k-1)_5^+}{5} \cdot (11-k) \\
&= \frac{1}{2}\left[\frac{(k-1)_5^+}{5} \cdot (11-k)\right]_{k=1}^{k=11} - \frac{1}{2}\sum_{k=1}^{10} \frac{(k)_5^+}{5} \Delta(11-k)
\end{aligned}
$$

$$=\frac{1}{2\cdot 5}\sum_{k=1}^{10}(k)_5^+=\frac{(10)_6^+}{2\cdot 5\cdot 6}=\frac{10\cdot 11\cdot 12\cdot 13\cdot 14\cdot 15}{2\cdot 5\cdot 6}=60060$$

$(x)_p^+$は$x^{\overline{p}}, x^{(p)}, (x,p)$などとも書かれ，上昇階乗冪，上昇階乗，昇階乗，昇冪などと呼ばれる。一方，$(x)_p^- := x(x-1)\cdots(x-p+1)=x!/(x-p)!$は$x^{\underline{p}}$とも書かれ，下降階乗冪，下降階乗，降階乗，降冪などと呼ばれる。p が負の整数のときは階乗で表した式，p が複素数のときはそれをガンマ関数で拡張した式により定義される。これらの記号は Pochhammer 記号と呼ばれる。Pochhammer は「ポッホハマー」と読む（「ポッチャマー」ではない）。$\Delta\colon \mathbb{R}^{\mathbb{N}}\to\mathbb{R}^{\mathbb{N}}$は(前進)差分作用素である。「差分」の逆演算$\Delta^{-1}$，すなわち f に対して $\Delta g=f$ を満たす g を（定数差を除いて）対応させる演算を「**不定和分**」と言い，和をとる操作，つまり Σ のようなものになる。不定和分と実際の総和の関係は

$$\sum_{k=a}^{b}f(k)=\Delta^{-1}f(b+1)-\Delta^{-1}f(a)$$

であり，$\Delta^{-1}f(b)-\Delta^{-1}f(a)$ ではないことに注意せよ（ $b=a$ の場合に注目)。

$$\sum\nolimits_a^b f(x)\delta x := \sum_{k=a}^{b-1}f(k)$$

と定義すれば，これはちょうど $\Delta^{-1}f(b)-\Delta^{-1}f(a)$ に一致し，不定積分から定積分を計算するときと全く同じ要領で，不定和分から計算できる。この左辺を「f の a から b までの**定和分**」と呼ぶ。これに合わせて f の不定和分$\Delta^{-1}f$も$\sum f(x)\delta x$ のように書かれることが多い。

$$\sum x^{\overline{p}}\delta x=\Delta^{-1}x^{\overline{p}}=\frac{1}{p+1}(x-1)^{\overline{p+1}}+C\quad (C\text{ は和分定数})$$

$$\sum_{k=1}^{n}k^{\overline{p}}=\frac{1}{p+1}n^{\overline{p+1}}$$

は**解法①**で用いた

$$\sum_{k=1}^{n}k(k+1)\cdots(k+p-1)=\frac{1}{p+1}n(n+1)\cdots(n+p)$$

を書き直しただけだが，x^pの積分公式との類似性が見て取れるだろう。やはり**差分は微分，和分は積分の離散バージョン**なのである。$x^{\overline{p}}$の不定和分の底が $x-1$ になっているのが若干対応していないが，降冪にすると

$$\sum x^{\underline{p}}\delta x=\frac{1}{p+1}x^{\underline{p+1}}+C\quad (p\neq -1)$$

となり，完全に対応する。和分差分における $n^{\underline{p}}$, 2^n, $\sum_{k=1}^{n}1/k$（調和数）は，それぞれ微分積分で言うところの x^p, e^x, $\log x$ のような役割を果たす（e^xは微分作用素の固有関数，2^nは差分作用素の固有関数である)。部分和分

$$\sum f(x)\Delta g(x)\delta x = f(x)g(x) - \sum g(x+1)\Delta f(x)\delta x$$

$$\sum_{k=1}^{n} f(k)\Delta g(k) = [f(k)g(k)]_{k=1}^{k=n+1} - \sum_{k=1}^{n} g(k+1)\Delta f(k)$$

は部分積分に対応する。**解法③**を一般化すると,

$$\sum_{k=\alpha}^{\beta-1}(k-\alpha)^{\overline{p}}(\beta-k)^{\overline{q}} = \sum\nolimits_{\alpha}^{\beta}(x-\alpha)^{\overline{p}}(\beta-x)^{\overline{q}}\delta x$$

$$= \left[\frac{(x-\alpha-1)^{\overline{p+1}}}{p+1}(\beta-x)^{\overline{q}}\right]_{\alpha}^{\beta} - \sum\nolimits_{\alpha}^{\beta}\frac{(x-\alpha)^{\overline{p+1}}}{p+1}\cdot\left(-q(\beta-x)^{\overline{q-1}}\right)\delta x$$

$$= \frac{q}{p+1}\sum\nolimits_{\alpha}^{\beta}(x-\alpha)^{\overline{p+1}}(\beta-x)^{\overline{q-1}}\delta x = \cdots$$

$$= \frac{q}{p+1}\cdot\frac{q-1}{p+2}\cdots\frac{1}{p+q}\sum\nolimits_{\alpha}^{\beta}(x-\alpha)^{\overline{p+q}}\delta x$$

$$= \frac{p!\,q!}{(p+q+1)!}(\beta-\alpha-1)^{\overline{p+q+1}} \quad (p, q \geq 1)$$

となり，これは部分積分を繰り返して得られるベータ関数型の積分公式

$$\int_{\alpha}^{\beta}(x-\alpha)^{p}(\beta-x)^{q}dx = \frac{p!\,q!}{(p+q+1)!}(\beta-\alpha)^{p+q+1}$$

の離散バージョンになっていることが見て取れる。

折角なので，もう一つ応用例を紹介しよう。公式$\sum a^x\delta x = \frac{a^x}{a-1} + C\ (a \neq 1)$と部分和分を用いると，以下のような計算ができる。

$$\sum x^2 r^x \delta x = x^2\cdot\frac{r^x}{r-1} - \sum(2x+1)\cdot\frac{r^{x+1}}{r-1}$$

$$= x^2\cdot\frac{r^x}{r-1} - (2x+1)\cdot\frac{r^{x+1}}{(r-1)^2} + \sum 2\cdot\frac{r^{x+2}}{(r-1)^2}$$

$$= x^2\cdot\frac{r^x}{r-1} - (2x+1)\cdot\frac{r^{x+1}}{(r-1)^2} + 2\cdot\frac{r^{x+2}}{(r-1)^3} + C$$

$$= \left(\frac{x^2}{r-1} - \frac{(2x+1)r}{(r-1)^2} + \frac{2r^2}{(r-1)^3}\right)r^x + C.$$

$$\therefore \sum_{k=1}^{n} k^2 r^k = \left(\frac{(n+1)^2}{r-1} - \frac{(2n+3)r}{(r-1)^2} + \frac{2r^2}{(r-1)^3}\right)r^{n+1}$$

$$- \left(\frac{1}{r-1} - \frac{3r}{(r-1)^2} + \frac{2r^2}{(r-1)^3}\right)r$$

$$= \frac{(r-1)^2 n^2 - 2(r-1)n + r + 1}{(r-1)^3}r^{n+1} - \frac{r(r+1)}{(r-1)^3}.$$

ちなみに，このような(m次式)×(等比)型の数列の和は「公比 r 倍したものと差をとる」という次数を下げる操作を m 回繰り返して等比数列の和に帰着させるのが高校数学における定石とされているが，微分計算が得意なのであれば，$\sum_{k=1}^{n} r^k = r(1-r^n)/(1-r)$の両辺について「$r$ で微分して r 倍する」という操作を m 回繰り返して $\sum_{k=1}^{n} k^m r^k$ を求めてもよい。

一般の r に対する式はごちゃごちゃしているが，具体的な数字，特に $r=2$ の場合は計算が簡単になる（そのためかよく出題される）。何故なら，$\{2^n\}$が差分作用素の固有値 1 に対する固有関数，すなわち，差分をとっても変わらない数列だからである。これは例えば $x^2 r^x$ の積分より $x^2 e^x$ の積分の方が計算が楽なのと同じ理由である。

解法④ 脳筋ゴリゴリ計算

$$
\begin{aligned}
S &= 660 + 2160 + 4320 + 6720 + 8820 + 10080 + 10080 + 8640 + 5940 + 2640 \\
&= 60060
\end{aligned}
$$

お！有限項しかないから計算できるぞ！数学は根性だ！ゴリゴリゴリィ〜！

一見，頭が悪そうだが，k の 5 次式を展開し，後述するファウルハーバーの公式を使って 5 乗和までの一般項を求めてから $n=10$ を代入するよりは速いかもしれない。適度に共通因数を括ってから掛け算すると若干賢くなる。

問題

$S_5(n) = \displaystyle\sum_{k=1}^{n} k^5$ を求めよ。

正攻法 4 乗の和の公式を経由して 6 乗の階差の和から求める

$$(k+1)^5 - k^5 = 5k^4 + 10k^3 + 10k^2 + 5k + 1$$

で $k = 1,2,\ldots,n$ とした式の辺々の和をとると，

$$(n+1)^5 - 1 = 5\sum_{k=1}^{n} k^4 + 10\sum_{k=1}^{n} k^3 + 10\sum_{k=1}^{n} k^2 + 5\sum_{k=1}^{n} k + n.$$

よって，

$$
\begin{aligned}
\sum_{k=1}^{n} k^4 = \frac{1}{5}\Big\{&(n+1)^5 - 10\cdot\frac{1}{4}n^2(n+1)^2 - 10\cdot\frac{1}{6}n(n+1)(2n+1) - 5\cdot\frac{1}{2}n(n+1) \\
&-(n+1)\Big\}
\end{aligned}
$$

$$= \frac{1}{5}(n+1)\left\{(n+1)^4 - \frac{5}{2}(n^3+n^2) - \frac{5}{3}(2n^2+n) - \frac{5}{2}n - 1\right\}$$

$$= \frac{1}{6}n(n+1)(2n+1)(3n^2+3n-1).$$

また,

$$(k+1)^6 - k^6 = 6k^5 + 15k^4 + 20k^3 + 15k^2 + 6k + 1$$

で $k = 1,2,\dots,n$ とした式の辺々の和をとると,

$$(n+1)^6 - 1 = 6S_5(n) + 15\sum_{k=1}^{n} k^4 + 20\sum_{k=1}^{n} k^3 + 15\sum_{k=1}^{n} k^2 + 6\sum_{k=1}^{n} k + n.$$

よって,

$$S_5(n) = \frac{1}{6}\Big\{(n+1)^6 - 15\cdot\frac{1}{30}n(n+1)(2n+1)(3n^2+3n-1) - 20\cdot\frac{1}{4}n^2(n+1)^2$$

$$- 15\cdot\frac{1}{6}n(n+1)(2n+1) - 6\cdot\frac{1}{2}n(n+1) - (n+1)\Big\}$$

$$= \frac{1}{6}(n+1)\Big\{(n+1)^5 - \frac{1}{2}(6n^4+9n^3+n^2-n) - 5n^2(n+1) - \frac{5}{2}(2n^2+n)$$

$$- 3n - 1\Big\}$$

$$= \frac{1}{12}n^2(n+1)^2(2n^2+2n-1).$$

$m+1$ 乗の階差を展開して Σ すると $m-1$ 乗和までが既知であれば m 乗和が求まる。3 乗和までを公式として暗記させ，演習問題として 4 乗和をこの方法で求めさせるというのが高校数学では典型的な光景である。しかし，4 乗和を経由して 5 乗和まで求めるとなると流石に計算がしんどくなる。

これは教科書的な方法だが，**Σの中に階差の形を作って打ち消し合うようにするというテクニック**（telescoping method）は教科書レベルに留まらず汎用性が高い。例えば，数検 1 級で出題された以下の計算問題もこのテクニックを使えば一行で解ける（多分想定解だろう）:

$$\sum_{k=1}^{n}(6k+3)k^2(k+1)^2 = \sum_{k=1}^{n}\{k^2(k+1)^2(k+2)^2 - (k-1)^2k^2(k+1)^2\}$$

$$= n^2(n+1)^2(n+2)^2.$$

チート解法① 降冪の不定和分公式

$$x^5 = x^{\underline{5}} + 10x^{\underline{4}} + 25x^{\underline{3}} + 15x^{\underline{2}} + x^{\underline{1}}$$

$$\sum x^5 \delta x = \frac{1}{6}x^{\underline{6}} + 2x^{\underline{5}} + \frac{25}{4}x^{\underline{4}} + 5x^{\underline{3}} + \frac{1}{2}x^{\underline{2}} + C$$

$$\begin{aligned}\sum_{k=1}^{n} k^5 &= \left[\frac{1}{6}x^{\underline{6}} + 2x^{\underline{5}} + \frac{25}{4}x^{\underline{4}} + 5x^{\underline{3}} + \frac{1}{2}x^{\underline{2}}\right]_1^{n+1} \\ &= (n+1)n\left\{\frac{1}{6}(n-1)(n-2)(n-3)(n-4) + 2(n-1)(n-2)(n-3)\right. \\ &\qquad \left. + \frac{25}{4}(n-1)(n-2) + 5(n-1) + \frac{1}{2}\right\} \\ &= \frac{1}{12}n^2(n+1)^2(2n^2+2n-1)\end{aligned}$$

降冪（下降階乗）の不定和分は簡単に計算できるということを利用する。まず $x^5 = x^{\underline{5}} + 10x^{\underline{4}} + 25x^{\underline{3}} + 15x^{\underline{2}} + x^{\underline{1}} + 0x^{\underline{0}}$ の係数たちをどうやって求めるかが問題だが，$x = 0$ を代入して $x^{\underline{0}}$ の係数（定数項）が 0 だと分かり，$x = 1$ を代入して $x^{\underline{1}} = x$ の係数が 1 だと分かり，$x = 2$ を代入して $x^{\underline{2}} = x(x-1)$ の係数が 15 だと分かり，… と順に求める方法がまず思いつく。これと実質同じことだが，連続して組み立て除法を用いると速い。

0	1	0	0	0	0	0
		0	0	0	0	0
1	1	0	0	0	0	0
		1	1	1	1	
2	1	1	1	1	1	
		2	6	14		
3	1	3	7	15		
		3	18			
4	1	6	25			
		4				
	1	10				

これを下から逆に考えると，$x-4$ で割ったら商が 1 で余りが 10 となる多項式 $1 \cdot (x-4) + 10$ がまずあり，その上に $x-3$ で割ったら商が $1 \cdot (x-4) + 10$ で余りが 25 となる多項式 $(1 \cdot (x-4) + 10) \cdot (x-3) + 25$ があり，…といった具合で，最初（一番上）が x^5 だったから，結局

$$x^5 = \Big(\big(((1 \cdot (x-4) + 10) \cdot (x-3) + 25) \cdot (x-2) + 15\big) \cdot (x-1) + 1\Big) \cdot x + 0$$

$$= 1 \cdot (x-4)(x-3)(x-2)(x-1)x + 10 \cdot (x-3)(x-2)(x-1)x$$
$$+ 25 \cdot (x-2)(x-1)x + 15 \cdot (x-1)x + 1 \cdot x$$

であることを意味する。

わざわざ 4 乗の和を経由する必要がないため正攻法より遥かに計算量が少ないが，明示的な共通因数で括った後で 4 次式を展開する所は多少面倒である。

一般に，冪を降冪の線形和に展開した際の係数は**第 2 種スターリング数**と呼ばれるものになる：

$$x^k = \sum_{l=0}^{k} \left\{ {k \atop l} \right\} x^{\underline{l}}, \quad \left\{ {k \atop l} \right\} = \left\{ {k-1 \atop l-1} \right\} + l \left\{ {k-1 \atop l} \right\}$$

この和分をとると，

$$\sum_{m=1}^{n} m^k = \sum_{l=0}^{k} \left\{ {k \atop l} \right\} \frac{(n+1)^{\underline{l+1}}}{l+1} = \sum_{l=0}^{k} \left\{ {k \atop l} \right\} l!\ {}_{n+1}C_{l+1}.$$

（第 1 種）オイラリアン数（Eulerian number）を用いた二項係数表示もある：

$$\sum_{m=1}^{n} m^k = \sum_{l=1}^{k} \left\langle {k \atop l-1} \right\rangle {}_{n+l}C_{k+1}$$

オイラリアン数は$\{n^k\}$の Z 変換の係数にも現れる。

チート解法② 多項式の積分

$S_k(n) = \sum_{m=1}^{n} m^k$とおく。$S_3(n) = \frac{1}{4}n^2(n+1)^2$である。$S_3$の定義より，任意の自然数 n に対して $n^3 = S_3(n) - S_3(n-1)$ だから，多項式として，

$$x^3 = \frac{1}{4}x^2(x+1)^2 - \frac{1}{4}(x-1)^2x^2.$$

両辺を 2 回不定積分すると，ある定数 A, B（積分定数）が存在して，

$$x^5 = \frac{1}{12}(2x^6 + 6x^5 + 5x^4) - \frac{1}{12}(2(x-1)^6 + 6(x-1)^5 + 5(x-1)^4) + Ax + B$$

$x = 0$ のときより $B = 1/12$. $x = 1$ のときより $A = -1/6$.

$x^5 = P(x) - P(x-1), P(0) = 0$ となるような多項式$P(x)$が求まれば，x を特に非負整数に制限した漸化式を満たす数列の一意性から，$S_5(n) = P(n)$ となる。上の計算から，このような $P(x)$ で

$$P(x) = P_{C,D}(x) := \frac{1}{12}(2x^6 + 6x^5 + 5x^4) + Cx^2 + Dx \quad (C, D\text{: 定数})$$

の形のものが存在すると予想できる。もし

$$Cx^2 + Dx - C(x-1)^2 - D(x-1) = Ax + B \ \left(= -\frac{1}{6}x + \frac{1}{12} \right)$$

となれば，この C, D に対する$P(x) = P_{C,D}(x)$は実際に漸化式を満たす。係数比

較により，C, D がこの式を満たすための必要十分条件は $C = -1/12, D = 0$.

$$\therefore S_5(n) = \frac{1}{12}(2n^6 + 6n^5 + 5n^4 - n^2) = \frac{1}{12}n^2(n+1)^2(2n^2 + 2n - 1).$$

全ての自然数において値が等しい多項式は恒等的に等しい（[(次数) + 1]個の相異なる点における値が決まれば Vandermonde 行列の正則性により係数が一意に決まるからである)。よって，n を x にしてこのような係数比較ができる。

2 回積分する場面ではもちろん全て展開してしまっては意味がない。自然数の部分を連続変数に置き換えた「$S_3(x)$」を 2 回積分して，その引数を 1 ずらしたものとの差が，積分定数から現れる 1 次式の違いを除いて x^5 になるという式を作る。こうすると，「$S_5(x)$」に近い形が出てくる。あとは誤差として現れた 1 次式の部分を，2 次式の階差が 1 次式になることを利用して処理する。$Cx^2 + Dx$ のように定数項がない 2 次式でおいたのは，$P(0) = 0$ を反映するためである（そもそも定数項は何であっても階差には影響しない)。

係数比較により $C = -1/12, D = 0$ と求まり，逆にこれは条件を満たす。

積分により k 乗和から $k+1$ 乗和が得られる様子は後述するファウルハーバーの公式を用いても可視化できる。多項式環から $\mathbb{R}$ への線形写像 $T: \mathbb{R}[X] \to \mathbb{R}$ を，X^j $(j = 0,1,2,\dots)$ を j 番目の関孝和流のベルヌーイ数に写すものとして定義すると，T と（X ではなく係数の文字に関する）微分との可換性により，

$$\begin{aligned} S_{k+1}(n) &= \frac{T((n+X)^{k+2} - X^{k+2})}{k+2} = \int_0^n T((t+X)^{k+1})dt \\ &= \int_0^n \Big((k+1)S_k(t) + T(X^{k+1})\Big)dt = (k+1)\int_0^n S_k(t)dt + B_{k+1}n. \end{aligned}$$

チート解法③ ファウルハーバーの公式

関孝和流のベルヌーイ数を B_k，k 次ベルヌーイ多項式を $B_k(x)$ とする。

$$\sum_{k=0}^{\infty} \frac{B_k(x+1)}{k!}t^k = \frac{te^{(x+1)t}}{e^t - 1} = te^{xt} + \frac{te^{xt}}{e^t - 1} = te^{xt} + \sum_{k=0}^{\infty} \frac{B_k(x)}{k!}t^k.$$

これと $t \mapsto e^{xt}$ のマクローリン展開を用いて，t^{k+1}の係数を比較すると，

$$B_{k+1}(x+1) - B_{k+1}(x) = (k+1)x^k.$$

$x = 1,2,\dots,n$ として総和をとると，$B_{k+1}(n+1) - B_{k+1}(1) = (k+1)\sum_{m=1}^n m^k$.

$$\sum_{m=1}^n m^5 = \frac{B_6(n+1) - B_6(1)}{5+1} = \frac{1}{6}\sum_{k=0}^5 {}_6C_k B_k n^{6-k} = \frac{2n^6 + 6n^5 + 5n^4 - n^2}{12}.$$

実は一般の k に対する k 乗和 $S_k(n) = \sum_{i=1}^n i^k$ を求める公式が知られている。

上記はベルヌーイ多項式の指数型母関数を利用したその証明である。

ファウルハーバー(Faulhaber)の公式

関孝和流のベルヌーイ数を B_i $(i=0,1,2,\dots)$とすると，

$$S_k(n)=\frac{1}{k+1}\sum_{i=0}^{k}{}_{k+1}C_iB_in^{k+1-i}\quad(k=0,1,2,\dots;\ n=1,2,3,\dots).$$

ベルヌーイ数には $B_1=1/2$ となる定義と $B_1=-1/2$ となる定義が存在する。前者が江戸時代前期の和算家，関孝和により用いられたものであり，

$$B_0=1,\quad \sum_{i=0}^{k}(-1)^i{}_{k+1}C_iB_i=0\ (k=1,2,3,\dots)$$

により帰納的に定義する流儀である。一方，$x/(e^x-1)$を指数型母関数にもつ数列の項としてベルヌーイ数を定義する流儀もあり，その場合 $B_1=-1/2$ となる。B_1 以外の値は両者で一致する。B_1 以外の奇数番目のベルヌーイ数は 0 であり，偶数番目は $B_2=1/6$，$B_4=-1/30$，$B_6=1/42$，$B_8=-1/30$，$B_{10}=5/66,\dots$ のように符号が交互になる。

ファウルハーバーの公式は多項式としての等式と見做せるので，形式的に $n=-1$ を代入してベルヌーイ数の漸化式と見比べると，$k\geq 1$ に対して $S_k(n)$ が $n(n+1)$ で括れることが分かる。更に，$B_{2k+1}=0$ $(k\geq 1)$だから，奇数乗和 $S_{2k+1}(n)$ は n^2 を因数にもつことも分かる（実際には $n^2(n+1)^2$ でも括れる）。偶数乗和 $S_{2k}(n)$ $(k\geq 1)$は実際には $n(n+1)(2n+1)$ でも括れる。

ベルヌーイ多項式は（ベルヌーイ数の定義に依存して）次で定義される：

$$B_n(x):=\sum_{k=0}^{n}{}_nC_kB_{n-k}x^k.$$

混同を避けるためにベルヌーイ多項式が登場する際はベルヌーイ数を小文字で b_n と表記する文献も多い。

チート解法④ x^5に対するオイラー・マクローリンの和公式

B_k を k 番目の（関孝和流ではない）ベルヌーイ数とする。

$f(x)=x^5$ に対してオイラー・マクローリンの和公式を用いると，

$$\sum_{k=1}^{n}k^5-\int_0^n x^5dx=\frac{n^5}{2}+\frac{B_2}{2}\cdot 5n^4+\frac{B_4}{4\cdot 3\cdot 2}\cdot 5\cdot 4\cdot 3n^2+\frac{B_6}{6!}(5!-5!)$$

$$\therefore \sum_{k=1}^{n}k^5=\frac{1}{6}n^6+\frac{1}{2}n^5+\frac{5}{12}n^4-\frac{1}{12}n^2.$$

オイラー・マクローリン(Euler–Maclaurin)の公式

B_k を関孝和流ではないベルヌーイ数，$B_k(x)$を k 次ベルヌーイ多項式とする。$f \in C^{2m}([0,n])$のとき，

$$\sum_{x=1}^{n} f(x) - \int_0^n f(x)dx = \frac{f(n)-f(0)}{2} + \sum_{k=1}^{m} \frac{B_{2k}}{(2k)!}\{f^{(2k-1)}(n) - f^{(2k-1)}(0)\}$$
$$- \frac{1}{(2m)!}\int_0^n B_{2m}(x - \lfloor x \rfloor) f^{(2m)}(x)dx.$$

ベルヌーイ多項式の性質 $B'_n(x) = nB_{n-1}(x)$ と部分積分の繰り返しで $n=1$ の場合が示され，それを平行移動して足し合わせると一般の場合が得られる。

定義域が一定（例えば[0,1]）になるように変数変換して $n \to \infty$ のときの挙動を見ると，区分求積法の誤差評価にも使える。

多項式の場合は十分大きな m に対して用いると微分を含む剰余項が消えるので便利である。ここからもファウルハーバーの公式が導ける。

$f(x) = x^5$ の場合，$m=3$ とすれば（公式が強い分）瞬時に方が付く。

ただし，ここでは関流ではない方の定義，つまり $B_1 = -1/2$ とする流儀を採用している点に注意が必要である。

チート解法⑤ 答えを悟って漸化式の解の一意性で天下り

$S(n) = \frac{1}{12}n^2(n+1)^2(2n^2+2n-1)$ は $S(n) - S(n-1) = n^5$，$S(1) = 1$ を満たすから，漸化式の解の一意性より，この$S(n)$が答えである。

答えを何らかの方法 (数学的に厳密ではない方法や暗記でも良いし，夢で女神に教わっても良い) で悟る。それが $S_5(n)$ と同じ漸化式と初期条件を満たしていることを確認すれば，2 項間漸化式が与えられると初期条件から全ての項が逐次一意に決まるという性質から，厳密に一致することが証明できる。

答えが n の 6 次式になると予想して係数比較するだけでは未知数が 7 個もあってかえって大変だが，3 以上の奇数乗和の公式が$n^2(n+1)^2$を因数にもつという知識があると未定係数が 3 つだけで済むので楽である。

ちなみに，$c \neq 1$ のとき，多項式 f に対する $a_{n+1} = c \cdot a_n + f(n)$ という形の漸化式については，答えの形を $a_n = Ac^n + g(n)$ $(\deg g = \deg f)$ と予想して漸化式が成り立つように係数比較するという解法が最も効率が良い。$\deg f$ 回階差をとって，特性方程式で解ける f が定数の場合に帰着させるという方法もあり，高校数学ではこの解法への誘導が付くこともあるが，次数が大きいと面倒である。なお，本解法の漸化式 $a_{n+1} = a_n + (n+1)^5$ のように $c=1$ のとき (階差型)

は状況が違い，Ac^n の部分が必要なくなる代わりに $\deg g = \deg f + 1$ と次数を1つ上げた形で予想しないと失敗する。形を予想して係数比較するという方法は特に漸化式や微分方程式に対しては強力である。

チート解法⑥ “代数的に”ファウルハーバーの公式を瞬殺導出

k を自然数，m を（とりあえず有理数の）定数とする。

$\mathbb{Q}$ 線形写像 $T\colon \mathbb{Q}[X] \to \mathbb{Q}$ を $T(X^j) = B_j$（j 番目の関流のベルヌーイ数）により定める。ベルヌーイ数の漸化式より，$T((X-1)^j) = T(X^j)$ $(j = 2,3,4,\dots)$ が成り立つ。$(m+X)^{k+1}$ から1次以下の項（形式微分か二項展開により計算できる）を取り除いて得られる X の多項式 $f(X) := (m+X)^{k+1} - (k+1)m^k X - m^{k+1}$ は全ての項が2次以上なので，$T\big(f(X-1)\big) = T\big(f(X)\big)$. 整理すると，

$$m^k = \frac{1}{k+1} T((m+X)^{k+1} - (m+X-1)^{k+1})$$

$$\therefore \sum_{m=1}^{n} m^k = \frac{1}{k+1} T((n+X)^{k+1} - X^{k+1}).$$

$k=5$ とすると，

$$\sum_{m=1}^{n} m^5 = \frac{1}{6} T((n+X)^6 - X^6) = \frac{1}{6}\sum_{j=0}^{5} {}_6C_j n^{6-j} B_j = \frac{1}{6}n^6 + \frac{1}{2}n^5 + \frac{5}{12}n^4 - \frac{1}{12}n^2.$$

チート解法⑦ Z 変換の和の公式

$$\mathcal{Z}\left[\left\{\sum_{k=0}^{n} k^5\right\}_{n=0}^{\infty}\right] = \frac{z}{z-1}\mathcal{Z}[\{n^5\}_{n=0}^{\infty}] = \frac{z}{z-1}\cdot\frac{z(1+26z+66z^2+26z^3+z^4)}{(z-1)^6}$$

これを逆 Z 変換すると，

$$\begin{aligned}\sum_{k=0}^{n} k^5 &= \mathcal{Z}^{-1}\left[\frac{z^2(1+26z+66z^2+26z^3+z^4)}{(z-1)^7}\right](n)\\ &= {}_{n+1}C_6 + 26\,{}_{n+2}C_6 + 66\,{}_{n+3}C_6 + 26\,{}_{n+4}C_6 + {}_{n+5}C_6\\ &= \frac{1}{12}n^2(n+1)^2(2n^2+2n-1).\end{aligned}$$

数列$\{x_n\}_{n=0}^{\infty}$の（片側）Z 変換，数列$\{y_n\}_{n=-\infty}^{\infty}$の（両側）$Z$ 変換は，

$$\mathcal{Z}[\{x_n\}_{n=0}^{\infty}] = \mathcal{Z}[x_n] = X(z) := \sum_{n=0}^{\infty} x_n z^{-n}$$

$$\mathcal{Z}[\{y_n\}_{n=-\infty}^{\infty}] = \mathcal{Z}[y_n] = Y(z) := \sum_{n=-\infty}^{\infty} x_n z^{-n}$$

で定義される複素関数である。この級数が収束する複素数 z の範囲は数列により異なる。片側 Z 変換は負の番号に対しては0として拡張した数列の両側 Z 変換だと思える。変換後の関数の記号は元の数列の記号に対応する大文字が使われることが多い。面倒なので記号の濫用で数列自体と数列の n 番目の項，関数自体と z における関数の値を同じ記号で書く。Z 変換は数学科ではあまり学習しない一方，主に工学系の人たちにとっては中心的な道具となっている。

逆変換は（ローラン）級数展開の係数をそのまま取り出すか，部分分数分解に近い操作をして変換公式を逆に用いるか，留数定理を使って計算する。上では

$$\mathcal{Z}\left[\sum_{k=0}^{n} x_k\right] = \frac{z}{z-1}\mathcal{Z}[x_n], \quad \mathcal{Z}^{-1}\left[\frac{z^j}{(z-c)^k}\right](n) = {}_{n+j-1}C_{k-1}c^{n-k+j}$$

を用いた。他にも指数倍の法則 $\mathcal{Z}[a^n x_n] = X(a^{-1}z)$ などの便利な公式がある。基本的に両側変換の公式が片側変換にも使えるが，シフト $x_n \mapsto x_{n-l}$（l は固定された整数）の変換については片側変換だけお釣りが出るので注意。

一般に，$\{n^k\}_{n=0}^{\infty}$の Z 変換は，第1種オイラリアン数

$$\left\langle {k \atop j} \right\rangle = \sum_{i=0}^{j+1}(-1)^i {}_{k+1}C_i(j-i+1)^k, \quad \left\langle {k \atop j} \right\rangle = (k-j)\left\langle {k-1 \atop j-1} \right\rangle + (j+1)\left\langle {k-1 \atop j} \right\rangle$$

を用いると，オイラリアン数の漸化式と $\mathcal{Z}[nx_n] = -z\frac{d}{dz}\mathcal{Z}[x_n]$ から

$$\mathcal{Z}[\{n^k\}_{n=0}^{\infty}] = \frac{1}{(z-1)^{k+1}}\sum_{l=1}^{k}\left\langle {k \atop l-1} \right\rangle z^l$$

と書けることが分かる。ここから和の変換公式と逆変換を用いると，

$$\sum_{m=1}^{n} m^k = \sum_{l=1}^{k}\left\langle {k \atop l-1} \right\rangle {}_{n+l}C_{k+1}$$

が得られる。

類似の発想として，$\{\sum_{m=0}^{n} a_m\}$の母関数が$\{a_n\}$の母関数の$(1-x)^{-1}$倍になるという性質を用いても同様に計算できる。

問題

$\displaystyle\sum_{k=1}^{n} \sin k\theta$ を求めよ。

正攻法① ド・モアブルの定理

$z = \cos\theta + i\sin\theta$ とおくと，ド・モアブルの定理より，

$$\sum_{k=0}^{n}\cos k\theta + i\sum_{k=0}^{n}\sin k\theta = \sum_{k=0}^{n}(\cos k\theta + i\sin k\theta) = \sum_{k=0}^{n} z^k = \frac{1-z^{n+1}}{1-z}$$
$$= \frac{1-(\cos\theta + i\sin\theta)^{n+1}}{1-(\cos\theta + i\sin\theta)} = \frac{1-(\cos(n+1)\theta + i\sin(n+1)\theta)}{1-(\cos\theta + i\sin\theta)}$$
$$= \frac{1-\cos(n+1)\theta - i\sin(n+1)\theta}{(1-\cos\theta) - i\sin\theta}$$
$$= \frac{2\sin^2\frac{n+1}{2}\theta - 2i\sin\frac{n+1}{2}\theta\cos\frac{n+1}{2}\theta}{2\sin^2\frac{\theta}{2} - 2i\sin\frac{\theta}{2}\cos\frac{\theta}{2}}$$
$$= \frac{\sin\frac{n+1}{2}\theta}{\sin\frac{\theta}{2}}\cdot\frac{\sin\frac{n+1}{2}\theta - i\cos\frac{n+1}{2}\theta}{\sin\frac{\theta}{2} - i\cos\frac{\theta}{2}}$$
$$= \frac{\sin\frac{n+1}{2}\theta}{\sin\frac{\theta}{2}}\cdot\frac{\cos\frac{n+1}{2}\theta + i\sin\frac{n+1}{2}\theta}{\cos\frac{\theta}{2} + i\sin\frac{\theta}{2}} =$$
$$= \frac{\sin\frac{n+1}{2}\theta}{\sin\frac{\theta}{2}}\left(\cos\frac{n}{2}\theta + i\sin\frac{n}{2}\theta\right).$$

虚部をとると，

$$\sum_{k=0}^{n}\sin k\theta = \frac{\sin\frac{n}{2}\theta\sin\frac{n+1}{2}\theta}{\sin\frac{\theta}{2}}.$$

正攻法②　和積の公式で打ち消し合う形を作る

$$\sum_{k=0}^{n}\sin k\theta = \frac{1}{\sin(\theta/2)}\sum_{k=0}^{n}\sin\frac{\theta}{2}\sin k\theta$$
$$= \frac{1}{2\sin(\theta/2)}\sum_{k=0}^{n}\left(\cos\left(k-\frac{1}{2}\right)\theta - \cos\left(k+\frac{1}{2}\right)\theta\right)$$
$$= \frac{1}{2\sin(\theta/2)}\left(\cos\frac{1}{2}\theta - \cos\frac{3}{2}\theta + \cos\frac{3}{2}\theta - \cos\frac{5}{2}\theta + \cos\frac{5}{2}\theta - \cos\frac{7}{2}\theta + \cdots\right.$$
$$\left. + \cos\left(n-\frac{1}{2}\right)\theta - \cos\left(n+\frac{1}{2}\right)\theta\right)$$
$$= \frac{1}{2\sin(\theta/2)}\left(\cos\frac{1}{2}\theta - \cos\left(n+\frac{1}{2}\right)\theta\right)$$

$$= \frac{1}{\sin(\theta/2)} \sin\frac{n+1}{2}\theta \sin\frac{n}{2}\theta.$$

チート解法 オイラーの公式

$$\sum_{k=1}^{n} \sin k\theta = \sum_{k=1}^{n} \frac{e^{ik\theta} - e^{-ik\theta}}{2i} = \frac{1}{2i}\left(\frac{e^{i\theta} - e^{(n+1)i\theta}}{1-e^{i\theta}} - \frac{e^{-i\theta} - e^{-(n+1)i\theta}}{1-e^{-i\theta}}\right)$$

$$= \frac{1}{2i}\left(\frac{e^{i\theta} - e^{i(n+1)\theta} + 1 - e^{-in\theta}}{1-e^{i\theta}}\right)$$

$$= \frac{e^{i\left(n+\frac{1}{2}\right)\theta} + e^{-i\left(n+\frac{1}{2}\right)\theta} - e^{i\theta/2} + e^{-i\theta/2}}{2i(e^{i\theta/2} - e^{-i\theta/2})} = \frac{\cos\left(n+\frac{1}{2}\right)\theta - \cos\frac{\theta}{2}}{-2\sin\frac{\theta}{2}}$$

$$= \frac{\sin\frac{n}{2}\theta \sin\frac{n+1}{2}\theta}{\sin\frac{\theta}{2}}$$

ド・モアブルの定理による解法と実質的にやっていることは同じだが，見やすさがかなり違う。また，ド・モアブルの定理による解法で行った $\sin\frac{n+1}{2}\theta$ や $\sin\frac{\theta}{2}$ を括り出すといった先の目的のよく分からない技巧的な式変形ではなく，分母を実数にしようという目的意識で分子・分母に$e^{-i\theta/2}$を掛けるという発想に至りやすいので，見通しが良い。

ド・モアブルの定理を使う趣旨の問題ではオイラーの公式も有用である。例えば，京大の難問とされる次の問題はただの等比級数に帰着し，瞬時に解ける。

問題

$\displaystyle\sum_{k=0}^{\infty} \left(\frac{1}{2}\right)^k \cos\frac{k\pi}{6}$ を求めよ。

（京大 2021）

チート解法 オイラーの公式

$$\sum_{k=0}^{\infty} \left(\frac{1}{2}\right)^k \cos\frac{k\pi}{6} = \mathrm{Re}\sum_{k=0}^{\infty}\left(\frac{1}{2}e^{i\pi/6}\right)^k = \mathrm{Re}\ \frac{1}{1-\frac{1}{2}e^{i\pi/6}} = \mathrm{Re}\ \frac{1}{1-\frac{\sqrt{3}+i}{4}}$$

$$= \frac{14+3\sqrt{3}}{13}$$

高校範囲内で解くことにこだわる場合は，いきなり複素数の無限和をとることができないので，ド・モアブルの定理を使って有限和に対して同様のことをした上で極限をとることになるだろう。なお，k を $\mathrm{mod}\,6$ で分類してそれぞれの和をとるという方針でやると非常に大変である。

この見方には，一般化が容易であり，更にそこから別の形の級数も求められるという利点もある。一般化すると，

$$\sum_{k=0}^{\infty} a^k \cos k\theta = \mathrm{Re}\ \frac{1}{1-ae^{i\theta}}\ \ (|a|<1)$$

となるが，θ に関する一様収束性を用いて項別積分すると，

$$\theta + \sum_{k=1}^{\infty} \frac{a^k \sin k\theta}{k} = \mathrm{Re}[\theta + i\{\log(1-ae^{i\theta}) - \log(1-a)\}] = \theta - \mathrm{Im}\log(1-ae^{i\theta})$$

$$= \theta - \arg(1-ae^{i\theta}) = \theta + \arctan\frac{a\sin\theta}{1-a\cos\theta}.$$

ここで，$\log z := \log|z| + i\arg z$ は複素対数関数で，偏角 $\arg z$ は $(-\pi,\pi]$ に値を制限している（主値）。例えば，$a=1/2$，$\theta=\pi/3$ とすると，

$$\sum_{k=1}^{\infty} \frac{1}{2^k k}\sin\frac{k\pi}{3} = \arctan\frac{(1/2)\sin(\pi/3)}{1-(1/2)\cos(\pi/3)} = \frac{\pi}{6}$$

が得られる。

三角関数を複素指数関数の実部・虚部と見る考え方は他の場面でもよく計算の見通しや効率を良くしてくれる。例えば，$e^{ax}\sin bx$ の不定積分は 2 回部分積分すると同じ形が現れるのでその部分について解いて求めるのが高校数学における正攻法だが，$e^{ax}\sin bx = \mathrm{Im}\ e^{(a+bi)x}$ と見れば指数関数の積分でいきなり求まる。また，$\cos(\pi/7), \cos(3\pi/7), \cos(5\pi/7)$ の和と積は，倍角の公式からこれらを根にもつ 3 次方程式を作って解と係数の関係を使う方法や積和の公式を使う計算が高校数学における正攻法だが，$\cos\theta = (e^{i\theta}+e^{-i\theta})/2$ と $\sum_{k=1}^{n} e^{2\pi i\cdot k/n} = 0$ を使うと何も考えずに美しく直接計算できる。積については $2\sin(\pi/7)$ をかけて次々に倍角の公式を使うエレガントな求め方もあるが，この状況に特化した洞察と知恵が必要であり，オイラーの公式を使う方法と比べると汎用性は低い。

4 対称性と群

群とは，次の 3 つの条件を満たす二項演算 $\mu: G\times G\to G; (a,b)\mapsto a\cdot b$ が定義された集合 G のことを言う。

- 結合法則：$a\cdot(b\cdot c)=(a\cdot b)\cdot c\ (\forall a,b,c\in G)$
- 単位元 e の存在（単位律）：$\exists e\in G$ s.t. $\forall g\in G;\ g\cdot e=e\cdot g=g$
- 任意の元 g の逆元 g^{-1} の存在：$\forall g\in G;\ \exists g^{-1}\in G$ s.t. $g\cdot g^{-1}=g^{-1}\cdot g=e$
  （ここで，e は 2 番目の条件に登場した単位元である）

更に，交換法則 $a\cdot b=b\cdot a\ (\forall a,b\in G)$ を満たすとき，G は**アーベル群**，あるいは可換群であると言う。演算の結果 $a\cdot b$ のことを ab と書くことも多い。単なる群の場合はこのように演算が乗法のように書かれることが多いが，アーベル群の場合はよく加法のように書く。アーベル群における演算の結果 $a\cdot b$ のことは $a+b$，アーベル群の元 g の逆元は $-g$ と書かれ，$a+(-b)$ は $a-b$ と書かれることが多い。これは，「足し算」は可換であってほしいが，「掛け算」は可換でなくても別に良いという数学徒のお気持ちに基づく慣習である。例えば，行列の足し算は可換だが，行列の掛け算は非可換である。一つの集合でも複数の演算を考えることができるから，正確には集合自体ではなく集合と二項演算の組 (G,μ) が群なのだが，定義以外の場面では「群 G」とか「G は μ に関して群をなす」といった言い方をする方が普通である。

群の公理から逆元の存在を除いたもの，すなわち結合法則と単位律を満たすものを**モノイド**と言う。群もモノイドの一種である。更に単位律を省いたもの，すなわち結合法則を満たす（結合的な）二項演算の入った集合を**半群**と言う。

2 つの二項演算 $+: R\times R\to R; (a,b)\mapsto a+b$，$\times: R\times R\to R; (a,b)\mapsto a\times b$ が定義された集合 R が「加法」$+$ に関してアーベル群で，「乗法」$\times$ に関してモノイドであり，分配法則 $a\times(b+c)=a\times b+a\times c$，$(a+b)\times c=a\times c+b\times c$ が成り立つとき，R（あるいは $(R,+,\times)$）は**環**であると言う。よく乗法の記号は省略して $a\times b$ を ab と書く。乗法に関して可換な環を**可換環**と言う。環の加法に関する単位元（零元）を 0，乗法に関する単位元を 1 で表す。$R\setminus\{0\}$ が乗法に関してアーベル群をなすような環 R，つまり，0 以外の任意の元が逆元をもつ可換環を**体**と言う。通常の加法と乗法に関して，有理数全体，実数全体，複素数全体はそれぞれ体をなす。整数全体 $\mathbb{Z}$ は可換環をなすが，その中で逆数（逆元）をとることができないので体ではない。特定のサイズの正方行列全体は非可換な環である。特定のサイズの正則行列全体は乗法に関して群をなす（一般線型群と言う）。冒頭の記号集に登場した対称群 $\mathfrak{S}_n$ も群である。

以下,群論における基本用語の定義と基本事項を1頁程度で簡単に列挙する。既習の人はスキップして良い。

- 群 G の部分集合 H が G の演算に関して群をなすとき，H を G の**部分群**と言う。更に，$\forall h \in H, \forall g \in G; ghg^{-1} \in H$ のとき，**正規部分群**と言う。
- 群 G の部分群 H と $a, b \in G$ に対し, $a^{-1}b \in H$ のとき $a \sim b$ とすることで, G 上の同値関係 $\sim$ が定まるが，これに関する $g \in G$ の属する同値類（左剰余類と言う）は $gH := \{gh \in G \mid h \in H\}$ と表せる。左剰余類全体 $G/H := \{gH \mid g \in G\}$ は，H が正規部分群のとき，代表元ごとの演算 $(aH)(bH) = (abH)$ により群をなす。これを G の H による**剰余群**と言う。
- 群 G の部分群 H に対し，G/H の濃度（左剰余類の個数）を H の（G における）指数 $|G{:}H|$ と言う。$|G| = |G{:}H| \cdot |H|$（ラグランジュの定理)。
- 群 G の元の個数（無限個のときは集合としての濃度）を G の**位数**，位数が有限の群を有限群と言う。$g \in G$ に対して，g を n 回掛けたもの g^n が単位元となる自然数 n が存在するとき，そのような自然数の最小値を元 g の位数と言う。g の位数は g が生成する（巡回）部分群，すなわち g を含む最小の部分群の位数に等しく, ラグランジュの定理から G の位数の約数となる。
- 群 G から群 H への写像 $f{:}G \to H$ が $f(ab) = f(a)f(b)$ $(\forall a, b \in G)$ を満たすとき，f は**群準同型**であると言う。更に全単射であれば（群の）同型写像であると言う。G, H の間に同型写像があるとき, G と H は**同型**である（$G \cong H$）と言う。これは直感的には G と H の群構造が同じだということである。
- 群 G がある $g \in G$ を用いて $G = \{g^n \mid n \in \mathbb{Z}\}$ と書けるとき, G を**巡回群**と言う。この条件はある一つの元で生成されることと同値である。ここで，g^n は g を n 回掛けたものを表し, $g^0 = e$, $g^{-n} = (g^{-1})^n$ と解釈する。位数 n の巡回群は加法群 $\mathbb{Z}$ を $\bmod n$ で考えてできる群 $\mathbb{Z}/n\mathbb{Z} = \{\bar{0}, \bar{1}, \bar{2}, \ldots, \overline{n-1}\}$ と同型である。ラグランジュの定理から，素数位数の群は巡回群である。
- 群準同型 $f{:}G \to H$ に対し，H の単位元 e_H の逆像 $\operatorname{Ker} f := f^{-1}(e_H) = \{g \in G \mid f(g) = e_H\}$ を f の核と言う。$\operatorname{Ker} f$ は正規部分群，f の像は H の部分群であり，$G/\operatorname{Ker} f \cong \operatorname{Im} f$ が成り立つ（準同型定理)。
- 群 G と集合 X に対し, 写像 $f{:}G \times X \to X; (g, x) \mapsto gx$（この表記は $f(g, x)$ を gx と表すという意味である）が $ex = x$ $(\forall x \in X)$, $(gh)x = g(hx)$ $(\forall x \in X, \forall g, h \in G)$ を満たすとき，f を G の X への（左からの）**作用**と言う。f が文脈により固定されているときは単に G は X に作用すると言う。$x, y \in X$ に対し，$x \sim y :\Longleftrightarrow \exists g \in G; y = gx$ とすることで X 上の同値関係 $\sim$ を定めたとき，$\sim$ に関する $x \in X$ の同値類 $Gx := \{gx \mid g \in G\}$ を x の G-軌道または単に**軌道**と言う。また，x を固定する G の元全体 $\{g \in G \mid gx = x\}$ を x の安定化部分群または固定群と言い，G_x や $\mathrm{St}(x)$ と書く。

問題

黒玉 6 個，白玉 3 個を円形に並べる方法は何通りあるか。ただし，玉は等間隔に並べ，回したり裏返したりして一致するものは同一と見做す。

正攻法

3 個分回転させたときに回す前と並びが一致する円順列を考える。このとき 1 周期当たり 3 個（黒玉 $6/3=2$ 個，白玉 $3/3=1$ 個）からなる同じ構造が 3 回繰り返されて一周する。1 周期内の並べ方は $\frac{3!}{2!1!}=3$ 通りあり，これらは円順列にすると周期の始点の取り方 3 つ分だけ重複するから，対応する円順列は $3\div 3=1$ 通りである。

9 個分回転させたときに始めて回す前と並びが一致する円順列を考える。このとき，全体で 1 周期と見做せ，1 周期内の 9 個の並べ方は $\frac{9!}{6!3!}$ 通りあり，この中には最短周期 3 の並べ方が $\frac{3!}{2!1!}$ 通り含まれるから，最短周期 9 の並べ方に対応する円順列は $\left(\frac{9!}{6!3!}-\frac{3!}{2!1!}\right)\div 9=9$ 通りある。

白玉は奇数個だから線対称軸があれば白玉を通る。計 10 通りの円順列の中で線対称なものは，対称軸の片側の並べ方を考えるとちょうど $4!/3!=4$ 通りあるから，数珠順列は $4+\frac{10-4}{2}=7$ 通りある。

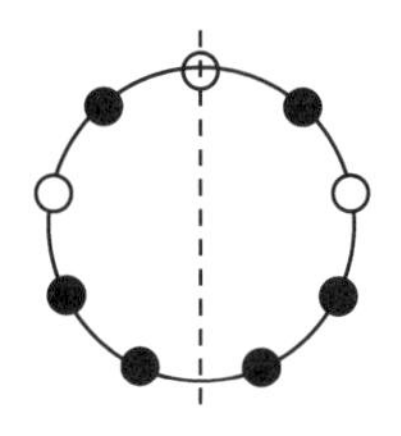

「黒玉 4 個，白玉 3 個，赤玉 1 個を円形に並べる方法の総数」などのように，1 個だけの色がある場合，1 個だけの色の玉を固定して，それ以外の並べ方を同じものを含む順列の考え方で求められる（赤玉を固定して $7!/(4!\,3!)=35$ 通り）。しかし，1 個だけの色がない場合，どの 1 個を固定しても円順列として同じになる並べ方が重複して現れるため，「1 個固定する」という円順列の定石は根本的に通用しない。そこで，周期構造に着目する。周期の繰り返し数 N に対し，1 周期当たりの玉の個数 $6/N\,,3/N$ は整数だから $N=1,3$ に限られる。$N=3$ のとき周期 3，$N=1$ のとき周期 9 である。

7 個くらいなら数え上げられそうだと思うかもしれないが，本当に取りこぼしや重複がないかどうか確認するにはある程度の推論が必要である。

チート解法　バーンサイドの補題

X を回転や鏡映を同一視しない全ての円形配置の仕方の集合とする。二面体群 D_9 の回転と鏡映による X への作用を考える。数珠順列はこの群作用の軌道と一対一に対応する。各 $g \in D_9$ の固定点の個数 $|X^g|$ を求める。

1 玉分の回転 r, 鏡映 s に対し, $|X^{\mathrm{id}}| = |X| = \frac{9!}{6!3!} = 84$, $\left|X^{r^i}\right| = \frac{3!}{2!1!}$ $(i = 3{,}6)$,

$\left|X^{r^j}\right| = 0$ $(j = 1{,}2{,}4{,}5{,}7{,}8)$, $\left|X^{r^k s}\right| = {}_{\frac{3-1}{2}+\frac{6}{2}}C_{\frac{6}{2}} = 4$ $(k = 0{,}1{,}2{,}\ldots{,}8)$.

バーンサイドの補題より，求める並べ方の総数は,

$$|X/D_9| = (84 + 3 \times 2 + 0 \times 6 + 4 \times 9)/(9 \times 2) = 7\ (\text{通り})$$

対称性を記述するには群作用の理論や表現論の考え方が便利である。特に, 対称性の絡む組み合わせや場合の数の問題には，軌道-固定群定理（群 G が X に作用しているとき $|G/G_x| = |Gx|$ $(\forall x \in X)$）や, そこから得られるバーンサイドの補題, その一般化であるポリアの計数定理などが効く。群論を使えば並びによる重複度の違い等を吟味する必要がなく，機械的に処理できるので間違えにくい。おまけに高校数学のような泥臭い方法よりも汎用性が高い。

バーンサイドの数え上げ補題

有限群 G が集合 X に作用しているとき，軌道の総数は

$$|X/G| = \frac{1}{|G|}\sum_{g \in G} |X^g|.$$

ここで，$X/G := \{Gx \mid x \in X\}$は軌道全体，$X^g := \{x \in X \mid gx = x\}$ は $g \in G$ によって固定される点全体を表す。

右辺は固定点の数の平均である。バーンサイドの補題は「バーンサイドの定理」と呼ばれることもあって紛らわしいが，群の可解性に関するバーンサイドの定理とは全くの別物である。「コーシー・フロベニウスの補題」とも呼ばれる。

二面体群 D_n とは，正 n 角形を自分自身に写す合同変換（ユークリッド空間内の 2 点間の距離を変えない写像）全体が合成に関してなす群であり，重心周りの $2\pi/n$ ラジアンの整数倍の回転 n 個と各線対称軸に関する鏡映 n 個からなる位数 $2n$ の群である。単位元は「0 ラジアンの回転」，つまり恒等写像である。$2\pi/n$ ラジアンの回転を r，鏡映の一つを s とおくと，$r^n = s^2 = 1$, $srs = r^{-1}$ が成り立ち，$D_n = \{r^k s^j \mid j \in \{0{,}1\}, k \in \{0{,}1{,}2{,}\ldots{,}n-1\}\}$ と書ける。$r^k s$ の形の元はいずれも鏡映である。実際, 鏡映してから回転させた結果は別の線対称軸に関する鏡映と同じであることが確認できる。

単なる位置と色の組み合わせの集合 X の中で回転させて同じになるものを同一視したものが円順列，回転させたり裏返したりして同じになるものを同一視したものが数珠順列である。円順列は回転群の巡回部分群，数珠順列は二面体群の作用による軌道と見做すことができる。一つの軌道は群作用（本問の場合，回転や鏡映）によって互いに移り合うものの集合だから，互いに移り合うもの同士を同一視すると，ちょうど「一つのもの」扱いになる。よって，軌道の総数を数えればよいことになり，バーンサイドの補題が使える。

単位元（恒等変換, 0 ラジアンの回転）で変わらないのはもちろん全てである。$\pm 2\pi/3$ ラジアンの回転で変わらない X の元は周期が 3 となるような配置であり，1 周期内の玉の並べ方の数と同じだけ存在する。9 と互いに素な玉の個数分だけ回転させる操作で変わらない配置は，もしあるとすれば全てが同じ色である必要があるが，それは不可能なので存在しない。

玉の個数が奇数なら鏡映の軸は一つの玉とその向かい側の 2 つの玉の間の中点を通る。玉が偶数個なら玉から玉，中点から中点の 2 種類の線対称軸が考えられる。本問の状況では玉の個数は奇数である。一つの鏡映 $r^k s$ による固定点は，一つの固定された線対称軸に関する折り返しで変わらない X の元である。この個数は正攻法と同様に線対称軸が通る白玉 1 個を除いた線対称軸の片側の玉の並べ方を考えることで ${}_4C_3 = ({}_4C_1 =)\ 4$ と計算できる。

問題

3 色で立方体の面を塗り分ける方法は何通りあるか。但し，使わない色があってもよく，面は区別せず，回転させて一致する塗り方は同じと見做す。

（類 近畿大 2017）

正攻法 色の数で場合分け

(i) 3 色から 1 色選んでちょうど 1 色使う塗り方：
1 色の選び方は ${}_3C_1 = 3$ 通り。特定の 1 色で塗る方法は 1 通りしかない。

(ii) 3 色から 2 色選んでちょうど 2 色使う塗り方：
2 色の選び方は ${}_3C_2 = 3$ 通り。選んだ 2 色 (A, B) の塗る面の数の組み合わせで場合分けする。(1 面, 5 面) のとき 1 通り。(5 面, 1 面) のときも 1 通り。(2 面, 4 面) のとき A を塗る 2 面が向かい合うか隣り合うかに応じて 2 通り。(4 面, 2 面) のときも同様に 2 通り。(3 面, 3 面) のとき A を塗る 3 面が 1 つの頂点を共有するかそうでないか（そうでない場合は自動的に対面 2 つと側面 1 つを A で塗り，他の面を B で塗るしかなくなる）で 2 通り。
合わせると，${}_3C_2 \times (1 \times 2 + 2 \times 2 + 2 \times 1) = 24$ 通り。

(iii) 3 色全て使う塗り方：
塗る面の数の組み合わせで場合分けする。
[1 面,1 面,4 面] のとき，1 面だけの色の面同士が向かい合うか隣り合うかで 2 通り。4 面塗る色を 3 色のうちどれにするかは ${}_3C_1 = 3$ 通りある。
[1 面,2 面,3 面] のとき，1 面だけの色の面を底面と見たときに，2 面塗る色を塗る 2 面が上面と側面，側面とそれに隣り合う側面，側面とそれに向かい合う側面の 3 通りの場合がある。どの色をどの数塗るかは $3! = 6$ 通り。
[2 面,2 面,2 面] のとき，色を A, B, C とすると，まず A を塗る面が向かい合う場合(a)と隣り合う場合(b)が考えられる。(a)の場合，A を塗った面の片方を底面と見たとき B を塗る 2 面が側面とそれに隣り合う側面，側面とそれに向かい合う側面の 2 通りの場合がある。(b)の場合，A を塗った面の片方を底面と見たとき，B を塗る 2 面は（A が塗られていない）側面とそれに向かい合う側面，上面と A を塗った面に向かい合う側面，上面と A を塗った面に向かって右側に隣接する側面，上面と A を塗った面に向かって左側に隣接する側面の 4 通りの場合がある。C の塗り方は A, B を塗れば決まる。どの色をどの数塗るかは全て 2 面なので 1 通りしかない。
合わせると，${}_3C_3 \times (2 \times {}_3C_1 + 3 \times 3! + (2+4) \times 1) = 30$ 通り。

これらは互いに排反だから，求める塗り方の総数は $3 + 24 + 30 = 57$ 通り。

立方体の彩色問題は，隣同士が同じ色にならないという条件が付いていれば絞り込みで簡単に解ける。また，ちょうど 5 色やちょうど 6 色の場合は数珠順列や円順列の考え方で簡単に求まる（例えば，ちょうど 5 色使う塗り方は，同色の 2 面が向かい合う場合は他の面が 4 色の数珠順列となり ${}_5C_1 \times (4-1)! \div 2 = 15$ 通り，同色の 2 面が隣り合う場合はそれを側面にもってきたときに上面と底面が対等だから ${}_5C_1 \times ({}_4C_2 \times 1) \times 2! = 60$ 通りで，合計 75 通り）。しかし，本問はそう単純ではなく，高校数学の範囲では場合分けが入れ子になる。

地道に場合分けしていく。ちょうど 3 色使って塗分ける場合が難しく，特に [2 面,2 面,2 面] の (b) は空間認識能力が問われる。分かりやすくするために A を塗った 2 面を $\mathrm{A}_1, \mathrm{A}_2$ とし，とりあえず A_1 を底面だと思うことにする。上から見て A_2 から反時計回りに他の側面を $\mathrm{S}_1, \mathrm{S}_2, \mathrm{S}_3$ とする。A_1 の向かいの面，すなわち上面を T とする。色 B の塗り方は一見 $\mathrm{S}_1, \mathrm{S}_2, \mathrm{S}_3, \mathrm{T}$ から 2 面を選ぶ組合せ ${}_4C_2 = 6$ 通りあるように思えるかもしれないが，これは向きを固定して面に区別を付けたことによる落とし穴である。$\mathrm{A}_1, \mathrm{A}_2$ の役割を入れ替える（この操作は回転に対応する）と同じになる組が 2 組存在するので，実際は 4 通りしかない。上の解答中で挙げているものは順に $[\mathrm{S}_1, \mathrm{S}_3], [\mathrm{T}, \mathrm{S}_2], [\mathrm{T}, \mathrm{S}_1], [\mathrm{T}, \mathrm{S}_3]$ を指しており，一見 $[\mathrm{S}_1, \mathrm{S}_2], [\mathrm{S}_2, \mathrm{S}_3]$ が足りないと思うかもしれないがが，$[\mathrm{S}_1, \mathrm{S}_2]$ は回

転させると $[\mathrm{T},\mathrm{S}_3]$, $[\mathrm{S}_2,\mathrm{S}_3]$ は回転させると $[\mathrm{T},\mathrm{S}_1]$ と一致する。$[\mathrm{T},\mathrm{S}_1],[\mathrm{T},\mathrm{S}_3]$ を塗ったものは似ているが，本問では鏡像（鏡映変換による像）までは同一視していないので，区別する必要がある。

勘の良い人は(ii)と(iii)の場合分けの仕方が違うことに気付くかもしれない。(ii)は先に色を区別した上で塗る面の数の割り当てを順序組として分類しているが，(iii)はそれだと考える順序組が多すぎて面倒なので，塗る面の数の非順序組で分類して後からどの色をどの数塗るかという割り当ての数を掛けている。(ii)も後者のような場合分けの仕方で解いても全く問題ないし，その方が一貫性があって綺麗かもしれない。順序組を (a,b,c) のような記号で表すのに対して，非順序組（多重集合と同義）は $[a,b,c]$ や $\{\{a,b,c\}\}$ のような記号で表す。$\{a,b,c\}$ と書くこともあるが，集合ではないので紛らわしい。同じものが重複しているときは集合だと思うと重複度の情報が落ちてしまうので注意が必要である。例えば，集合としては $\{a,a,b\}=\{a,b,b\}=\{a,b\}$ だが，非順序組としては $[a,a,b]\neq[a,b,b]=[b,a,b]$ である。ただ，記号よりは論理展開自体の方が重要で，このような記号の使い分けにそこまでこだわる必要があるのかは疑問である。非順序組を考えつつ順序組の記号を使っていても，文脈で順番を区別していない（順番だけが違うものは同一視している）ことが伝わるなら問題ないだろう。

チート解法 バーンサイドの補題

まず n 色以下で塗り分ける方法の総数を考える。面に区別をつけた場合の塗分け方 n^6 通り全てからなる集合を X とする。立方体の回転群 G $(\cong \mathfrak{S}_4)$ は回転により X に作用する。このとき，$x,y\in X$ が同じ軌道に属する必要十分条件は x を適当に回転させると y に一致することである。よって，軌道の総数は，回転させて一致する塗り方を同一視した場合（面の区別をしない場合）の塗分ける方法の総数である。以下，G の各元について，固定点の個数を調べる。

(i) 単位元：n^6 個の元全てを固定する。

(ii) ある面の中心と向かいの面の中心を結ぶ直線を軸とした 90 度回転（6 つ）：
この回転で変わらない条件は側面が全て同じ色であることだから，回転軸の通る 2 面と側面の色の選び方に応じて n^3 個の固定点がある。

(iii) ある面の中心と向かいの面の中心を結ぶ直線を軸とした 180 度回転（3 つ）：
この回転で変わらない条件は側面が 1 つおきに同じ色であることだから，回転軸の通る 2 面と側面 2 組の色の選び方に応じて n^4 個の固定点がある。

(iv) ある頂点と向かいの頂点を結ぶ直線を軸とした 120 度回転（8 つ）：
この回転で変わらない条件は上の頂点に集まる 3 面と下の頂点に集まる 3 面がそれぞれ同じ色であることだから，その 2 組の色の選び方に応じて n^2 個の固定点がある。

(v) ある辺と向かいの辺の中点を結ぶ直線を軸とした 180 度回転（6 つ）：
この回転で変わらない条件は上の辺に接する 2 面，下の辺に接する 2 面，他の 2 面がそれぞれ同じ色であることだから，その 3 組の色の選び方に応じて n^3 個の固定点がある。

バーンサイドの補題より，塗り方の総数は固定点の個数の平均に等しく，

$$|X/G| = \frac{1}{24}(n^6 + 6 \times n^3 + 3 \times n^4 + 8 \times n^2 + 6 \times n^3) = \frac{n^2(n^4 + 3n^2 + 12n + 8)}{24}.$$

ここで，$n = 3$ とすると，57 通り。

あえて面に区別をつけてから，同じ軌道に属するものを同一視することで区別を取り除くという考え方を使う。高校数学でも，同じものを含む順列の公式などのように，あえて区別をつけてから重複度で割るという考え方をする場面があるが，その発展形である。

立方体を同じ立方体に写す回転変換全体が写像の合成に関してなす群は立方体の対称性を表す（双対多面体である正八面体も同じ対称性をもつ）。これを正六面体群と言う。実はそのような回転変換は 4 本ある立方体の対角線を置換する操作と対応しているため，4 次対称群と同型なのだが，本問を解く上では群構造は考えずに済む。その代わり，どのような元からなるかという情報が必要である。空間内の回転には回転軸が存在する。立方体の場合，回転軸は面➡面（3 本），辺➡辺（4 本），頂点➡頂点（4 本）で，向かい合うものの真ん中同士を結ぶものに限られる。それぞれについて回転後の立方体が元の立方体に重なるような回転角度を考えると(i)〜(v)のようになる。あとはそれぞれのケースで回転させても変わらない塗り方を調べればよいが，面の区別を導入したおかげで自由に選べる色の数だけ求めれば済む。少しは立方体をイメージする必要があるが，正攻法と比べると機械的で，場合分けに迷ったり数え間違ったりする可能性は低いだろう。

ところで，「ただし」以下の条件が明記されていないと，この問題の意味は曖昧である。「サイコロ」ではなく「立方体」と言っているから，面は区別しないことは但し書きなしでも常識的に読み取れるかもしれないが，「3 色で塗り分ける」だけでは，ちょうど 3 色使って塗り分けるのか，（使用可能な色が 3 色与えられているが）使わない色があってもいいのかが分からない。他分野と比べて特に場合の数や確率の問題については，問題を作る側・解く側ともに誤解を生まないように日本語に注意しなければならない。筆者の高校の恩師によれば，入試問題の場合は問題文が曖昧だとクレームがついた場合に「常識で判断しろ」とはなかなか言いづらいので，定期試験よりも更に慎重に作問するらしい。「3 色以下

で塗り分ける」と書いても「3 色が既に与えられているとは書いていないから，その 3 色は自由に選べて無限通りあると思いました」と言い訳されるかもしれないから「赤，青，黄のうち，いくつかの色を選んで…」と言い換えるといった具合だろう。しかし，本当に誤解の余地のない問題文など作れるのだろうか。例えば，「人は区別するが，同じ色の玉は区別しない」というのは暗黙の了解でわざわざそんな但し書きが為されているのを見たことがないが，本当は階乗を掛け忘れたのに「僕は人間が肉の塊にしか見えなくて区別がつかないので区別しないものとして計算しました。○にしてください」と言われたらどうするのだろうか。「あなたはサイコパスなので不合格です」とでも言うのだろうか。

ちなみに，本問の「3 色」を「n 色」に一般化したときの塗り方の総数を S_n，ちょうど n 色使って立方体の面を塗り分ける方法の総数を T_n とすると，

$$S_n = \sum_{k=1}^{n} {}_nC_k \cdot T_k$$

が成り立つ。チート解法において $S_n = |X/G|$ は既に求まっているから，ここから帰納的に T_n も計算できる。無論，バーンサイドの補題から T_n を直接求めることもできる。例えば，面に区別をつけたサイコロの面をちょうど 3 色使って塗り分ける方法 $3^6 - \{3 + (2^6 - 2) \times 3\} = 540$ 通りのうち，(ii), (v) のタイプの回転で不変なのは $3! = 6$ 通り，(iii) の回転で不変なのは（同じ色で塗る 2 面の選び方が ${}_4C_2$ 個あるから）${}_4C_2 \times 3!$ 通りあり，(iv) の回転で不変となるものは（2 色以下で塗る必要があるので）存在しないから，

$$T_3 = \frac{1}{24} \times \{540 + 6 \times 3! + 3 \times ({}_4C_2 \times 3!) + 8 \times 0 + 6 \times 3!\} = 30$$

となる。

前の 2 題は図形的な対称性に関するものだったが，続いては代数的な対称性を扱う。変数をどのように入れ替えても変わらない多変数多項式を「対称式」と言うが，これは対称群の多変数多項式環への（変数の入れ替えによる）作用で不変な式だと言い換えることができる。

問題

$a^3(b-c) + b^3(c-a) + c^3(a-b)$ を因数分解せよ。
ただし，因数は係数が有理数の多項式の範囲で考える。

正攻法 最低次の文字について整理

$$\begin{aligned} &a^3(b-c) + b^3(c-a) + c^3(a-b) \\ &= (b-c)a^3 + b^3c - b^3a + c^3a - c^3b \end{aligned}$$

$$
\begin{aligned}
&= (b-c)a^3 - (b^3-c^3)a + (b^3c - c^3b) \\
&= (b-c)a^3 - (b-c)(b^2+bc+c^2)a + bc(b-c)(b+c) \\
&= (b-c)\{a^3 - (b^2+bc+c^2)a + bc(b+c)\} \\
&= (b-c)(a^3 - ab^2 - abc - ac^2 + b^2c + bc^2) \\
&= (b-c)\{(c-a)b^2 + (-ac+c^2)b + a^3 - ac^2\} \\
&= (b-c)\{(c-a)b^2 + c(c-a)b + a(a+c)(a-c)\} \\
&= (b-c)(c-a)\{b^2 + cb - a(a+c)\} \\
&= (b-c)(c-a)(b-a)\{b + (a+c)\} \\
&= -(a-b)(b-c)(c-a)(a+b+c).
\end{aligned}
$$

因数分解の定石は**最も次数の低い文字について整理する**ことである。本問の場合は交代式なので，どの文字についても次数が等しく，どの文字で整理してもよい。a について整理した後は各項の係数を因数分解して共通因数を括り出していく。$(b-c)$ で括った後は b に関する次数の方が低くなるので b について同様のことをする。最後に c についても同様にしても良いが，b の 2 次式と見たままたすき掛けできれば速い。答えは輪環の順に整理するのが望ましいとされる。

チート解法① 交代式の基本定理

与式は a, b, c に関する交代式なので，差積$(a-b)(b-c)(c-a)$を因数にもつ。与式は 4 次，差積は 3 次なので，残りの因数は 1 次の対称式である。対称式の基本定理から，それは $k(a+b+c)+l$ とおける。斉次性から $l=0$ である。更に $(a,b,c)=(0,1,2)$ を代入すると $k=-1$ が分かる。よって，

$$a^3(b-c)+b^3(c-a)+c^3(a-b) = -(a-b)(b-c)(c-a)(a+b+c).$$

任意の交代式は差積と対称式の積である（交代式の基本定理）。この事実を使うとほとんど形が決まってしまう。更に**任意の対称式は基本対称式の多項式としてただ一通りに表せる**（対称式の基本定理）。次数が高い対称式の場合は基本定理だけで因数分解できるとは限らないが，1 次であればそれ以上因数分解できないのでほぼ終わりである。残りの因数は 1 次基本対称式 $a+b+c$ についての 1 次式でおける。0 次の係数，つまり定数項が $l \neq 0$ と仮定すると，展開したときに 3 次の項が現れ，元が斉次式であることに矛盾する。1 次の係数 k は具体的な数字を代入して比較するか，どれか一つの文字についての最高次の項の係数（展開しなくても分かる）を比較すれば求まる。

基本対称式は文字の数だけあり，2 変数の場合は $e_1 = x+y$, $e_2 = xy$, 3 変数の場合は $e_1 = x+y+z$, $e_2 = xy+yz+zx$, $e_3 = xyz$ である。文字を x, y, z の

代わりに a,b,c や x_1,x_2,x_3 としてももちろん同様である。差積は 2 変数の場合は $x-y$，3 変数の場合は $(x-y)(y-z)(z-x)$ である。ただし，符号が違う定義の仕方もある。n 変数の場合の差積 Δ，k 次基本対称式 e_k はそれぞれ

$$\Delta(x_1,\dots,x_n) := \prod_{1\le i<j\le n}(x_i-x_j),\quad e_k(x_1,\dots,x_n) := \sum_{1\le i_1<i_2<\cdots<i_k\le n} x_{i_1}x_{i_2}\cdots x_{i_k}$$

であり，差積の次数(＝因数の数)は ${}_nC_2$ 次，e_k の項の数は ${}_nC_k$ 個である。

交代式の基本定理

任意の n 変数交代式 $f(x_1,x_2,\dots,x_n)$ に対し，n 変数対称式 g が一意に存在して，$f(x_1,x_2,\dots,x_n)=\Delta(x_1,\dots,x_n)g(x_1,x_2,\dots,x_n)$ が成り立つ。

対称式の基本定理

任意の n 変数対称式 $f(x_1,x_2,\dots,x_n)$ に対し，n 変数多項式 g が一意に存在して，$f(x_1,x_2,\dots,x_n)=g(e_1,e_2,\dots,e_n)$ が成り立つ。ここで，各 k に対し，e_k は $x_1,x_2,\dots,x_n$ に関する k 次基本対称式である。

もし残りの対称式の次数が大きい場合は，更に因数分解できる可能性がある。この場合は基本対称式よりも因数定理と対称性を用いる方がよい。例えば，$(a+b+c)(ab+bc+ca)-abc$ は基本対称式の多項式で表されているが，更に因数分解できる。実際，$a=-b$ を代入すると 0 となるので因数定理より $a+b$ を因数にもつことが分かる。対称性より $b+c$，$c+a$ も因数にもつはずである。3 次斉次性から因数分解はこれらの積の定数倍に決まり，最高次の係数を見るとその定数は 1 でなければならないと分かる。こうして因数分解が決まる。

ちなみに，本問で差の部分の次数を上げると，残りの因数は 2 次斉次対称式ゆえ e_2,e_1^2 の線形結合で表されるが，適当な値の代入で e_1^2 の係数は 0 と分かり，

$$a^3(b^2-c^2)+b^3(c^2-a^2)+c^3(a^2-b^2)=-(a-b)(b-c)(c-a)(ab+bc+ca)$$

が結論される。では，$a^3(b^3-c^3)+b^3(c^3-a^3)+c^3(a^3-b^3)$ はどうだろうか？差積で括ると残りが 3 次斉次対称式で… と思いきや

$$a^3(b^3-c^3)+b^3(c^3-a^3)+c^3(a^3-b^3)=0$$

チート解法② 多変数の因数定理

$a=b$ としても $b=c$ としても $c=a$ としても 0 になるので，因数定理より与式は$(a-b)(b-c)(c-a)$を因数にもつ。これは 3 次式で，与式は 4 次斉次式なので，残りの因数は 1 次斉次式 $ka+lb+mc$ (k,l,m: 定数)とおける。a,b,c のそれぞれについて最高次の項の係数を比較すると $k=l=m=-1$ が分かる。以上より，$a^3(b-c)+b^3(c-a)+c^3(a-b)=-(a-b)(b-c)(c-a)(a+b+c)$.

多変数の因数定理を 1 回使ったとも言えるが，着目する変数を順次変えながら 1 変数の因数定理を 3 回使ったとも言える。交代式の基本定理も多変数の因数定理から示すことができる。

ところで，多変数多項式の「次数」には 2 つの見方がある。一つはそこに現れる各単項式で全ての文字についての次数の合計をとり，その最大値とするものである。上で「～次斉次」などと言っているのはこの「次数」についてである。もう一つは，整数ではなく整数の組 $(m_1, \dots, m_n)$ を $Ax_1^{m_1}x_2^{m_2}\cdots x_n^{m_n}$ の次数とするものである。後者の意味の次数の大小関係を比較するための順序はいくつか考えられるが，辞書式順序が代表的である：まず x_1 についての次数 m_1 が大きい方が多変数としても次数が大きいとし，x_1 についての次数が等しい場合は x_2 についての次数で比較する。x_1 についても x_2 についても次数が等しい場合は x_3 についての次数で比較する。…といった具合で多変数の次数を定める。

対称式の基本定理の証明は，任意の斉次対称式 $f(x_1, \dots, x_n)$ を基本対称式の多項式（ある多変数多項式にいくつかの基本対称式を代入した式）で表すことに帰着する。$f(x_1, \dots, x_n)$ の辞書式順序で最高次の項を $c_1x_1^{m_1}x_2^{m_2}\cdots x_n^{m_n}$ とおくと，$m_1 \geq m_2 \geq \cdots \geq m_n$ である。実際，$\{m_i\}$ が広義単調減少でないとすると，並び替えて辞書式順序でより大きい次数を作ることができるが，f は対称式だからその次数の項も含むはずであり，$\{m_i\}$ が辞書式順序で最大であることに反する。このとき，$E_1 := e_1^{m_1-m_2}e_2^{m_2-m_3}\cdots e_{n-1}^{m_{n-1}-m_n}e_n^{m_n}$ を展開すると $x_1^{m_1}x_2^{m_2}\cdots x_n^{m_n}$ が現れ，他の項はそれよりも低次となる。よって，$f(x_1, \dots, x_n) - c_1E_1$ は f よりも次数が低い斉次対称式である。この次数を下げる操作を有限回繰り返すことで定数になるので，$f(x_1, \dots, x_n)$ は基本対称式の積の定数倍の和，すなわち基本対称式の多項式で表せる。一意性は変数の個数に関する帰納法で示せる。

可換環 R 上の多項式環 $R[X_1, \dots, X_n]$ への対称群 $\mathfrak{S}_n$ の作用: $(\sigma, X_i) \mapsto X_{\sigma(i)}$ による不動点全体 $R[X_1, \dots, X_n]^{\mathfrak{S}_n}$ は R 係数対称式全体のなす部分環である。対称式の基本定理は Y_k に k 次基本対称式 $e_k(X_1, \dots, X_n)$ を代入することで定まる準同型が $R[Y_1, \dots, Y_n]$ から $R[X_1, \dots, X_n]^{\mathfrak{S}_n}$ への環同型を与えるということを意味する。基本対称式による表し方の一意性は，$e_1, \dots, e_n$ の R 上の代数的独立性を意味する。一方，交代式の基本定理は $R[X_1, \dots, X_n]^{\mathfrak{S}_n}$ に差積を添加した環 $R[X_1, \dots, X_n]^{\mathfrak{S}_n}[\Delta]$ が交代式と対称式のなす部分環であることを意味する。これは基本定理の単なる言い換えに過ぎないので，環論の言葉を知らない人はこの段落の内容は無視して良い。基本定理は表示の存在を保証しているに過ぎないが，グレブナー基底を用いて与えられた対称式について基本対称式による表示を具体的に計算するアルゴリズムも存在する（もちろん高校レベルの問題で役立つことは滅多にないと思われる)。これを一般化したのが不変式論という分野である。例えば，より一般に次が知られている。

定理(Noether, 1916)

標数 0 の体 $\mathbb{F}$ 上の n 次一般線型群の有限部分群 Γ の $\mathbb{F}[X_1, \dots, X_n]$ への(不定元の列の線形変換による)作用に関する任意の不変式は，全次数が $|\Gamma|$ 以下の単項式に Reynolds 作用素 $R_\Gamma\colon f \mapsto |\Gamma|^{-1}\sum_{\pi\in\Gamma} f(\pi\cdot X)$ を作用させて得られるいくつかの不変式を多項式に代入することで得られる。

さて，高校数学に戻ろう。せっかく対称式と交代式の話が出たので，対称式と交代式の高校数学における活用法をここで総まとめしておこう。基本定理の他に高校数学でよく使われる対称式・交代式の性質には以下が挙げられる。

- n 次方程式の解と係数の関係は i 次基本対称式 e_i を用いて次のようになる。

$$\begin{aligned}(x-\alpha_1)\cdots(x-\alpha_n) &= x^n + \sum_{i=1}^{n}(-1)^i e_i(\alpha_1, \dots, \alpha_n)x^{n-i} \\ &= x^n - e_1(\alpha_1, \dots, \alpha_n)x^{n-1} + e_2(\alpha_1, \dots, \alpha_n)x^{n-2} - \cdots \\ &\quad +(-1)^n e_n(\alpha_1, \dots, \alpha_n).\end{aligned}$$

- 次の漸化式により，2 つ，3 つの数の n 乗の和が帰納的に計算できる。特に 2 変数の場合で $y = 1/x$ とした $x^n + 1/x^n$ は $x + 1/x$ だけから計算できる。対称式の基本定理より x と $1/x$ の対称式は全て $x + 1/x$ から決まる。

$$\begin{aligned}x^n + y^n &= (x+y)(x^{n-1}+y^{n-1}) - xy(x^{n-2}+y^{n-2}) \\ x^n + y^n + z^n &= (x+y+z)(x^{n-1}+y^{n-1}+z^{n-1}) \\ &\quad - (xy+yz+zx)(x^{n-2}+y^{n-2}+z^{n-2}) \\ &\quad + xyz(x^{n-3}+y^{n-3}+z^{n-3})\end{aligned}$$

  しかし，xy, $x+y$ から固定された n に対する $x^n \pm y^n$ を具体的に計算する場合，$x^5+y^5 = (x^3+y^3)(x^2+y^2) - (xy)^2(x+y)$, $x^7+y^7 = (x^4+y^4)(x^3+y^3) - (xy)^3(x+y)$などのようになるべく低次の対称式の積から余分な項を取り除いて計算した方が速い。3 変数で 3 乗の場合は因数分解公式である。
- $2m$ 次の相反方程式は x^m で割ると (x と $1/x$ の対称式) $= 0$ の形になり，$X = x + 1/x$ と置換すると m 次方程式に帰着する。奇数次相反方程式は -1 を解にもち，$x+1$ で割ると偶数次相反方程式に帰着する。
- より高次の方程式でも同様だが，3 次方程式 $f(x) = 0$ の 3 解 α, β, γ に対する $\alpha^n + \beta^n + \gamma^n$ の漸化式は $f(\alpha)\alpha^n + f(\beta)\beta^n + f(\gamma)\gamma^n = 0$ から得られる。
- 各辺が対称式である n 元連立 n 次方程式は基本対称式の値を求めて解と係数の関係から普通の n 次方程式を作ることで解ける。
- 対称式からなる整数の不定方程式は文字に大小関係を設定して不等式を作

ると解けることが多い。

- n 乗の差の因数分解の公式 $x^n - y^n = (x-y)(x^{n-1} + x^{n-2}y + x^{n-3}y^2 + \cdots + xy^{n-2} + y^{n-1})$ で n が奇数のときに $y \mapsto -y$ とすれば n 乗の和の因数分解公式が出る。ちなみに，$x^6 - y^6$ は6乗を3乗の2乗と見れば素早く因数分解できるが，2乗の3乗と見てしまうと複二次式の因数分解が必要になる。
- 交代式は2乗すると対称式になる。応用例：$|x-y| = \sqrt{(x+y)^2 - 4xy}$.
- 多変数多項式の商（有理式）の和が変数の置換で変わらない場合，通分すると対称多項式の商で表せる。
- $(\sin\theta \pm \cos\theta)^2 = 1 \pm 2\sin\theta\cos\theta$ より $\sin\theta, \cos\theta$ の対称式・交代式は和か積のどちらか一方の値さえ与えられれば全て求められる。特に三角関数の対称式の最大化・最小化問題は目的関数を $t = \sin\theta + \cos\theta = \sqrt{2}\sin(\theta + \pi/4)$ のみの式で表して解くのが定番である。
- 2変数対称式 g に対する拘束条件 $g(x,y) \leq 0$ の下で $(X,Y) = (x+y, xy)$ の動く領域を求める問題は，$t^2 - Xt + Y = 0$ の判別式を用いた実数 x, y の存在条件 $X^2 - 4Y \geq 0$ と代入法の原理を用いて解くのが定石である：

$$\exists x\ \exists y \begin{cases} g(x,y) \leq 0 \\ X = x+y, Y = xy \end{cases} \Longleftrightarrow \exists x\ \exists y \begin{cases} G(X,Y) \leq 0 \\ X = x+y, Y = xy \end{cases}$$
$$\Longleftrightarrow \begin{cases} G(X,Y) \leq 0 \\ \exists x\ \exists y\ (X = x+y, Y = xy) \end{cases} \Longleftrightarrow \begin{cases} G(X,Y) \leq 0 \\ X^2 - 4Y \geq 0 \end{cases}$$

  ここで，G は g を基本対称式で表示する多項式である（$g = G(e_1, e_2)$）。$g(x,y) \leq 0$ の下での $X = x+y$ の最大化・最小化は線形計画法で解けるが，(X,Y) の範囲を X 軸に射影しても解ける。
- 等式型の拘束条件と目的関数が共に2変数対称式である最大化・最小化問題は基本対称式 $e_1 = x+y$，$e_2 = xy$ で表し，拘束条件を用いて e_2 を消去するのが定石である。e_2 を消去する際，x, y の存在条件 $e_1^2 - 4e_2 \geq 0$ を e_1, e_2 の関係式と連立して e_1 の範囲に反映させるのを忘れないように注意。
- 2つの等式型の拘束条件と目的関数が全て3変数対称式である最大化・最小化問題は拘束条件を用いて2変数分の自由度を消去すれば1変数の問題に帰着する。拘束条件と2次方程式の解と係数の関係から x を係数に含み y, z を解にもつ2次方程式を作成し，y, z の存在条件（判別式 $\geqq 0$）を x の範囲に反映させる。例えば，拘束条件が $x+y+z=a$，$xy+yz+zx=b$ の場合は $t^2 - (a-x)t + (b-(a-x)x) = 0$ の判別式を見ることになる。汎用性はより低くなるが，場合によっては目的関数を文字でおいて3次方程式の解と係数の関係と3つの実数解をもつ条件から求めることもできる。例えば，拘束条件が $x+y+z=a$，$xy+yz+zx=b$ で目的関数が $f(x,y,z) = xyz$ の場合は，x, y, z を解にもつ3次方程式で定数分離することにより，

$w(t) = t^3 - at^2 + bt$ のグラフと tw 平面内の直線 $w = c$ が重複度込みで 3 つの交点をもつような c の範囲が xyz の変域だと分かる。

解と係数の関係は重要である。上で見たように高校数学で頻出なのは言うまでもないが，ガロア理論などの抽象代数でも重要である。**「5 次以上の一般の代数方程式には代数的な解の公式がない」**（「代数的な解の公式」とは「複素数の定数と方程式の係数に対して冪根と四則演算を有限回繰り返した形の解の公式」を意味し，超冪根や超幾何関数を用いた代数的でない解の公式は存在する）という事実は有名だが，これに対するガロア理論的な証明は簡単に言うと次のようになる：もし n 次方程式に代数的な解の公式が存在すれば，$\mathbb{C}$ に $x_1, \dots, x_n$ の基本対称式 $e_1, \dots, e_n$ を添加して得られる体 $K_0 = \mathbb{C}(e_1, \dots, e_n)$ から始めて既に得られている体にその元の冪根を添加して新たな体を作るという操作を有限回繰り返して $L = \mathbb{C}(x_1, \dots, x_n)$（これは $x_1, \dots, x_n$ を根にもつ多項式 $f(t) = t^n - e_1 t^{n-1} + e_2 t^{n-2} - \cdots + (-1)^n e_n$ の最小分解体，つまり全ての根を $\mathbb{C}$ に添加して得られる体である）を含む体を作れることになり，これはガロア理論の基本定理などから L/K_0 のガロア群 $\mathrm{Gal}(L/K_0)$（K_0 の各元を固定する同型: $L \to L$ 全体のなす群）が可解群（部分群の列 $\{e\} = G_0 \lhd G_1 \lhd G_2 \lhd \cdots \lhd G_k = G$ で各剰余群 G_j/G_{j-1} $(j = 1, 2, \dots, k)$がアーベル群となるものが存在するような群 G）であることを意味するが，$\mathrm{Gal}(L/K_0) \cong \mathfrak{S}_n$ でこれは $n \geq 5$ のとき可解でないので矛盾する。ここで，そもそも $K_0 = \mathbb{C}(e_1, \dots, e_n)$ を考えるのは解と係数の関係が所以であり，根の入れ替えに関する対称性を表す群が $\mathrm{Gal}(L/K_0) \cong \mathfrak{S}_n$ となるのも基本対称式の性質からである。数学史上，ガロアが「群」の概念を生み出したのはこの証明を考える過程においてである。「5 次以上の一般の代数方程式には代数的な解の公式がない」という事実はアーベル・ルフィニの定理と呼ばれるが，アーベルとルフィニによる証明よりもガロアによる群を使った証明の方が「現代的」であり，多くの代数学の教科書で採用されている。

群論は対称性が関係ない整数問題でも有用である。例えば，整数問題の裏技として知られる**フェルマーの小定理**（a が素数 p と互いに素$\Rightarrow a^{p-1} \equiv 1 \pmod p$）も，任意の有限群 G の元の位数は G の位数を割り切る（i.e., $\forall g \in G; g^{|G|} = e$）という一般的な事実を乗法群 $G = (\mathbb{Z}/p\mathbb{Z})^\times$（$\{\bar{1}, \bar{2}, \dots, \overline{p-1}\}$が mod p の乗法に関してなす群）に適用したものと見做せる。m が素数でないときも含め，$(\mathbb{Z}/m\mathbb{Z})^\times$ の位数はオイラー関数の値 $\varphi(m)$ である。**中国剰余定理**（n, m: 互いに素$\Rightarrow$ 環として $\mathbb{Z}/mn\mathbb{Z} \cong \mathbb{Z}/m\mathbb{Z} \times \mathbb{Z}/n\mathbb{Z}$，即ち $\forall a_1, a_2 \in \mathbb{Z}; \exists_1 x \in \{0, 1, \dots, mn-1\}; x \equiv a_1 \pmod m$, $x \equiv a_2 \pmod n$）はイデアルを用いて環論的に説明されるが，群論バージョン（可換群の元 a, b の位数 m, n が互いに素$\Rightarrow ab$ の位数は mn）もある。

5 場合の数の母関数

数列 $\{a_n\}$ を係数にもつ形式的冪級数 $G(a_n;x)=\sum_{n=0}^{\infty}a_nx^n$ を数列 $\{a_n\}$ の通常型母関数または単に母関数と言う。また，$EG(a_n;x)=\sum_{n=0}^{\infty}a_nx^n/n!$ を数列 $\{a_n\}$ の指数型母関数と言う。「関数」という名前が付いているが，実際に収束して関数を定めるとは限らない。正確には関数ではなく形式的冪級数環の元であり，微分は形式的な項別微分で定義される。もちろん普通の関数と同一視できる場合は関数のように扱っても問題ない。二重数列 $\{a_{n,m}\}$ の通常型母関数は

$$G(a_{n,m};x,y)=\sum_{m=0}^{\infty}\sum_{n=0}^{\infty}a_{n,m}x^ny^m$$

と定義され，三重数列以上でも同様である。有限数列の場合は有限和で同様に定義する。

$\left\{\sum_{k=0}^{n}a_k\right\}$ の母関数は $\{a_n\}$ の母関数の $(1-x)^{-1}$ 倍である。これはマクローリン展開の掛け算からも分かるし，$(1-x)$ 倍が番号をずらしたものとの差，すなわち階差をとる操作に対応することからその逆作用素を作用させた結果だと考えても分かる。数列$\{a_n\},\{b_n\}$の畳み込み和 $\left\{\sum_{k=0}^{n}a_kb_{n-k}\right\}$ の母関数は $\{a_n\}$ の母関数と $\{b_n\}$ の母関数の積である。$\{a_nr^n\}$ の母関数は $\{a_n\}$ の母関数に rx を代入したものである。$\{a_n\}$ の母関数を微分して x 倍する（$x\partial_x$ を作用させる）と$\{na_n\}$ の母関数が得られる。これらの性質はΣの計算に応用できる。例えば，二項定理から二項係数の列$\{{}_nC_k\}_{k=0}^{n}$の母関数は $(1+x)^n$ だが，畳み込み和に関する性質を使うと二項係数の 2 乗和 $\sum_{k=0}^{n}({}_nC_k)^2={}_{2n}C_n$ が求まる。これは $(1+x)^{2n}=(1+x)^n\cdot(1+x)^n$ の x^n の項を比較しているのと実質的に同じである（ヴァンデルモンドの畳み込みの特殊ケースであり，$n\times n$ の格子路で左下から右上に至る最短経路の個数を 2 通りの方法で表示しても求まる）。他にも母関数の項別微積分や代入操作などにより次々と和の公式が得られる。

直接一般項を求めるのが困難な数列でも，漸化式などから母関数についての代数方程式や微分方程式を作り，そこから母関数を求め，母関数の係数として一般項が求まることがある。また，場合の数の母関数を考えると，組み合わせ論的な情報が代数的（または解析学的）に扱えるようになり，意味を考えずに機械的に場合の数が求まることがある。代数や解析は得意だが，組み合わせ論特有の考え方が苦手だという人にはもってこいのツールである。

問題

　1から6までの目が等確率で出るサイコロを n 個振ったとき，出た目に書かれている数の積が20の倍数となる確率 p_n を求めよ。

（東大 2003 改）

正攻法① 余事象

余事象は「(出た目の積が) 20で割り切れない」という事象である。「20で割り切れない」という事象は，「4で割り切れない」という事象 A と「5で割り切れない」という事象 B の和事象である。

4で割り切れないのは，「1か3か5の目しか出ない」という場合と「1つだけ2か6の目が出て，それ以外は1か3か5の目が出る」という場合のみであり，それらは排反だから，

$$P(A) = \left(\frac{3}{6}\right)^n + {}_nC_1 \times \left(\frac{2}{6}\right) \times \left(\frac{3}{6}\right)^{n-1} = \left(1 + \frac{2}{3}n\right)\left(\frac{1}{2}\right)^n.$$

5で割り切れないのは，全て5以外の目が出る場合のみだから，

$$P(B) = \left(\frac{5}{6}\right)^n.$$

4でも5でも割り切れないのは，全て1か3の目が出るという場合と「1つだけ2か6が出て，それ以外は1か3の目が出る」という場合のみであり，それらは排反だから

$$P(A \cap B) = \left(\frac{2}{6}\right)^n + {}_nC_1 \times \left(\frac{2}{6}\right) \times \left(\frac{2}{6}\right)^{n-1} = (1+n)\left(\frac{1}{3}\right)^n.$$

$$\therefore p_n = 1 - P(A \cup B) = 1 - \big(P(A) + P(B) - P(A \cap B)\big)$$

$$= 1 - \left(1 + \frac{2}{3}n\right)\left(\frac{1}{2}\right)^n - \left(\frac{5}{6}\right)^n + (1+n)\left(\frac{1}{3}\right)^n.$$

割と入り組んだ場合分けが必要になる。

4と5は互いに素なので，$20 = 4 \times 5$ で割り切れることと4でも5でも割り切れることは同値である。$P(A)$ の計算については，$2, 6$ の個数で場合分けする。2か6が1つだけ出る場合，どのサイコロが2か6の目を出すかの選び方が ${}_nC_1$ 通りあることに注意。

目の積が5で割り切れないためには，5が出なければよい。4で割り切れないためには，4が出ず，2を因数にもつ他の目が高々1つしか出なければよい。$P(A \cap B)$ の計算についても $2, 6$ の個数で場合分けする。

正攻法② 直接的に場合分け

目の積が 20 の倍数になるのは「2 または 6 の目が 2 個以上，5 の目が 1 個以上」または「4 の目が 1 個以上，5 の目が 1 個以上」出る場合である。よって，2 または 6 の目が 2 個以上出る事象を A，4 の目が 1 個以上出る事象を B，5 の目が 1 個以上出る事象を C とおくと，

$$\begin{aligned} p_n &= P\big((A\cap C)\cup(B\cap C)\big) = P\big((A\cup B)\cap C\big) \\ &= 1 - P((A\cup B)^c \cup C^c) = 1 - P\big((A^c\cap B^c)\cup C^c\big) \\ &= 1 - P(A^c\cap B^c) - P(C^c) + P(A^c\cap B^c\cap C^c). \end{aligned}$$

更に A^c を「2 の目も 6 の目も出ない」と「2 または 6 の目が 1 個だけ出る」に分け，それぞれの場合で他の条件の下で確率を計算すると，

$$\begin{aligned} p_n &= 1 - \left[\left(\frac{3}{6}\right)^n + {}_nC_1\left(\frac{2}{6}\right)\left(\frac{3}{6}\right)^{n-1}\right] - \left(\frac{5}{6}\right)^n + \left[\left(\frac{2}{6}\right)^n + {}_nC_1\left(\frac{2}{6}\right)\left(\frac{2}{6}\right)^{n-1}\right] \\ &= 1 - \frac{2n+3}{3\cdot 2^n} - \left(\frac{5}{6}\right)^n + \frac{n+1}{3^n}. \end{aligned}$$

余事象ではなく，20 の倍数になる場合を直接分類する手もある。事象を文字でおき，ド・モルガンの法則を用いると，意味を考えずに確率の式を変形できる。

日本語の話だが，「2 または 6 の目が 2 個以上」は「2 または 6 であるような目が 2 個以上」（2 の目が 1 個，6 の目が 1 個でも良い）という意味であって「2 の目が 2 個以上または 6 の目が 2 個以上」という意味ではない。文脈を踏まえれば前者の意味だと分かるが，純粋に日本語としては後者の意味で捉えられなくもない。この程度なら相当意地悪でない限り採点者が誤解または曲解することはないと思うが，特に場合の数や組み合わせについて記述するときは自分で書いた日本語の曖昧さに騙されないようにも気を付けたい。

チート解法 目の積が $2^n3^m5^\ell$ になる場合の数の母関数

$2,3,5$ をそれぞれ x,y,z に対応させると，4 は x^2，6 は xy に対応する。ここで，3 変数多項式 $f(x,y,z)=(1+x+y+x^2+z+xy)^n$ を考える。n 個ある多項式因子のそれぞれをサイコロに対応するものと見做す。n 乗を（同類項をまとめずにそのまま）展開すると，現れる各項は，6^n通りあるサイコロの目の出方のうちの 1 つの場合におけるサイコロの目の積に対応する。よって，同類項をまとめると，$x^ay^bz^c$ の係数はサイコロの目の積が $2^a\cdot 3^b\cdot 5^c$ になる場合の数に一致するはずである。

目の積が 20 の倍数になる場合の数は，x^2z を因数にもつ項の係数の和である。

この情報を f から代数的操作で取り出す。まず $y=1$ を代入することで x,z のみに関する多項式としての係数をまとめる。次に，$f(x,1,z)$ から z に関する定数項 $f(x,1,0)$ を引くことで，z に関する次数が 1 以上の項だけを取り出す。これで z に関する条件が反映されたので，$z=1$ を代入して係数をまとめる。その結果は

$$g(x) := f(x,1,1) - f(x,1,0) = (x^2+2x+3)^n - (x^2+2x+2)^n$$

である。ここから更に x に関する定数項 $g(0)$ と 1 次の項 $g'(0)x$ を引くことで，x に関する次数が 2 以上の項だけを取り出す。最後に $x=1$ を代入して係数の和を求める。結果は

$$g(1) - g(0) - g'(0) = 6^n - 5^n - (2n+3)\cdot 3^{n-1} + (n+1)\cdot 2^n.$$

これが場合の数 $6^n p_n$ に等しいから，

$$p_n = 1 - \left(\frac{5}{6}\right)^n - \left(1+\frac{2}{3}n\right)\left(\frac{1}{2}\right)^n + (1+n)\left(\frac{1}{3}\right)^n.$$

入り組んだ場合分けは一切必要ない。場合の数の考え方が必要になるのは最初の多項式に翻訳する場面だけである。ユニークな考え方なので一度理解してしまえば忘れにくいだろう。これで思考リソースを節約できる。

当然，サイコロの目の積の素因数としてあり得るのは $2,3,5$ のみである。積が同じになる場合でも，どのサイコロがどの目を出したかを一度区別して考えると，その重複度が積がその値になる場合の数になる。

「x^2zを因数にもつ $\Leftrightarrow$ z に関する次数が 1 以上，かつ x に関する次数が 2 以上」であるから，z に関する定数項と x に関する次数が 1 以下の項を代数的な操作で取り除いてから係数の和を求めればよい。マクローリン展開の式からも分かるように，多項式の k 次の項の係数は 0 における k 階微分を $k!$ で割ったものに一致する。これを利用すれば展開しなくても低次の項の係数は簡単に求まる。係数の和は全ての変数に 1 を代入すれば求まる。

ちょうど $2^a\cdot 3^b\cdot 5^c$ になる場合の数については次が成立する：

$$\begin{aligned}&(n \text{ 個の目の積が } 2^a\cdot 3^b\cdot 5^c \text{ になる場合の数})\\ &\qquad = [(1+x+y+x^2+z+xy)^n \text{ の } x^ay^bz^c \text{ の係数}]\\ &\qquad = \frac{1}{a!\,b!\,c!}\frac{\partial^{a+b+c}}{\partial x^a\partial y^b\partial z^c}(1+x+y+x^2+z+xy)^n\bigg|_{x=y=z=0}\end{aligned}$$

実際の応用においては，ちょうど $2^a\cdot 3^b\cdot 5^c$ になる場合ではなく，例題のように何らかの和をとったものを考えることが多いだろう。

問題

サイコロを 3 回振ったとき，出た目の和が 10 になる確率を求めよ。

正攻法 数え上げ

和が 10 になる目の組み合わせごとに出る順番が何通りあるか考える。

[1,3,6] $\rightarrow$ $(3! =)$ 6 通り
[1,4,5] $\rightarrow$ 6 通り
[2,2,6] $\rightarrow$ 3 通り
[2,3,5] $\rightarrow$ 6 通り
[2,4,4] $\rightarrow$ 3 通り
[3,3,4] $\rightarrow$ 3 通り

合計 27 通りなので，求める確率は $27/6^3 = 1/8$.

もちろん「サイコロを 3 回振ったとき」を「サイコロを 3 個振ったとき」にしても確率は同じである。確率の問題の場合，場合の数と違ってたとえサイコロの区別がつかなくても区別して考える必要がある。場合の数の場合，ものを区別するかどうかは場合によるが，確率の場合，組み合わせを考えるだけでなく一貫して全てのものを区別するように意識しよう。

チート解法 目の和の場合の数の母関数

目の和が 10 になる場合の数は$(x + x^2 + \cdots + x^6)^3 = \{x(1 - x^6)/(1 - x)\}^3$ の x^{10} の係数である。$(1 - x)^{-3}$ のマクローリン展開または一般化二項定理から

$$x^3(1 - x^6)^3(1 - x)^{-3} = x^3(1 - 3x^6 + 3x^{12} - x^{18}) \sum_{k=0}^{\infty} {}_{k+2}C_2 x^k$$

$$= \sum_{k=0}^{\infty} {}_{k+2}C_2 x^{k+3} - 3\sum_{k=0}^{\infty} {}_{k+2}C_2 x^{k+9} + 3\sum_{k=0}^{\infty} {}_{k+2}C_2 x^{k+15} - \sum_{k=0}^{\infty} {}_{k+2}C_2 x^{k+21}$$

よって，場合の数は ${}_{7+2}C_2 - 3\,{}_{1+2}C_2 = 27$. 求める確率は $27/6^3 = 1/8$.

和については $x + x^2 + \cdots + x^6 = x(x^6 - 1)/(x - 1)$ を考えることで，

$$(n \text{ 個の目の和が } m \text{ になる場合の数}) = \left[\left\{\frac{x(x^6 - 1)}{x - 1}\right\}^n \text{ の } m \text{ 次の係数}\right]$$

が成立する。$x^{i_1} x^{i_2} \cdots x^{i_n} = x^{i_1 + i_2 + \cdots + i_n}$ を利用し，指数に着目するのである。

1 つ目の Σ の $k = 7$ の項と 2 つ目の Σ の $k = 1$ の項から x^{10} が出てくるから

係数を足せばよい。

問題

サイコロを n 個投げるとき，出た目の和が $n+3$ になる確率を求めよ。

（京大 2006）

正攻法① 数え上げを一般化

$n=1$ のとき，4 の目が出ることが必要十分条件なので，1/6 である。

$n=2$ のとき，目の和が 5 となるのは目の出方が (1,4),(2,3),(3,2),(4,1) の 4 通りの場合なので，確率は 1/9 である。

$n \geq 3$ とし，和が $n+3$ になる n 個の数の組合せごとに目の出方を考える。

$[1,1,\ldots,1,1,1,4] \to {}_nC_{n-1}$ 通り

$[1,1,\ldots,1,1,2,3] \to {}_nC_{n-2} \times 2!$ 通り

$[1,1,\ldots,1,2,2,2] \to {}_nC_{n-3}$ 通り

よって，求める確率は$({}_nC_{n-1} + {}_nC_{n-2} \times 2! + {}_nC_{n-3})/6^n = n(n+1)(n+2)/6^{n+1}$.
同じ式は $n=1,2$ でも成り立っている。

正攻法② $n+3$ を n 個に配分

全てのサイコロは 1 以上の目を出す。また，1 つのサイコロの目は最大でも 6 である。よって，出た目の和が $n+3$ になる場合の数は $n+3$ 個の玉の間（両端を含まない）に $n-1$ 個の仕切りを入れる方法の総数に等しく，${}_{n+2}C_{n-1} = n(n+1)(n+2)/6$ である。よって，求める確率は $n(n+1)(n+2)/6^{n+1}$.

$n+3$ の振り分け方を考えると，$n+3$ 個の玉の仕切り方と一対一に対応する。$x_1+x_2+\cdots+x_n = n+3$ の自然数解 $(x_1,\ldots,x_n)$ の個数とも対応する。最初に n 個に 1 ずつ振り分けてから残った 3 を分配する$({}_nH_3)$と考えても同じである。この手法は仕切られてできる 1 つのサイコロの分が最大でも 4 だからこそ通用していることに注意。$n+6$ 個以上になると 7 以上仕切られる可能性が出るので，目の和が $n+6$ 以上の場合はこのように単純に考えることができなくなる。

チート解法 目の和の場合の数の母関数

目の和が $n+3$ になる場合の数は$(x+x^2+\cdots+x^6)^n = \{x(1-x^6)/(1-x)\}^n$ の x^{n+3} の係数である。二項定理と一般化二項定理から

$$x^n(1-x^6)^n(1-x)^{-n} = x^n(1-nx^6+{}_nC_2x^{12}-\cdots+(-x^6)^n)\sum_{k=0}^{\infty}{}_{n+k-1}C_{n-1}x^k$$

x^{n+3} の係数 ${}_{n+2}C_{n-1}$ より，求める確率は ${}_{n+2}C_{n-1}/6^n = n(n+1)(n+2)/6^{n+1}$.

サイコロの数が一般の n だろうが目の和がいくつだろうがやることは同じである。x^{n+3} が出るような項の組み合わせは x^n と二項展開の定数項 1 と最後の Σ の $k=3$ の項の組み合わせだけである。目の和が $n+6$ 以上の場合は二項展開の第 2 項以降も関与してくるが，同じようにできる。

その他，初等的な場合の数の母関数と簡単な応用をいくつか列挙する。

じゃんけんで出る手の場合の数の母関数

n 人でじゃんけんをするとき，n_r 人がグー，n_p 人がパー，n_s 人がチョキを出す場合の数は $(r+p+s)^n$ の $r^{n_r}p^{n_p}s^{n_s}$ の係数である。

$n_r+n_p+n_s=n$ のとき以外は 0 である。具体的な係数は，多項定理により

$$\frac{n!}{n_r!\,n_p!\,n_s!} = {}_nC_{n_r}\times{}_{n-n_r}C_{n_p}\quad(\text{for } n_r+n_p+n_s=n)$$

と求まり，これは n 人からグーを出す n_r 人を選び，残った $n-n_r=n_p+n_s$ 人から更にパーを出す n_p 人を選ぶと考えても得られる。

応用例として，5 人中ちょうど 2 人がグーを出す場合の数は，$(r+p+s)^5$ を展開したときに出てくる r に関する次数が 2 である項の係数の和であり，従って，$p=1, s=1$ とした $(r+1+1)^5$ を展開したときに出てくる r^2 の係数だから，$(1/2!)\partial_r^2(r+2)^5|_{r=0}=80$ と求まる。これは ${}_5C_2\times 2^3$ に一致している。

重複組合せの母関数

区別のつかない k 個の玉を n 人に分ける方法の総数 ${}_nH_k$ は $(1-x)^{-n} = (1+x+x^2+x^3+\cdots)^n$ の x^k の係数 ${}_{n+k-1}C_k$ である。

ただし，0 個もらう人，つまり玉をもらわない人がいても良いものとする。人は互いに区別のつくグループだと思っても同じである。

高校数学では，k 個の玉と $n-1$ 個の仕切りの並べ方や $x_1+x_2+\cdots+x_n=k$ の非負整数解に対応させる考え方がよく使われる。「n 種類のものから重複を許して k 個選ぶ方法」の総数と説明されることが多い。「選ぶ（とる）」と「分ける」を混同して k と n を逆にしてしまわないように注意。玉の間に仕切りを入れるパターン (非零の自然数解に対応し，仕切りが隣り合ってはいけない) との混同にも注意。

モンモール数（完全順列，攪乱順列の総数）の指数型母関数

n 人でプレゼント交換するとき，誰も自分のプレゼントを貰わない場合の数 D_n は $(1-x)^{-1}e^{-x}$ のマクローリン展開の x^n の係数の $n!$ 倍であり，

$$D_n = n!\sum_{k=0}^{n}\frac{(-1)^k}{k!} = \left\lfloor\frac{n!+1}{e}\right\rfloor.$$

漸化式の直接解法や，包除原理，対称群の類等式の利用でも求められる。

漸化式による一般項の導出は次の通りである。1 人目が k 人目 $(2 \leq k \leq n)$ のプレゼントをもらうとすると，k 人目が 1 人目のプレゼントをもらう場合，他の $n-2$ 人のプレゼント交換の仕方で D_{n-2} 通り，k 人目が 1 人目のプレゼントをもらわない場合，1 人目以外の $n-1$ 人のプレゼント交換と実質同じで D_{n-1} 通りあり，k の選び方が $n-1$ 通りあるから，$D_n = (n-1)(D_{n-1}+D_{n-2}), D_1 = 0, D_2 = 1$. よって，$D_n - nD_{n-1} = -(D_{n-1}-(n-1)D_{n-2}) = \cdots = (-1)^{n-2}(D_2 - 2D_1) = (-1)^n$ となり，$n!$ で割ると階差数列型の漸化式に帰着して一般項が出る。漸化式の導出は 2004 年に東工大で出題されている。

誰かが自分のプレゼントをもらうことも許したプレゼント交換の仕方の全体を U とし，k 人目が自分のプレゼントをもらうプレゼント交換の仕方全体を A_k として包除原理を使うと，一般項が直接次のように求まる。

$$\begin{aligned} D_n &= |U| - \left|\bigcup_{k=1}^{n} A_k\right| = |U| - \sum_{m=1}^{n}(-1)^{m-1}\sum_{1\leq i_1<i_2<\cdots<i_m\leq n}\left|\bigcap_{j=1}^{m} A_{i_j}\right| \\ &= n! - \sum_{m=1}^{n}(-1)^{m-1}{}_nC_m\cdot(n-m)! = n!\sum_{m=0}^{n}\frac{(-1)^m}{m!}. \end{aligned}$$

モンモール数の指数型母関数 E は漸化式に対応する微分方程式 $E' = xE' + xE$, i.e., $E' = (1+(x-1)^{-1})E$ を解くと $E(x) = (1-x)^{-1}e^{-x}$ と求まり，そのマクローリン展開の x^n の係数の $n!$ 倍として一般項が求まる。$(1-x)^{-1}$ 倍を係数を部分和に置き換える作用素だと思えばマクローリン展開は瞬時に求まる。漸化式の技巧的な変形による直接解法よりは機械的な導出で頭を使わない。

第 2 種スターリング数の指数型母関数

グループは区別せず, 0 人のグループは作らないとき, n 人をちょうど k 個のグループに分ける方法の総数 $S(n,k)$ は $\frac{1}{k!}(e^x-1)^k$ のマクローリン展開の x^n の係数の $n!$ 倍である。また, $e^{y(e^x-1)}$ の 2 変数冪級数展開の $x^n y^k$ の係数の $n!$ 倍であり,

$$S(n,k)=\left\{{n \atop k}\right\}=\frac{1}{k!}\sum_{m=1}^{k}(-1)^{k-m}{}_kC_m m^n.$$

$S(n,k)$ の $k!$ 倍は k 個のグループの区別もする場合の総数であり, n 元集合から k 元集合への全射の個数に一致する。この全射の個数を包除原理で求めてから $k!$ で割って第 2 種スターリング数 $S(n,k)$ を求めることもできる。

第 2 種スターリング数は 5 乗和の公式を求めるチート解法で言及したように, 冪を降冪の線形結合に展開した際の係数としても現れる。

ベル数の指数型母関数

n 人をグループに分ける方法の総数 B_n は e^{e^x-1} のマクローリン展開の x^n の係数の $n!$ 倍である。

グループの個数に制限がない場合のグループ分けの総数である。ただし, グループに名前や番号は付けず, 区別しない。0 人のグループは無論カウントしない。

組み合わせ論的な定義から B_n が第 2 種スターリング数の和 $\sum_{k=0}^{n}S(n,k)$ であることがすぐ分かるが, 母関数からもそれが確認できる ($y=1$ 代入)。B_n は n 元集合の分割の総数や n 元集合に入る同値関係の総数とも言える。

全射の個数, スターリング数, ベル数は「写像 12 相」に含まれている。

分割数の母関数

自然数 n の分割の総数$p(n)$は$\prod_{k=1}^{\infty}(1-x^k)^{-1}$のマクローリン展開の x^n の係数である。

n の分割とは, n をいくつかの自然数 (0 を含まない) の和として表す方法 (そこに現れる自然数の順番は区別しない) であり, n 元集合の分割とは異なる。自然数の分割はヤング図形と一対一に対応する。$p(n)$ の一般項は多項係数を用いて表すことができるが, 複雑である。

カタラン数の母関数

n 番目のカタラン数 $C_n = \frac{{}_{2n}C_n}{n+1} = {}_{2n}C_n - {}_{2n}C_{n-1}$ は，$\dfrac{1-\sqrt{1-4x}}{2x}$ のマクローリン展開の x^n の係数である。

カタラン数 C_n には次のように様々な見方があり，全て同じ数になる。

(i) 縦横 n マスの正方形型の格子路を格子点を通って一つの頂点から対頂点までその向きの対角線を跨がずに行く最短経路の総数

(ii) n チームによるトーナメント図の種類の数

(iii) 凸 $n+2$ 角形を対角線で n 個の三角形に分割する方法の総数

(iv) n 組の「(」と「)」を正しく（括弧の終わりが始まりより先に来ることなく）並べる方法の総数

(v) 500 円硬貨のみをもつ人 n 人と 1000 円札のみをもつ人 n 人の合計 $2n$ 人を一列に並ばせて各自から 500 円ずつ集金するとき，集金する人が予めお釣りを用意しておかなくても済むような並ばせ方の総数

(vi) 円周上の $2n$ 個の点をどの 2 本も互いに交差しない弦で結ぶ方法の総数

(vii) n 個の分岐をもつ二分木の総数

(viii) n 元集合の非交差分割の総数

(i) のような見方は算数や中学数学でよくある。その場合，一般項まで求める必要はなく，対角線の片側にある各格子点に始点に近い方から順に始点からその点へ至る行き方の総数を書いていく方法がカタラン数を求める正攻法である。

括弧を並べるという視点からは Lobb 数や Fuss–Catalan 数に一般化される。

いずれの考え方でも，カタラン数は漸化式 $C_0 = 1$，$C_{n+1} = \sum_{k=0}^{n} C_k C_{n-k}$ を満たす。カタラン数の列の母関数 $G(C_n; x) := \sum_{n=0}^{\infty} C_n x^n$ とそれ自身の積に対して母関数の畳み込み和に関する性質を用いると，$G(C_n; x)^2 = \sum_{n=0}^{\infty}\left(\sum_{k=0}^{n} C_k C_{n-k}\right)x^n = \sum_{n=0}^{\infty} C_{n+1}x^n = x^{-1}\sum_{n=0}^{\infty} C_{n+1}x^{n+1} = x^{-1}(G(C_n; x) - 1)$．2 次方程式 $x\{G(C_n; x)\}^2 - G(C_n; x) + 1 = 0$ を解いて

$$G(C_n; x) = \frac{1 \pm \sqrt{1-4x}}{2x}$$

となるが，条件 $G(C_n; 0) = C_0 = 1$ から複号の部分はマイナスである。この結果をマクローリン展開すると一般項 $C_n = {}_{2n}C_n/(n+1)$ が得られる。このように，組合せ論的な考察から漸化式を作り，漸化式から母関数についての代数方程式や微分方程式を作り，それを解いて母関数を求め，更にそれをマクローリン展開することで一般項を求められることがある。フィボナッチ数列やリュカ数の一般項もこの方法で求められるが，それらは普通の隣接 3 項間漸化式を満たすのでそれを直接解いた方が速い。

6 漸化式と線形代数

K を体（定義は群論の章を参照）とする。K 上の**線形空間**（線型空間，ベクトル空間）とは，K からの環作用をもつアーベル群である。つまり，集合 V 上の「加法」と呼ばれる二項演算 $+: V \times V \to V; (u,v) \mapsto u+v$ と「スカラー倍」と呼ばれる外部二項演算 $m: K \times V \to V; (a,v) \mapsto av$ が定義された集合 V であって，加法についてアーベル群であり，かつ，

- スカラー倍の左分配法則：$a(u+v) = au + av$ $(\forall a \in K, \forall u, v \in V)$
- スカラー倍の右分配法則：$(a+b)v = av + bv$ $(\forall a, b \in K, \forall v \in V)$
- K の乗法とスカラー乗法の両立性条件：$a(bv) = (ab)v$ $(\forall a, b \in K, \forall v \in V)$
- K の単位元 1 がスカラー乗法の単位元となる条件：$1v = v$ $(\forall v \in V)$

を満たすもののことを指す。最後の 2 条件はスカラー倍が K の乗法群の V への作用を定めることを意味する。V の元はベクトル，K は係数体，K の元はスカラー，V の零元は零ベクトルと呼ばれる。大学数学の教科書では，群より先に線形空間が出てくることが普通なので，「線形空間の公理」として（上の 4 条件に加えて + についてアーベル群をなすという意味の 4 条件を箇条書きにした）8 個の条件を列挙してそれで定義することが多い。線形空間の定義において，K を環 R に置き換えたものを R-**加群**と言う。線形空間は体上の加群である。

線形代数を未履修で上の説明を読んでわけが分からないと思う人は $K = \mathbb{R}$ としてとりあえず n 次元実数ベクトル空間 $\mathbb{R}^n$ をモデルケースとして想像すると良い。2 次元のときは xy 平面，3 次元のときは xyz 空間に高校数学のようなベクトルの足し算と実定数倍を考えたものと同型になる。

ベクトル $v_1, \dots, v_n$ に対し，$v = \sum_{k=1}^{n} a_k v_k$ $(a_1, \dots, a_n \in K)$ の形に書けるベクトルを $v_1, \dots, v_n$ の**線形結合**（一次結合）と言う。線形結合が零ベクトルなら係数が全て 0 になるしかない，つまり $[\sum_{k=1}^{n} a_k v_k = 0 \Rightarrow a_1 = a_2 = \cdots = a_n = 0]$ が成り立つとき，$v_1, \dots, v_n$ は**線形独立**（一次独立）であると言う。線形独立でないことを線形従属と言う（一般に「独立」の否定は「従属」）。V の部分集合でそれ自体が（V と同じ加法とスカラー倍に関して）線形空間になっているものを V の**部分空間**（線形部分空間）と言う。$v_1, \dots, v_n \in V$ [resp. $S \subset V$]を含む（包含関係に関して）最小の部分空間を $v_1, \dots, v_n$ [resp. S]で張られる（生成される）部分空間または線形包と言い，$\mathrm{Span}(v_1, \dots, v_n)$ [resp. $\mathrm{Span}(S)$]などと書く。$\mathrm{Span}(S)$ は S を含む部分空間全ての共通部分であり，S の有限個の元の線形結合で書けるベクトル全体とも一致する。V の中で線形独立なベクトルの組に属するベクトルの個数の最大値（∞も含む）を V の次元と言い，$\dim V$ と書く。$v_1, \dots, v_n$

が線形独立であることと $\dim \mathrm{Span}(v_1,\dots,v_n)=n$ は同値である。$B\subset V$ の任意の有限個の元が線形独立で $\mathrm{Span}(B)=V$ のとき，B は V の**基底**であると言う（この意味での基底は正確にはハメル基底と呼ばれ，可算無限線形結合で全体を生成することも許したシャウダー基底とは一般には一致しない)。選択公理を仮定すれば任意の線形空間に基底が存在し，一つの線形空間の基底の濃度は基底の取り方によらずに定まる。V が有限次元のとき，$\dim V=|B|$ である。無限次元のときは基底の濃度で次元を定義する流儀もある。基底を単なるベクトルの集合ではなく順番を区別してベクトルの列や族（順序基底，標構）として考える場合もある（座標や表現行列を一意に定めるため)。

線形空間 V,W 間の写像 $f\colon V\to W$ であって，加法とスカラー倍を保存する，即ち $f(v_1+v_2)=f(v_1)+f(v_2), f(av)=af(v)\ (\forall a\in K,\forall v_1,v_2,v\in V)$ を満たすものを**線形写像**と言う。数ベクトル空間の場合は線形写像 $f\colon K^n\to K^m$ はある $m\times n$ 行列を掛ける操作に一致し，しばしば行列と同一視される。線形写像 $f\colon V\to W$ が単射であることと核 $\mathrm{Ker}\, f:=f^{-1}(\{0\})$ が $\{0\}$ であることは同値である。線形写像 $f\colon V\to W$ について，次元定理 $\dim \mathrm{Im}\, f+\dim \mathrm{Ker}\, f=\dim V$ より，$\dim V=\dim W<\infty$ のとき，全射と単射は同値である。全単射線形写像 $f\colon V\to W$ が存在するとき, V と W は同型であると言うが，この必要十分条件は V,W の基底の濃度が等しいことである。行列とのアナロジーからか，線形写像は大文字で書かれることが多く，引数を表す括弧が省略されることも多い。

n 次元線形空間 V の順序付けられた基底 $(v_1,\dots,v_n)$ と $v\in V$ に対し，基底の定義から $v=(v_1\ v_2\ \dots\ v_n)(a_1,a_2,\dots,a_n)^{\mathrm{T}}$（$1\times n$ 行列と $n\times 1$ 行列の積のように見ている）となる $(a_1,a_2,\dots,a_n)\in K^n$ が一意に存在するが，$(a_1,a_2,\dots,a_n)^{\mathrm{T}}$を $(v_1,\dots,v_n)$ に関する v の座標と言う。V の 2 つの基底 $(v_1,\dots,v_n),(v'_1,\dots,v'_n)$ に対し，$(v'_1\ \dots\ v'_n)=(v_1\ \dots\ v_n)P$ となる正則行列 P が一意に存在するが，これを$\{v_k\}$から$\{v'_k\}$への変換行列と言う。また，線形写像 $T\colon V\to W$，V の基底$\{v_k\}$，W の基底$\{w_k\}$に対し，$(Tv_1\dots Tv_{\dim V})=(w_1\dots w_{\dim W})A$ となる行列 A が一意に存在するが，これを基底$\{v_k\},\{w_k\}$に関する T の行列表示または表現行列と言う。始域 V の基底$\{v_k\}$に関する v の座標が $(a_1,a_2,\dots,a_{\dim V})^{\mathrm{T}}$ であるとき，$Tv=(w_1\dots w_{\dim W})A(a_1,a_2,\dots,a_{\dim V})^{\mathrm{T}}$ より，線形写像は座標に行列表示を左からかける操作に対応する。P を V の基底$\{v_k\}$から$\{v'_k\}$への変換行列，Q を W の基底$\{w_k\}$から$\{w'_k\}$への変換行列，A' を基底$\{v'_k\},\{w'_k\}$に関する T の行列表示とすると，$A'=Q^{-1}AP$ である。実際，$(w_1\dots w_{\dim W})QA'=(Tv'_1\dots Tv'_{\dim V})=(w_1\dots w_{\dim W})AP$ となるからである。

n 次正方行列 A に対し，$\det(xI-A)$ を**固有多項式**，スカラー x についての n 次方程式 $\det(xI-A)=0$ を**固有方程式**または**特性方程式**と言う（行列式の定義については冒頭の記号集や Wikipedia を参照)。$xI-A$ の部分を $A-xI$ にして定義する流儀もある。$Av = \lambda v$ となる零でないベクトル v が存在するような $\lambda \in K$ を A の**固有値**，v を A の（λ に付随する）固有ベクトル，$\mathrm{Ker}(A - \lambda I)$ を（λ に付随する）固有空間と言う。固有値は固有方程式の解と一致する。$\dim \mathrm{Ker}(A - \lambda I)$ を固有値 λ の幾何的重複度, 固有方程式の解としての重複度を代数的重複度と言う。幾何的重複度≦代数的重複度である。$p(A) = O$（零行列）となるモニックな（つまり，最高次の係数が 1 である）多項式 p のうち次数が最小のものは一意に定まり, A の最小多項式と言う。最小多項式は全ての固有値を根にもつ（ただし，重複度込みではカウントしない)。ケイリー・ハミルトンの定理より, 固有多項式は最小多項式で割り切れる。固有多項式や最小多項式は相似変換（正則行列 P に対する $A \mapsto P^{-1}AP$）で不変だから，有限次元空間上の線形変換の固有多項式や最小多項式が行列表示に対するそれらとして基底の取り方によらずに定まる。λ の代数的重複度は $\dim \mathrm{Ker}(A - \lambda I)^n$ に一致する。最小多項式の根としての重複度を ν_λ とすると $\mathrm{Ker}(A - \lambda I)^n = \mathrm{Ker}(A - \lambda I)^{\nu_\lambda}$ であり，この空間を広義固有空間，その元を広義固有ベクトルと言う。

$$J_k(\lambda) = \begin{pmatrix} \lambda & 1 & 0 & \cdots & 0 \\ 0 & \lambda & 1 & \ddots & \vdots \\ 0 & 0 & \ddots & \ddots & 0 \\ \vdots & \ddots & \ddots & \lambda & 1 \\ 0 & \cdots & 0 & 0 & \lambda \end{pmatrix}$$

という形の $k \times k$ 行列をサイズ k, 固有値 λ の**ジョルダン細胞**またはジョルダンブロックと言う。代数的閉体（複素数体などのように代数方程式を解く操作について閉じている体）K に成分をもつ任意の正方行列 A に対し，ある正則行列 P が存在して，$J = P^{-1}AP$ がジョルダン細胞の直和，すなわちいくつかの $J_{n_1}(\lambda_1), \dots, J_{n_r}(\lambda_r)$ たちを対角に並べてできる行列となる。このとき，J を A の**ジョルダン標準形**と言う。ジョルダン標準形はジョルダン細胞を並べる順番の違いを除いて一意に決まる。J が対角行列になるとき，A は**対角化可能**であると言い，J を A の対角化と言う。A のジョルダン標準形 J の対角成分には A の固有値がそれぞれその代数的重複度（固有多項式の根としての重複度）に等しい個数ずつ並び，固有値 λ のジョルダン細胞の個数は幾何的重複度（固有空間の次元）に等しい。また，J に現れる固有値 λ のジョルダン細胞の最大のサイズは固有値 λ の最小多項式の根としての重複度に等しい。A のサイズが 6 以下であればこれらの情報のみからジョルダン標準形を求めることができる。対角化可能とは全てのジョルダン細胞のサイズが 1 であることを意味するが，これは全ての固有値について幾何的重複度＝代数的重複度となること，すなわち A のサイズと等しい個数の互いに線形独立な固有ベクトルの組が存在することと同値であり, そのときの変換行列 P は J に並べる固有値の順番に応じて線形独立な固有ベクトルを列に並べたものとなる。特に，ユニタリ行列（$U^* = U^{-1}$ なる行列 U）を変換行列として対角化可能であることと，正規行列（$A^*A = AA^*$ なる行列 A）であることは同値である。一般にジョルダン標準形にするための変換行列 P は広義モード行列（広義固有ベクトルをある規則に従って列に並べた行列）である。正方行列 A のジョルダン標準形が J のとき，A の相似変換のジョルダン標準形も J であるから，有限次元線形空間上の線形変換のジョルダン標準形も well-defined である（行列表示として基底の取り方によらずに定まる）。

ジョルダン細胞の n 乗は $J_k(\lambda)^n = (\lambda I + N)^n$ の二項展開または帰納法により $\begin{pmatrix} \lambda^n & {}_nC_1\lambda^{n-1} & {}_nC_2\lambda^{n-2} & \cdots & {}_nC_{k-1}\lambda^{n-k+1} \\ 0 & \lambda^n & {}_nC_1\lambda^{n-1} & \cdots & {}_nC_{k-2}\lambda^{n-k+2} \\ 0 & 0 & \ddots & \ddots & \vdots \\ \vdots & \vdots & \ddots & \lambda^n & {}_nC_1\lambda^{n-1} \\ 0 & 0 & \cdots & 0 & \lambda^n \end{pmatrix}$ と計算できる。ジョルダン標準形の n 乗はジョルダン細胞ごとに n 乗した形となる。

問題

次で定まる数列$\{a_n\}$の一般項を求めよ。

(1) $a_{n+2} = 5a_{n+1} - 6a_n$, $a_1 = 1$, $a_2 = 7$

(2) $a_{n+2} = 6a_{n+1} - 9a_n + 4$, $a_1 = 2$, $a_2 = 3$

正攻法

(1) 特性方程式 $x^2 = 5x - 6$ の解は $x = 2,3$ である。漸化式を変形して

$$a_{n+2} - 2a_{n+1} = 3(a_{n+1} - 2a_n), \qquad a_{n+2} - 3a_{n+1} = 2(a_{n+1} - 3a_n)$$

第 1 式より，$a_{n+1} - 2a_n = 3^{n-1} \cdot (a_2 - 2a_1) = 5 \cdot 3^{n-1}$ 　…①

第 2 式より，$a_{n+1} - 3a_n = 2^{n-1} \cdot (a_2 - 3a_1) = 4 \cdot 2^{n-1}$ 　…②

①－②より，$a_n = 5 \cdot 3^{n-1} - 2^{n+1}$.

(2) $1 = 6 \cdot 1 - 9 \cdot 1 + 4$ であることに注目して漸化式を変形すると，

$$a_{n+2} - 1 = 6(a_{n+1} - 1) - 9(a_n - 1).$$

$b_n = a_n - 1$ とおくと，$b_{n+2} = 6b_{n+1} - 9b_n$.

特性方程式 $x^2 = 6x - 9$ の解は $x = 3$ である。漸化式を変形して

$$b_{n+2} - 3b_{n+1} = 3(b_{n+1} - 3b_n) \therefore b_{n+1} - 3b_n = 3^{n-1}(b_2 - 3b_1) = -3^{n-1}$$

$$\frac{b_{n+1}}{3^{n+1}} = \frac{b_n}{3^n} - \frac{1}{9} \quad \therefore \frac{b_n}{3^n} = \frac{b_1}{3} - \frac{1}{9}(n-1) = -\frac{1}{9}(n-4).$$

よって，$b_n = -(n-4) \cdot 3^{n-2}$，即ち $a_n = -(n-4) \cdot 3^{n-2} + 1$.

(1)は特性方程式を解くと等比数列型の式が 2 つ作れるので，それぞれを解いて連立して a_{n+1} を消去する。もちろん，①を 2^{n+1} で割って階差数列型に帰着させる，あるいは 3^n で割って特性方程式型に帰着させるなどして，片方の指数型漸化式だけから求めても良いが，本解よりも計算量が増える。

一般に，未知の量 x（未知数，未知関数，未知数列など），既知の量 b，および x が属する線形空間から b が属する線形空間への線形写像 T により $Tx=b$ の形で書ける方程式を線形方程式と言う。x に線形に依存しない項 b を非斉次項と言い，$b=0$ のとき，この方程式は**斉次**であると言う。(1)は斉次，(2)は非斉次の漸化式である。

(2)は定数項の 4 が邪魔だと思うが，$a=6a-9a+4$ なる定数 a を見つけ，漸化式から辺々引くと定数項の 4 が消える。一般に，非斉次の線形方程式については，特解（任意定数を含まない一つの解）を見つけて引くことで，斉次方程式に帰着する。この原理は漸化式でも微分方程式でも同じである。非斉次項が n 次式（定数は 0 次式と見做す）のとき，$n+1$ 回階差をとって斉次方程式に帰着させるという手もあるが，計算量が多いので推奨しない。非斉次項の形（固有関数と衝突するときは特性方程式の解の重複度も考慮する）に合わせて特解の形を予想し，未定係数法で特解を見つけるのが簡便である。

(2)のように特性方程式の解が重解の場合は式が 1 つしか出てこないので，仕方なく指数型の漸化式として解く。

「特性方程式の解は…」の部分は答案に書かなくても良い。

チート解法① 解空間の基底で未定係数法

(1) 特性方程式 $x^2=5x-6$ を解くと $x=2,3$.
一般項が $a_n=A\cdot 2^n+B\cdot 3^n$ の形であると予想する。初期条件を満たすように定数 A,B を定めると，$A=-2, B=5/3$.
このとき，$a_n=-2^{n+1}+5\cdot 3^{n-1}$. これは実際に漸化式を満たす（十分性)。また，初期条件から逐次的に任意番目の項が決定されるので漸化式の解は一意である。よって，この他に解はない（必要性)。

(2) 定数項を外した漸化式の特性方程式 $x^2=6x-9$ を解くと $x=3$.
一般項が $a_n=(An+B)\cdot 3^n+C$ と書けると予想する。漸化式に代入すると，$C=1$ を得る．初期条件を満たすよう定数 A,B を定めると，$A=-1/9$, $B=4/9$. このとき，$a_n=-(n-4)\cdot 3^{n-2}+1$. これは実際に漸化式を満たす（十分性)。また，初期条件から逐次的に任意番目の項が決定されるので漸化式の解は一意である。よって，この他に解はない（必要性)。

高校数学における正攻法と違って，4項間以上への一般化が容易である。露骨に行列を使う解法（後述する**チート解法②**）と比べても，計算が簡便で見通しが良い。関数形については「予想」と言っている以上，その予想が正しいこと（十分性）の確認について言及しておくべきである。答案の書き方としては確認したと書くべきだが，学術的には必要十分性が一般論から自動的に従うのでわざわざ確認するほどのことでもない。

(1)は特性方程式の相異なる2解 α,β に対し，$\{\alpha^n\},\{\beta^n\}$が（初期条件を考慮しない）漸化式の解空間の基底をなすという背景に基づく。$x=\alpha,\beta$ のそれぞれに対し，単純に両辺を x^n 倍すれば漸化式を満たすことが確認できる。重解でなければ線形独立性も自明である。

(2)のように特性方程式が重解 α をもつ場合，$\{\alpha^n\}$, $\{n\alpha^n\}$が斉次漸化式の解空間の基底をなす。更に非斉次項から特解の形を定数だと予想し，一気に未定係数法で A,B,C を求める。特解は方程式から，線形結合の係数は初期条件から求まる。（初期条件を無視した）非斉次漸化式の解空間は斉次の場合と違って線型空間ではなくアフィン空間になる。これも微分方程式と同じである。

ところで，漸化式を学んだ多くの高校生が思うであろう「なぜ特性方程式を考えるのか？」「なんで特性方程式なんて変な名前が付いているのか？」について，解と係数の関係による説明や「項の比の極限の満たす方程式」としてこじつける説明をよく見かけるが，いずれも本質的ではない。隣接3項間漸化式の定石とされる $a_{n+2}-\alpha a_{n+1}=\beta(a_{n+1}-\alpha a_n)$ のような強引な式変形は，高校生に馴染みやすくするためのギミックにすぎない。真の理由は**チート解法①**の背後にある線形代数である。

次の段落でこの「真の理由」と特性方程式の解の重複度によっておき方が変わる理由，更にその次で微分方程式との対応を述べるが，線形代数とODEの理論を既知と仮定しないと厳しいので，未履修の人はとりあえず無視して良い。

定数係数隣接 $k+1$ 項間線形斉次漸化式 $a_{n+k}=\sum_{i=0}^{k-1}p_i a_{n+i}$ は

$$\begin{pmatrix} a_{n+k} \\ a_{n+k-1} \\ \vdots \\ a_{n+1} \end{pmatrix} = \begin{pmatrix} p_{k-1} & p_{k-2} & \cdots & p_0 \\ 1 & 0 & \cdots & 0 \\ \vdots & \ddots & \ddots & \vdots \\ 0 & \cdots & 1 & 0 \end{pmatrix} \begin{pmatrix} a_{n+k-1} \\ a_{n+k-2} \\ \vdots \\ a_n \end{pmatrix}$$

という形で表現でき，これを $x_{n+1}=Ax_n$ と書くと，$x_n=A^n x_0$ となるから，結局 A^n を計算する問題に帰着する。漸化式の特性方程式と呼ばれるものは実は行列 A の特性方程式（固有方程式）$\det(\lambda I-A)=0$ と同じものであり，これが名前の由来である。これが重解をもたない場合，A の対角化により a_n は特性方程式の解の n 乗の線形結合となる。一般の場合，A は同伴行列（あるいはその転置）だから，各固有値 λ_i の幾何的重複度（＝ジョルダン細胞の個数）は1である。これとジョルダン細胞の n 乗の計算から，解空間は λ_i の代数的重複度を $m_i = m(\lambda_i)$ として $\{n^j \lambda_i^n\}_n$ $(0 \leq j \leq m_i - 1)$ たちで張られることが分かる。

同じことは定数係数 k 階線形斉次常微分方程式についても言える。これは

$$\begin{pmatrix} y^{(k)} \\ y^{(k-1)} \\ \vdots \\ y' \end{pmatrix} = \begin{pmatrix} p_{k-1} & p_{k-2} & \cdots & p_0 \\ 1 & 0 & \cdots & 0 \\ \vdots & \ddots & \ddots & \vdots \\ 0 & \cdots & 1 & 0 \end{pmatrix} \begin{pmatrix} y^{(k-1)} \\ y^{(k-2)} \\ \vdots \\ y \end{pmatrix}$$

のように k 元連立定数係数 1 階線形斉次常微分方程式 $z' = Az$ の形に書き直せる。テイラー写像 $T\colon \mathbb{C}[[t]] \to \mathbb{C}^{\mathbb{N}_0}; \sum_{n=0}^{\infty} \frac{a_n}{n!} x^n \mapsto \{a_n\}$（形式的冪級数に対してそれを指数型母関数にもつ数列を対応させる写像）は微分 $D\colon y \mapsto y'$ と左シフト作用素 $S\colon \{a_n\} \mapsto \{a_{n+1}\}$ の間の intertwiner であり（即ち $TD = ST$ を満たし），微分方程式の解空間 $\mathrm{Span}(\{x^j e^{\lambda x} \mid \lambda\colon A \text{ の固有値},\ j \in \{0,1,\ldots,m(\lambda)-1\}\})$ から漸化式の解空間への同型を与えるから，この手の漸化式の理論は線形常微分方程式論とも必然的にパラレルである。「なんとなく似ている」どころではなく，本当に文字通り「同型」がある。

高校数学で，定数係数 2 項間漸化式 $a_{n+1} = pa_n + q$ を解くときによく使われる $x = px + q$ という方程式も「特性方程式」と呼ばれることがあるが，これは特解を求めるための方程式であって，行列の特性方程式とは関係がない。高校数学で 3 項間漸化式を解く際に使われる特性方程式からの類推ないし混同からそう呼ばれているだけであって，正式な数学用語ではない。これらを指す「特性方程式」をそのまま characteristic equation と英訳してもおそらく海外では通じないだろう。1 次分数型漸化式 $a_{n+1} = (pa_n + q)/(ra_n + s)$ を解くために使われる $x = (px + q)/(rx + s)$ という方程式も「特性方程式」と呼ばれることがあるが，これも行列の特性方程式とは異なる。これに関しては一般線型群（正則行列全体が乗法に関してなす群）の一次分数変換による複素数体への作用：$(A, z) \mapsto A \circ z$ により漸化式が $a_{n+1} = A \circ a_n \therefore a_n = A^n \circ a_0$ と解け，$A = \begin{pmatrix} p & q \\ r & s \end{pmatrix}$ の固有ベクトルの成分の比が満たす方程式として $x = (px + q)/(rx + s)$ が出てくるが，固有値が満たす方程式，すなわち本来の意味での特性方程式は全く異なる式である。

チート解法② 行列のゴリゴリ計算（面倒）

(1) $$\begin{pmatrix} a_{n+1} \\ a_n \end{pmatrix} = \begin{pmatrix} 5 & -6 \\ 1 & 0 \end{pmatrix} \begin{pmatrix} a_n \\ a_{n-1} \end{pmatrix} = \cdots = \begin{pmatrix} 5 & -6 \\ 1 & 0 \end{pmatrix}^{n-1} \begin{pmatrix} a_2 \\ a_1 \end{pmatrix}$$

$$= \begin{pmatrix} 2 & 3 \\ 1 & 1 \end{pmatrix} \begin{pmatrix} 2 & 0 \\ 0 & 3 \end{pmatrix}^{n-1} \begin{pmatrix} -1 & 3 \\ 1 & -2 \end{pmatrix} \begin{pmatrix} 7 \\ 1 \end{pmatrix} = \begin{pmatrix} -2^{n+2} + 5 \cdot 3^n \\ -2^{n+1} + 5 \cdot 3^{n-1} \end{pmatrix}$$

$$\therefore a_n = 5 \cdot 3^{n-1} - 2^{n+1}.$$

(2) $\begin{pmatrix} a_{n+1}-1 \\ a_n - 1 \end{pmatrix} = \begin{pmatrix} 6 & -9 \\ 1 & 0 \end{pmatrix} \begin{pmatrix} a_n - 1 \\ a_{n-1} - 1 \end{pmatrix} = \cdots = \begin{pmatrix} 6 & -9 \\ 1 & 0 \end{pmatrix}^{n-1} \begin{pmatrix} a_2 - 1 \\ a_1 - 1 \end{pmatrix}$

$$= \left[\begin{pmatrix} 3 & 1 \\ 1 & 0 \end{pmatrix} \begin{pmatrix} 3 & 1 \\ 0 & 3 \end{pmatrix} \begin{pmatrix} 3 & 1 \\ 1 & 0 \end{pmatrix}^{-1} \right]^{n-1} \begin{pmatrix} 2 \\ 1 \end{pmatrix}$$

$$= \begin{pmatrix} 3 & 1 \\ 1 & 0 \end{pmatrix} \begin{pmatrix} 3^{n-1} & (n-1)\cdot 3^{n-2} \\ 0 & 3^{n-1} \end{pmatrix} \begin{pmatrix} 0 & 1 \\ 1 & -3 \end{pmatrix} \begin{pmatrix} 2 \\ 1 \end{pmatrix} = \begin{pmatrix} -(n-3)\cdot 3^{n-1} \\ -(n-4)\cdot 3^{n-2} \end{pmatrix}$$

$$\therefore a_n = -(n-4)\cdot 3^{n-2} + 1.$$

初項が a_1 で，2 行目に a_n をもってきているので $(n-1)$ 乗になる。大学数学では初項を a_0 とすることが多いが，高校数学では a_1 なので若干注意が必要である。$A = \begin{pmatrix} 5 & -6 \\ 1 & 0 \end{pmatrix}, \begin{pmatrix} 6 & -9 \\ 1 & 0 \end{pmatrix}$ に対し，$P^{-1}AP = J$ の形にジョルダン化し，$A^{n-1} = (PJP^{-1})^{n-1} = PJ^{n-1}P^{-1}$を利用して計算する。(1)は対角化可能である。変換行列 P やその逆行列を求めるのが面倒だが，2×2 行列なのでまだ楽である。(1)の係数行列の固有値 2 に対応する固有ベクトルを $(x, y)^{\mathrm{T}}$ とおくと，

$$(A-2I)\begin{pmatrix} x \\ y \end{pmatrix} = \begin{pmatrix} 3 & -6 \\ 1 & -2 \end{pmatrix} \begin{pmatrix} x \\ y \end{pmatrix} = \begin{pmatrix} 0 \\ 0 \end{pmatrix}$$

行基本変形（2 つの行を入れ替える，ある行を 0 でない定数倍する，ある行に別の行の定数倍を加えるという 3 種類のうちいずれかの操作）を何回か施すと，

$$\begin{pmatrix} 1 & -2 \\ 0 & 0 \end{pmatrix} \begin{pmatrix} x \\ y \end{pmatrix} = \begin{pmatrix} x - 2y \\ 0 \end{pmatrix} = \begin{pmatrix} 0 \\ 0 \end{pmatrix}$$

となる。具体的には 1 行目と 2 行目を入れ替えてから，新しい 2 行目から新しい 1 行目の 3 倍を引いた。この程度なら普通に連立方程式として解いてもさほど変わらない。$x = 2y$ が得られるので，固有ベクトルの一つとして $(2,1)^{\mathrm{T}}$ がとれる（固有値 2 の代数的重複度は 1 で幾何的重複度はそれ以下だから $(2,1)^{\mathrm{T}}$ と線形独立な固有ベクトルはもうない）。同様にして固有値 3 に対応する固有ベクトルの一つとして $(3,1)^{\mathrm{T}}$ がとれる。これを並べて P とする。

一般に，2 次正方行列 $X = \begin{pmatrix} a & b \\ c & d \end{pmatrix}$ の逆行列は $X^{-1} = (\det X)^{-1} \begin{pmatrix} d & -b \\ -c & a \end{pmatrix}$，$\det X = ad - bc$ によりすぐ求まる。より大きい行列では掃き出し法（横長の行列 $(X\ I)$ に行基本変形を施して $(I\ X^{-1})$ の形にする方法）で逆行列を求めるのが良い。

(2)は非同次項を巻き込んで漸化式を反復適用すると面倒になるので，非同次漸化式の特解を予め引いた $\{a_n - 1\}$ を考える。固有値が 3 のみで

$$\mathrm{Ker}(A-3I)=\mathrm{Ker}\begin{pmatrix}3 & -9\\ 1 & -3\end{pmatrix}=\left\{t\begin{pmatrix}3\\1\end{pmatrix}\;\middle|\; t\in\mathbb{C}\right\}$$

より幾何的重複度は1だから対角化不可能である。

$$(A-3I)\begin{pmatrix}x\\y\end{pmatrix}=\begin{pmatrix}3\\1\end{pmatrix}$$

となる広義固有ベクトル $(x,y)^{\mathrm{T}}$ を一つ求めて $(3,1)^{\mathrm{T}}$ の後ろに並べて P とする。

チート解法③ 両辺を片側 Z 変換にして整理して逆変換

(1) $a_0=-1/3$ として Z 変換すると $(3z^2-15z+18)A(z)=8z-z^2$.

$$\{a_n\}=\mathcal{Z}^{-1}[A]=\mathcal{Z}^{-1}\left[\frac{5}{3}\frac{z}{z-3}-\frac{2z}{z-2}\right]=\{5\cdot 3^{n-1}-2^{n+1}\}.$$

(2) $a_0=13/9$ として Z 変換すると $9(z-3)^2(z-1)A(z)=z(13z^2-73z+96)$.

$$\{a_n\}=\mathcal{Z}^{-1}[A]=\mathcal{Z}^{-1}\left[\frac{z}{z-1}+\frac{4}{9}\frac{z}{z-3}-\frac{1}{3}\frac{z}{(z-3)^2}\right]=\{1-(n-4)\cdot 3^{n-2}\}.$$

---

a_0 は漸化式から逆算する。シフトの法則 $\mathcal{Z}[\{x_{n+k}\}]=z^kX(z)-\sum_{i=0}^{k-1}x_iz^{k-i}$ を用いて漸化式の両辺を片側 Z 変換する。$\{a_n\}$ の Z 変換 $A(z)$ について解いた後，逆変換の公式が使えるように z 倍だけ残して部分分数分解する。

微分方程式をラプラス変換で解く方法の数列版である。

チート解法④ 通常型母関数をとる

(1) $a_0=-1/3$ とすると，$n=0$ も含めて漸化式が成り立つ。$\{a_n\}$ の母関数を $G(x)$ とすると，漸化式より

$$\frac{G(x)-a_0-a_1x}{x^2}=5\cdot\frac{G(x)-a_0}{x}-6\cdot G(x)$$

$$\therefore G(x)=\frac{(-5a_0+a_1)x+a_0}{6x^2-5x+1}=\frac{(8/3)x-(1/3)}{(2x-1)(3x-1)}=-\frac{2}{1-2x}+\frac{5/3}{1-3x}$$

$$=-2\sum_{n=0}^{\infty}2^nx^n+\frac{5}{3}\sum_{n=0}^{\infty}3^nx^n=\sum_{n=0}^{\infty}(-2^{n+1}+5\cdot 3^{n-1})x^n$$

$$\therefore a_n=-2^{n+1}+5\cdot 3^{n-1}.$$

(2) $a_0=13/9$ とすると，$n=0$ も含めて漸化式が成り立つ。$\{a_n\}$ の母関数を $G(x)$ とすると，漸化式より

$$\frac{G(x)-a_0-a_1x}{x^2}=6\cdot\frac{G(x)-a_0}{x}-9G(x)+\frac{4}{1-x}$$

$$\begin{aligned}\therefore G(x)&=\frac{(-6a_0+a_1-4)x^2+(7a_0-a_1)x-a_0}{(x-1)(3x-1)^2}=\frac{-96x^2+73x-13}{9(x-1)(3x-1)^2}\\&=\frac{5}{9(1-3x)}-\frac{1}{9(1-3x)^2}+\frac{1}{1-x}\\&=\frac{5}{9}\sum_{n=0}^{\infty}3^nx^n-\frac{1}{9}\sum_{n=0}^{\infty}(n+1)\cdot 3^nx^n+\sum_{n=0}^{\infty}x^n\\&=\sum_{n=0}^{\infty}\{(4-n)\cdot 3^{n-2}+1\}x^n\end{aligned}$$

$$\therefore a_n=(4-n)\cdot 3^{n-2}+1.$$

母関数をとる操作は線形写像だから，項ごとに母関数をとれば良い。a_0 を求めずに番号をずらしたものの母関数を考えても良いが，間違えやすくなる。何項間であっても，特性多項式（特性方程式の左辺）を χ とすると，$\chi(x^{-1})G(x)=P(x)$ となる。特性多項式の因数分解を $\chi(t)=(t-\lambda_1)^{m_1}\cdots(t-\lambda_\ell)^{m_\ell}$ とすると，斉次の場合，$G(x)$ について解いて部分分数分解したときの分母は $(1-\lambda_i x)^{m_i}$ たちになる。(2)のように非斉次の場合はこれと特解の母関数の和となる。

チート解法⑤ 指数型母関数で微分方程式に変換

(1) $a_0=-1/3$ とすると，$n=0$ も含めて漸化式が成り立つ。$\{a_n\}$ の指数型母関数を $y(x)$ とおく。漸化式の両辺の指数型母関数をとると $y''-5y'+6y=0$. これを解くと，$y(x)=C_1e^{2x}+C_2e^{3x}$. 初期条件 $y(0)=a_0=-1/3$, $y'(0)=a_1=1$ を満たすように定数 C_1, C_2 を定めると，

$$y(x)=-2e^{2x}+\frac{5}{3}e^{3x}=-2\sum_{n=0}^{\infty}\frac{2^n}{n!}x^n+\frac{5}{3}\sum_{n=0}^{\infty}\frac{3^n}{n!}x^n=\sum_{n=0}^{\infty}\frac{-2^{n+1}+5\cdot 3^{n-1}}{n!}x^n$$

$$\therefore a_n=-2^{n+1}+5\cdot 3^{n-1}.$$

(2) $a_0=13/9$ とすると，$n=0$ も含めて漸化式が成り立つ。$\{a_n\}$ の指数型母関数を $y(x)$ とおく。漸化式の両辺の指数型母関数をとると $y''-6y'+9y=4e^x$. これを解くと，$y(x)=C_1e^{3x}+C_2xe^{3x}+e^x$. 初期条件 $y(0)=a_0=13/9$, $y'(0)=a_1=2$ を満たすように定数 C_1, C_2 を定めると，

$$\begin{aligned}y(x)&=\frac{4}{9}e^{2x}-\frac{1}{3}xe^{3x}+e^x=\frac{4}{9}\sum_{n=0}^{\infty}\frac{3^n}{n!}x^n-\frac{1}{3}\sum_{n=1}^{\infty}\frac{3^{n-1}}{(n-1)!}x^n+\sum_{n=0}^{\infty}\frac{1}{n!}x^n\\&=\sum_{n=0}^{\infty}\frac{4\cdot 3^{n-2}-n\cdot 3^{n-2}+1}{n!}x^n\end{aligned}$$

$$\therefore a_n = (4-n)\cdot 3^{n-2}+1.$$

シフトした数列 $\{a_{n+1}\}$ の指数型母関数は $\{a_n\}$ の指数型母関数の微分である。これを利用すると微分方程式に変換できる。

チート解法⑥ シフト作用素の固有ベクトルの利用

数列に対する左シフト作用素 $S\colon \mathbb{C}^{\mathbb{N}} \to \mathbb{C}^{\mathbb{N}}; \{a_n\} \mapsto \{a_{n+1}\}$ を考える。

(1) 問題の漸化式は $(S^2-5S+6)\{a_n\} = (S-2)(S-3)\{a_n\} = 0$ と変形できる。

$$\begin{aligned}\{a_n\} \in \mathrm{Ker}(S-2)(S-3) &= \mathrm{Ker}(S-2) \oplus \mathrm{Ker}(S-3)\\ &= \mathrm{Span}(\{2^n\}) \oplus \mathrm{Span}(\{3^n\}) = \mathrm{Span}(\{2^n\},\{3^n\}).\end{aligned}$$

よって，ある定数 C_1, C_2 が存在して，$a_n = C_1\cdot 2^n + C_2\cdot 3^n$. 初期条件を満たすように C_1, C_2 を定めると，$a_n = -2^{n+1}+5\cdot 3^{n-1}$.

(2) $(S^2-6S+9)\{1\}_n = 4$ に注意する。$b_n := a_n - 1$ とおくと，問題の漸化式は $(S^2-6S+9)\{b_n\} = (S-3)^2\{b_n\} = 0$ と変形できる。

数列の積を項ごとの演算で定める。

$\{3^{-n}\}\cdot(S-3)^2\{c_n\} = (S-1)^2\{3^{-n}c_n\}$ $(\forall\{c_n\}\in\mathbb{C}^{\mathbb{N}})$ である。$S-1$ が差分作用素 Δ に一致し，$\Delta^{-1}1 = n + C$ であることに注意すると，

$$\begin{aligned}\{b_n\} \in \mathrm{Ker}(S-3)^2 &= \{\{3^n c_n\} \mid \{c_n\} \in \mathrm{Ker}(S-1)^2\}\\ &= \mathrm{Span}(\{3^n\},\{n\cdot 3^n\}).\end{aligned}$$

よって，ある定数 C_1, C_2 が存在して，$b_n = C_1\cdot 3^n + C_2 n\cdot 3^n$. 初期条件を満たすように C_1, C_2 を定めると，$b_n = (4/9)\cdot 3^n - (1/9)n\cdot 3^n$.

よって，$a_n = (4-n)\cdot 3^{n-2}+1$.

数列の空間は無限次元なので行列表示して固有ベクトルを求めることはできない。しかし，固有値や固有ベクトルという概念は依然として有効である。

一般の線形変換 $S\colon V\to V$ と，互いに素な 2 つの多項式 f_1, f_2 に対し，

$$\mathrm{Ker}(f_1(S)f_2(S)) = \mathrm{Ker}\, f_1(S) \oplus \mathrm{Ker}\, f_2(S)$$

が成立する。実際，f_1, f_2 が互いに素だから，ある多項式 g_1, g_2 が存在して，

$$g_1(S)f_1(S) + g_2(S)f_2(S) = 1$$

となる。ここから和が直であることと，$\forall x \in \mathrm{Ker}\bigl(f_1(S)f_2(S)\bigr)$ に対し，

$$x = g_1(S)f_1(S)x + g_2(S)f_2(S)x \in \mathrm{Ker}\, f_2(S) \oplus \mathrm{Ker}\, f_1(S)$$

であることが従う。逆の包含は自明である。これを繰り返し用いることで，

$$\mathrm{Ker}\prod_{i=1}^{\ell}(S-\lambda_i)^{m_i} = \bigoplus_{i=1}^{\ell}\mathrm{Ker}(S-\lambda_i)^{m_i}$$

が言える。数列全体の空間 $K^{\mathbb{N}}$ 上の左シフト作用素は係数体 K に属する全ての

スカラー λ を固有値にもち，固有ベクトルは冪列 $\{\lambda^n\}$ である。(ただし，固有値は考える空間によって異なり，例えば S を絶対値の $p(>1)$ 乗和が有限な複素数列全体の空間 ℓ^p 上に制限すると固有値全体（点スペクトル）は単位開円板 $|\lambda|<1$ となり，$|\lambda|=1$ は連続スペクトルと呼ばれる固有値もどきからなる集合になる。)

(2)は S の固有ベクトルではなく広義固有ベクトルも求める必要がある。ここでは常微分方程式を解くために用いられる微分演算子法のアナロジーを考える。任意の $\{c_n\}$ に対し，二項展開して直接計算するか m に関する帰納法で，

$$\{\lambda^{-n}\}\times(S-\lambda)^m\{c_n\}=(S-1)^m\{\lambda^{-n}c_n\}$$

が分かる。ここで，数列の積は項ごとの積である。$S-1$ は（前進）差分作用素に一致する。この逆作用素は普通の意味では定義されないが，不定和分は和分定数の任意性を除いて（定数を法として）定まるのであった。定数の不定和分は1次式だから，これを繰り返すと，$(S-1)^{-m}$ は $m-1$ 次多項式を法として定まる。すなわち，$\mathrm{Ker}(S-1)^m$ は $m-1$ 次多項式全体からなる集合である。よって，

$$\begin{aligned}\mathrm{Ker}(S-\lambda)^m&=\mathrm{Ker}[(S-1)^m\circ(\{\lambda^{-n}\}\times\cdot\,)]=(\{\lambda^n\}\times\cdot\,)(\mathrm{Ker}(S-1)^m)\\&=(\{\lambda^n\}\times\cdot\,)(\mathrm{Span}(\{1\},\{n\},\{n^2\},\dots,\{n^{m-1}\}))\\&=\mathrm{Span}(\{\lambda^n\},\{n\cdot\lambda^n\},\{n^2\cdot\lambda^n\},\dots,\{n^{m-1}\cdot\lambda^n\}).\end{aligned}$$

一般に任意の線形写像 $T\colon V\to W$ は（終域を制限すれば）核を法として可逆である。正確には線形写像 $\bar{T}\colon V/\mathrm{Ker}\,T\to\mathrm{Im}\,T\,;v+\mathrm{Ker}\,T\mapsto Tv$ が well-defined で線形同型を与える。ここで，V/N は $v\sim w :\Longleftrightarrow v-w\in N$ なる V 上の同値関係に関する商集合に代表元の演算による線形空間の構造を入れた空間を表し，商線形空間と呼ばれる。同様の同型の存在はより一般の代数系についても成り立ち，第一同型定理と呼ばれる。「単射にならなさ」（核）をつぶしているので，ある意味，単射になって当たり前である。

チート解法⑦ 差分演算子と不定和分の利用

(2) 問題の漸化式は $(S^2-6S+9)\{a_n\}=(S-3)^2\{a_n\}=4$ と変形できる。

$\{3^{-n}\}\cdot(S-3)^2\{a_n\}=(S-1)^2\{3^{-n}a_n\}$に注意すると，

$$(S-1)^2\{3^{-n}a_n\}=4\cdot3^{-n}$$

ここで，$S-1$ が差分作用素に一致することに注意すると，

$$\begin{aligned}a_n&=3^n\sum_n\sum_n 4\cdot3^{-n}=3^n\sum_n(2\cdot3^{-n}+C_1)=3^n\cdot(3^{-n}+C_1n+C_2)\\&=1+C_1n\cdot3^n+C_2\cdot3^n.\end{aligned}$$

ここで，C_1,C_2 は和分定数である。

初期条件からこれを定めると，$a_n=1+(4-n)\cdot3^{n-2}$.

非斉次項を消さないで，代わりに直接不定和分を計算しても良い。荒っぽく書けば，多項式 f に対して，

$$\frac{1}{f(S-\lambda)} = \{\lambda^n\} \cdot \frac{1}{f(S-1)}[\{\lambda^{-n}\} \cdot \{c_n\}]$$

ということである。これは多項式 f に対して $e^{-\alpha x} f(D-\alpha)y = f(D)(e^{-\alpha x}y)$ であることから従う微分演算子法の公式

$$\frac{1}{f(D)} g(x) = e^{-\alpha x} \frac{1}{f(D-\alpha)}[e^{\alpha x} g(x)]$$

のアナロジーである。これや，ここから得られる $(D-\alpha)^{-n} e^{\alpha x} = (1/n!) x^n e^{\alpha x}$，$f(D)^{-1} e^{\alpha x} = f(\alpha)^{-1} e^{\alpha x}$ $(f(\alpha) \neq 0)$，形式的な部分分数分解，非斉次項が多項式の場合に強力な展開公式 $(1-aD)^{-1} = 1 + aD + a^2D^2 + a^3D^3 + \cdots$ などを用いて定数係数非斉次線形常微分方程式の特解を得ることができるが，実際には微分演算子 D の多項式の逆作用素は対応する斉次方程式の一般解（余解）を法としてしか定まっていない。微分演算子法は逆作用素を逆数の如く書くことからも察するように，あくまで発見法的なものであり，厳密性が求められる文脈ではあまり使われない。実際に特解が上手く具体的に求まる非斉次項の形も指数関数（複素で見るので三角関数も含む）や多項式，それらの積など割と限定的である。しかし，上手く使えばこれらに対しては計算が素早くできるので有用である。

微分演算子やシフト演算子の多項式を考えるメリットとしては，因数分解が利用できるというのも大きい。例えば，$f(\lambda) = g(\lambda)h(\lambda)$ が特性多項式の因数分解であるとき，$\{b_n\} := h(S)\{a_n\}$ とおくと，漸化式 $f(S)\{a_n\} = c_n$ はより項の少ない漸化式 $g(S)\{b_n\} = c_n$ に書き換えられ，$\{b_n\}$を経由して特解が求まる。

問題

数列$\{a_n\}, \{b_n\}$を

$$a_1 = 5, \quad a_{n+1} = \frac{4a_n - 9}{a_n - 2}, \quad b_n = \frac{a_1 + 2a_2 + \cdots + na_n}{1 + 2 + \cdots + n} \ (n = 1, 2, \ldots)$$

と定める。

(1) $\{a_n\}$の一般項を求めよ。

(2) 全ての n に対して $b_n \leq 3 + \dfrac{4}{n+1}$ が成り立つことを示せ。

(3) 極限値 $\lim_{n\to\infty} b_n$ を求めよ。

（東工大 2015）

正攻法

(1) まず，$x=\dfrac{4x-9}{x-2}$ を満たす x を求める。$(x-3)^2=0$ より $x=3$ (重解).

$c_n=a_n-3$ とすると，

$$c_{n+1}=a_{n+1}-3=\frac{4a_n-9}{a_n-2}-3=\frac{a_n-3}{a_n-2}=\frac{c_n}{c_n+1}$$

$d_n=1/c_n$ とすると，

$$d_{n+1}=\frac{1}{c_{n+1}}=\frac{c_n+1}{c_n}=1+\frac{1}{c_n}=d_n+1$$

$$\therefore d_n=d_1+\sum_{n=1}^{n-1}1=\frac{1}{a_1-3}+(n-1)=\frac{2n-1}{2}$$

$$\therefore a_n=\frac{1}{d_n}+3=\frac{6n-1}{2n-1}$$

(2) b_nの分子は

$$\sum_{k=1}^{n}ka_k=\sum_{k=1}^{n}\frac{k(6k-1)}{2k-1}=\sum_{k=1}^{n}\left(1+3k+\frac{1}{2k+1}\right)$$

$$=n+\frac{3}{2}n(n+1)+\sum_{k=1}^{n}\frac{1}{2k-1}$$

$$\therefore b_n=\frac{n+\frac{3}{2}n(n+1)+\sum_{k=1}^{n}\frac{1}{2k-1}}{\frac{1}{2}n(n+1)}=3+\frac{2}{n+1}+\frac{2}{n(n+1)}\sum_{k=1}^{n}\frac{1}{2k-1}$$

$$\leq 3+\frac{2}{n+1}+\frac{2}{n(n+1)}\sum_{k=1}^{n}1=3+\frac{4}{n+1}$$

(3) (2)の途中の計算より，$b_n=3+\dfrac{2}{n+1}+\dfrac{2}{n(n+1)}\displaystyle\sum_{k=1}^{n}\frac{1}{2k-1}\geq 3.$

(2)より，$b_n\leq 3+\dfrac{4}{n+1}$ $(n=1,2,\dots)$. また，$3+\dfrac{4}{n+1}\to 3$ $(n\to\infty)$.

よって，はさみうちの原理より，$b_n\to 3$ $(n\to\infty)$.

一次分数型漸化式 $a_{n+1}=(pa_n+q)/(ra_n+s)$ は，$x=(px+q)/(rx+s)$ の解 $x=\alpha,\beta$ に対して $c_n=a_n-\alpha$ とおけば，

$$c_{n+1}=\frac{pa_n+q}{ra_n+s}-\frac{p\alpha+q}{r\alpha+s}=\frac{(ps-qr)(a_n-\alpha)}{(r\alpha+s)\{r(a_n-\alpha)+r\alpha+s\}}$$

$$=\frac{(ps-qr)c_n}{r(r\alpha+s)c_n+(r\alpha+s)^2}$$

となるから，分子の定数項が 0 の場合に帰着する。分子の定数項が 0 の場合は逆数をとると所謂「特性方程式型」の 2 項間漸化式になるのですぐ解ける。x に関する 2 次方程式が重解をもたない場合は，2 つ式を作って比をとると

$$\frac{a_{n+1}-\alpha}{a_{n+1}-\beta}=\frac{r\beta+s}{r\alpha+s}\cdot\frac{a_n-\alpha}{a_n-\beta}$$

となるから，等比数列型に帰着させるという別解も考えられるが，本問は重解の場合なので使えない。

上の x に関する 2 次方程式も「特性方程式」と呼ばれることがあるが，一次分数変換に対応する自然な行列の特性方程式とは一致しないので注意。

(2) で上手い変形に気付かなかった場合は一般項を予想して帰納法でそれが正しいことを証明するという手もある。本問に限らず，漸化式の一般項を求める問題に対する最終手段として常に帰納法が存在する。例えば，前問（3 項間漸化式の問題）に対する チート解法① で必要性・十分性を確認する代わりに帰納法を用いても高校数学の範囲内での厳密な解答となる。ただし，背景知識がないと一般項を予想するのは難しいかもしれない。一次分数型漸化式の一般項は，いわゆる「特性方程式」が重解をもたない場合は分子・分母が共に同じ定数 R に対する R^n の 1 次式である分数，重解をもつ場合は分子・分母が共に n の 1 次式である分数となることは知っておくと良いかもしれない。

チート解法　一般線型群のメビウス変換による作用（面倒）

(1) 正則行列 $A=\begin{pmatrix}p&q\\r&s\end{pmatrix}$ と複素数 z に対し，$A*z=\dfrac{pz+q}{rz+s}$ とおく。任意の正則行列 A,B に対し，$A*(B*z)=(AB)*z$ が成分計算で確かめられる。$\{a_n\}$の漸化式は $C:=\begin{pmatrix}4&-9\\1&-2\end{pmatrix}$ により $a_{n+1}=C*a_n$ と書ける。よって，

$$\begin{aligned}a_n=C^{n-1}*a_1&=\left\{\begin{pmatrix}3&1\\1&0\end{pmatrix}\begin{pmatrix}1&1\\0&1\end{pmatrix}\begin{pmatrix}3&1\\1&0\end{pmatrix}^{-1}\right\}^{n-1}*a_1\\&=\begin{pmatrix}3&1\\1&0\end{pmatrix}\begin{pmatrix}1&n-1\\0&1\end{pmatrix}\begin{pmatrix}0&1\\1&-3\end{pmatrix}*a_1=\begin{pmatrix}3n-2&-9n+9\\n-1&-3n+4\end{pmatrix}*5=\frac{6n-1}{2n-1}\end{aligned}$$

(2) 正攻法 と同様。

(3) シュトルツ・チェザロの定理より，

$$\lim_{n\to\infty}\frac{a_1+2a_2+\cdots+na_n}{1+2+\cdots+n}=\lim_{n\to\infty}\frac{na_n}{n}=\lim_{n\to\infty}\frac{6n-1}{2n-1}=3.$$

この$\{a_n\}$の漸化式の右辺のように，分子・分母が一次式であるような定数でな

い分数関数を一次分数変換（メビウス変換）と言う。これは線形写像ではないが，行列を使って記述することができる。

前問の解説でも述べた通り，2 次一般線型群 $\mathrm{GL}(2,\mathbb{C})$（2 次正則行列全体が乗法に関してなす群）はこのようにして一次分数変換により複素数体へ作用する。ただし，行列を定数倍しても同じ一次分数変換を定めるので，一次分数変換全体と一対一に対応するのは一般線型群を単位行列の定数倍の空間で割って得られる一般射影線型群 $\mathrm{PGL}(2,\mathbb{C})$ である。

正攻法で出てきた 3 は C の固有値ではなく，ジョルダン標準形を求めるのには使えない。「特性方程式」というネーミングに騙されないように注意。

変換行列の計算は面倒なので，(1) は**正攻法**で解いた方が速い。

メビウス変換は高校数学における複素数平面の分野でもよく題材にされる。円円対応（$\mathbb{C}$ 上の円・直線を円または直線に写す）という性質は覚えておくと良い。直線は半径が無限大の円と見做せる。z が円を動くときの $A*z$ の軌跡は逆像法とアポロニウスの円を利用すると素早く求まる。メビウス変換は複素数倍（回転，相似変換），逆数をとる操作（単位円に関する反転変換と実軸に関する対称移動の合成），平行移動の合成で書け，それぞれの円円対応はほぼ自明だから一般のメビウス変換の円円対応も従う。

線型代数の応用例として漸化式を扱ったが，線形代数の考え方は他にも高校数学の様々な場面で活躍する。例えば，期待値や微分，lim，$\sum$，$\int$ などの操作は定義域と終域を適切に定めれば線形写像となる。

7 チェビシェフ多項式

コサインの倍角の公式，3 倍角の公式，倍角の公式を 2 回用いて得られる「4 倍角の公式」，倍角と 3 倍角から得られる「5 倍角の公式」は，それぞれ

$$\cos 2\theta = 2\cos^2\theta - 1,\quad \cos 3\theta = 4\cos^3\theta - 3\cos\theta,$$
$$\cos 4\theta = 8\cos^4\theta - 8\cos^2\theta + 1,\quad \cos 5\theta = 16\cos^5\theta - 20\cos^3\theta + 5\cos\theta$$

という形をしている。一般に，各自然数 n に対して，ある n 次多項式 $T_n(x)$ が存在して，任意の角 θ に対して，$\cos n\theta = T_n(\cos\theta)$となることが n に関する帰納法で分かる。つまり，**コサインの n 倍角の公式はコサインだけの多項式で書ける**。この $T_n(x)$ を n **次の（第一種）チェビシェフ多項式**という。同様に，$\sin n\theta = U_{n-1}(\cos\theta)\sin\theta$ となる $n-1$ 次多項式 $U_{n-1}(x)$ が存在し，**第二種チェビシェフ多項式**という。代表的な性質をいくつか列挙しておく：

1. $T_{n+1}(x) = 2xT_n(x) - T_{n-1}(x)$, $U_{n+1}(x) = 2xU_n(x) - U_{n-1}(x)$ $(n \geq 1)$.
2. $T_n(x)$ は整数係数で，最高次（n 次）の項の係数は 2^{n-1} $(n \geq 1)$.
3. $T_n(x)$ の定数項は n が奇数のとき 0，偶数のとき $(-1)^{n/2}$.
4. $T_n'(x) = nU_{n-1}(x)$, $T_n(-x) = (-1)^n T_n(x)$（偶関数か奇関数）。
5. $T_n(x) = 0$ の解は $x = \cos((2k-1)\pi/(2n))$ $(k = 1,2,\dots,n;\ n \geq 1)$.
6. $T_n(x)$は閉区間 $[-1,1]$ に $n+1$ 個の極値点 $x_k = \cos(k\pi/n)$ $(k = 0,1,\dots,n)$ をもち，極値は $T_n(x_k) = (-1)^k$ $(n \geq 1)$.
7. 閉区間 $[-1,1]$ における最大偏位（絶対値の最大値）が最小$(=1)$となる最高次の項の係数が 2^{n-1} の n 次多項式は T_n のみ。（ミニマックス原理）
8. $\{T_n\}$は区間 $[-1,1]$ における重み$(1-x^2)^{-1/2}$の直交多項式系をなす：
$$\int_{-1}^{1} T_n(x)T_m(x)\cdot\frac{1}{\sqrt{1-x^2}}dx = \begin{cases}\pi/2 & (n = m \geq 1)\\ \pi & (n = m = 0)\\ 0 & (n \neq m)\end{cases}$$
更に，正規直交多項式列の一意性から上を満たす n 次多項式は T_n のみ。従って，$\{x^n\}$に対するグラム・シュミットの直交化法でも T_n が求まる。
9. $\left\{\sqrt{2/\pi}\, U_n\right\}$は区間 $[-1,1]$ における重み$(1-x^2)^{1/2}$の正規直交多項式系。
10. $f(x) = x^n$ の閉区間 $[-1,1]$ における $n-1$ 次の一様最良近似多項式，即ち $\max_{[-1,1]}|f-g|$が最小となる $n-1$ 次多項式 g に対し，$T_n(x) = x^n - g(x)$.
11. $(1-x^2)T_n''(x) - xT_n'(x) + n^2T_n(x) = 0$（チェビシェフの微分方程式）
$\sqrt{1-x^2}\,U_n(x)$ は同じ微分方程式のそれと線形独立な解である。
12. $(1-x^2)T_n'(x) = n\sqrt{1-x^2}\sin(n\arccos x) = (n/2)(T_{n-1}(x) - T_{n+1}(x)) =$

$n(xT_n(x)-T_{n+1}(x))$ ($\because T_k(x)=\cos(k\arccos x)$と漸化式). ここから,

$$T_{n\pm 1}(x)=\left[x\mp\frac{1}{n}(1-x^2)\frac{d}{dx}\right]T_n(x)\ (\text{昇降演算子}).$$

13. 母関数

$$\sum_{n=0}^{\infty}T_n(x)t^n=\frac{1-tx}{1-2tx+t^2},\quad \sum_{n=0}^{\infty}U_n(x)t^n=\frac{1}{1-2tx+t^2}.$$

14. 指数型母関数

$$\sum_{n=0}^{\infty}\frac{1}{n!}T_n(x)t^n=e^{tx}\cosh\left(t\sqrt{x^2-1}\right).$$

15. 第二種チェビシェフ多項式とディリクレ核D_nとの関係

$$D_n(\theta):=1+2\sum_{k=1}^{n}\cos k\theta=\frac{\sin\left((n+1/2)\theta\right)}{\sin(\theta/2)}=U_{2n}\left(\cos\frac{\theta}{2}\right).$$

16. ド・モアブルの定理と二項展開から得られる一般項（正に n 倍角の公式）

$$T_n(x)=\sum_{k=0}^{\lfloor n/2\rfloor}{}_nC_{2k}(x^2-1)^k x^{n-2k},\quad U_n(x)=\sum_{k=0}^{\lfloor n/2\rfloor}{}_{n+1}C_{2k+1}(x^2-1)^k x^{n-2k}.$$

17. 積和の公式から従う乗法関係式 $2T_n(x)T_m(x)=T_{n+m}(x)+T_{|n-m|}(x)$.
18. チェビシェフ補間で有用な離散直交関係（$\{x_k\}$は $T_n(x)=0$ の解）

$$\sum_{k=0}^{n-1}T_i(x_k)T_j(x_k)=\frac{n}{2}\delta_{ij}\ \left(x_k=\cos\left(\frac{(2k-1)\pi}{2n}\right);\ i,j\in\{1,2,\dots,n-1\}\right).$$

19. 不定積分

$$\int T_n(x)dx=\frac{1}{2}\left(\frac{T_{n+1}}{n+1}-\frac{T_{n-1}}{n-1}\right)+C,\quad \int U_n(x)dx=\frac{T_{n+1}}{n+1}+C.$$

20. 次数 n 以下の多項式 p に対し，$\max_{[-1,1]}|p^{(k)}|\leqq\max_{[-1,1]}\left|T_n^{(k)}\right|\cdot\max_{[-1,1]}|p|$. 等号成立条件は $p=\pm T_n$ である（マルコフ兄弟の不等式）。なお,

$$\max_{[-1,1]}|T_n^{(k)}|=\frac{\prod_{m=0}^{k-1}(n^2-m^2)}{1\cdot 3\cdot 5\cdots(2k-1)}.$$

多項式の一様ノルムの T_n による評価には他に Remez の不等式もある。
21. 任意の自然数 n,m に対して$f_n(x)$が n 次モニック多項式で，$f_n\left(f_m(x)\right)=f_{nm}(x)$が成り立つとき，$f_n(x)=x^n$ $(\forall n)$または$f_n(x)=2T_n(x/2)$ $(\forall n)$.

※「モニック」とは，最高次の項の係数が 1 であること。

22. $\Psi_n(x)$を $2\cos(2\pi/n)$ の $\mathbb{Q}$ 上の最小多項式とすると，$\Psi_{2^{k+1}}(2x)=2T_{2^{k-1}}(x)$. つまり，2 の累乗次のチェビシェフ多項式は既約である。(より一般に，φ をオイラーのトーシェント関数とすると $\deg\Psi_n=\varphi(n)/2$ である)

※「既約」とは，2 つの 1 次以上の有理数係数多項式の積の形に因数分解できないこと。

T_nとU_nの漸化式が同じなのはコピペして変え忘れた誤植ではなく，和積の公式から分かるように本当にそうである。隣接 3 項間であり，$T_0(x)=U_0(x)=1$ だが，$T_1(x)=x, U_1(x)=2x$ なので，それ以降違いが生じる。隣接 3 項間漸化式は一般に解けるので，チェビシェフ多項式の一般項の平方根の入った表示も求まるが，フィボナッチ数列と同様に複雑すぎて実用性はない。

全て覚える必要はないが，1〜6 くらいなら瞬時に導けるようにしておきたい。

これらを証明するのは帰納法や三角関数の性質を使う良い練習問題になるどころか，それ自体が大学入試で問われることも多い。例えば，2008 年慶應義塾大学医学部では $T_n(x)$ の極大点の座標，2017 年早稲田大学商学部では漸化式と最高次係数，1995 年熊本大学では $T_4(x)$ のミニマックス原理が出題されている。$k=1$，$n=2$ に対するマルコフ兄弟の不等式の証明問題は 1981 年学習院大学文系，1990 年大阪教育大学，1988 年東京工業大学で出題されている。漸化式から定まる多項式が T_n に一致することを問う問題や，コサインの和や積の特殊値を求める問題も頻出である。また，3 次のチェビシェフ多項式は思わぬ所に現れることがあるので，大学受験生は 3 倍角の公式を使う場合以外でもこの形にピンとくるようにしておいて損はない。

問題

多項式 $f_1(x), f_2(x), \ldots$ および $g_1(x), g_2(x), \ldots$ を次の手順により定める。

(a)　$f_1(x)=x$，$g_1(x)=1$

(b)　$f_n(x), g_n(x)$が定まったとき，$\begin{cases} f_{n+1}(x)=xf_n(x)+(x^2-1)g_n(x) \\ g_{n+1}(x)=f_n(x)+xg_n(x) \end{cases}$

このとき，以下の問いに答えよ。

(1)　$f_2(x), g_2(x)$ および $f_3(x), g_3(x)$ を求めよ。

(2)　自然数 n に対して，等式 $\{f_n(x)\}^2-(x^2-1)\{g_n(x)\}^2=1$ を証明せよ。

(3)　自然数 n に対して，$\begin{cases} f_n(\cos\theta)=\cos n\theta \\ g_n(\cos\theta)\sin\theta=\sin n\theta \end{cases}$ を証明せよ。

（埼玉大 2008）

正攻法

(1)　真面目に漸化式から次々と求める。略。

(2)　$\{f_{n+1}(x)\}^2-(x^2-1)\{g_{n+1}(x)\}^2$に漸化式を代入すると，余計な項が打ち消し合って結局$\{f_n(x)\}^2-(x^2-1)\{g_n(x)\}^2$に一致する（詳細略）ので，

$$\{f_n(x)\}^2-(x^2-1)\{g_n(x)\}^2=\{f_{n-1}(x)\}^2-(x^2-1)\{g_{n-1}(x)\}^2=\cdots$$
$$=\{f_1(x)\}^2-(x^2-1)\{g_1(x)\}^2=x^2-(x^2-1)=1.$$

(3) 帰納法。略。

チート解法 チェビシェフ多項式と悟って天下り

(1) $T_n(x)$を n 次の第一種チェビシェフ多項式，$U_n(x)$を n 次の第二種チェビシェフ多項式とする。

$$\begin{aligned}T_{n+1}(\cos\theta)&=\cos(n+1)\theta=\cos\theta\cos n\theta-\sin\theta\sin n\theta\\&=\cos\theta\,T_n(\cos\theta)-\sin^2\theta\,U_n(\cos\theta)\\&=\cos\theta\,T_n(\cos\theta)+(\cos^2\theta-1)U_n(\cos\theta),\\U_n(\cos\theta)\sin\theta&=\sin n\theta=\sin\theta\cos n\theta+\cos\theta\sin n\theta\\&=(T_n(\cos\theta)+\cos\theta\,U_{n-1}(\cos\theta))\sin\theta\end{aligned}$$

より，$f_n=T_n, g_n=U_{n-1}$は漸化式を満たす。初期条件も満たすので，漸化式の解の一意性からこれに決まる。倍角の公式，および 3 倍角の公式から，

$$f_2(x)=2x^2-1,\quad g_2(x)=2x,\quad f_3(x)=4x^3-3x,\quad g_3(x)=4x^2-1.$$

g_3 は $\sin3\theta=3\sin\theta-4\sin^3\theta=\sin\theta\cdot(3-4(1-\cos^2\theta))=\sin\theta\,(4\cos^2\theta-1)$ という変形も用いて求めた。

(2) $x=\cos\theta$ とおくと，

$$\begin{aligned}\{f_n(x)\}^2-(x^2-1)\{g_n(x)\}^2&=\{T_n(x)\}^2+(1-x^2)\{U_{n-1}(x)\}^2\\&=\{T_n(\cos\theta)\}^2+\sin^2\theta\,\{U_{n-1}(\cos\theta)\}^2=\cos^2 n\theta+\sin^2 n\theta=1.\end{aligned}$$

一致の定理より，これは実数 θ が存在するような範囲 $-1\leq x\leq1$ に限らず成立する。

(3) T_n, U_nの定義から明らか。

---

(3) で示せと言われている式から，見るからにチェビシェフ多項式である。これを先に踏まえて $x=\cos\theta$ と見れば，一見意味不明だった他の式は**三角関数の加法定理や倍角の公式でしかない**と気付く。これを正当化する。

(2) は $x=\cos\theta$ なら $-1\leq x\leq1$ でしか成り立たないのでは？と思うかもしれないが，**0 でない幅のある区間で等しければ多項式関数としても等しい**ことが複素解析の「一致の定理」から従うので実は大丈夫である。

一致の定理

複素数平面内の領域 D で正則（複素微分可能）な複素関数 f,g が D 内に集積点をもつような D の部分集合上で一致すれば，D 全体で一致する。

多項式関数は複素数平面全体で正則であり，少なくとも相異なる項からなる収

束列を含んでいる集合は集積点をもつので，今回のケースに適用できる。一致の定理は非常に強く，つい頼ってしまいがちなのだが，この程度の問題で持ち出すのはオーバーキルである。一致の定理まで使わなくても，**$m+1$ 個の相異なる点で値が等しい m 次多項式は一意に定まる**という事実を用いれば十分である。何故なら，(2) の左辺の多項式が何次であろうと $-1 \leq x \leq 1$ に属する無限個の相異なる点で 1 に等しければ恒等的に 1 に等しいことが言えるからである。これも高校範囲を逸脱するが，ファンデルモンドの行列式を用いて容易に示せる：実際，相異なる点 $x_1, x_2, \ldots, x_{m+1}$ と，多項式$f(x) = a_m x^m + a_{m-1}x^{m-1} + \cdots + a_0$ の値 $y_1 = f(x_1), y_2 = f(x_2), \ldots, y_{m+1} = f(x_{m+1})$ が与えられたとき，

$$\begin{pmatrix} 1 & x_1 & x_1^2 & \cdots & x_1^m \\ 1 & x_2 & x_2^2 & \cdots & x_2^m \\ \vdots & \vdots & \vdots & \ddots & \vdots \\ 1 & x_{m+1} & x_{m+1}^2 & \cdots & x_{m+1}^m \end{pmatrix} \begin{pmatrix} a_0 \\ a_1 \\ \vdots \\ a_m \end{pmatrix} = \begin{pmatrix} y_1 \\ y_2 \\ \vdots \\ y_{m+1} \end{pmatrix}$$

であり，係数行列はファンデルモンド行列となる。因数定理から，その行列式は差積$\prod_{1 \leqq i < j \leqq m+1}(x_j - x_i)$であり，$x_1, x_2, \ldots, x_{m+1}$が全て異なるから 0 ではない。よって，係数行列の逆行列を掛けることで $a_0, a_1, \ldots, a_m$ は一意に定まる。

問題

$\cos\dfrac{2\pi}{7} + \cos\dfrac{4\pi}{7} + \cos\dfrac{6\pi}{7}$ を求めよ。

（東京慈恵会医大 2008，慶応大理工 2007　誘導略）

解法①

$\theta \in \{2\pi/7, 4\pi/7, 6\pi/7\}, x = \cos\theta$ とすると，$\cos 4\theta = \cos 3\theta$ より，

$$2(2x^2-1)^2 - 1 = \cos(2 \cdot 2\theta) = \cos 4\theta = \cos 3\theta = 4x^3 - 3x$$

$$8x^4 - 8x^2 + 1 = 4x^3 - 3x$$

$$(x-1)(8x^3 + 4x^2 - 4x - 1) = 0$$

$\theta \notin 2\pi\mathbb{Z}$ より，$8x^3 + 4x^2 - 4x - 1 = 0$. よって，解と係数の関係より，

$$\cos\frac{2\pi}{7} + \cos\frac{4\pi}{7} + \cos\frac{6\pi}{7} = -\frac{4}{8} = -\frac{1}{2}.$$

同じく解と係数の関係から $\cos\dfrac{2\pi}{7}\cos\dfrac{4\pi}{7}\cos\dfrac{6\pi}{7} = \dfrac{1}{8}$ も得られる。

同様に，$\theta \in \{\pi/7\,, 3\pi/7\,, 5\pi/7\} \Rightarrow \cos 4\theta = -\cos 3\theta$ からは次が得られる。

$$\cos\frac{\pi}{7} + \cos\frac{3\pi}{7} + \cos\frac{5\pi}{7}\left(= \cos\frac{\pi}{7} - \cos\frac{2\pi}{7} + \cos\frac{3\pi}{7}\right) = \frac{1}{2}.$$

解法②

$z = \cos\frac{2\pi}{7} + i\sin\frac{2\pi}{7}\,(= e^{2\pi i/7})$ とおく。$z^7 = 1, z \neq 1$ より，

$$(z-1)(z^6+z^5+z^4+z^3+z^2+z+1) = 0$$
$$z^6+z^5+z^4+z^3+z^2+z+1 = 0$$
$$\mathrm{Re}(z^6+z^5+z^4+z^3+z^2+z+1) = 0$$
$$2\left(\frac{z+z^6}{2} + \frac{z^2+z^5}{2} + \frac{z^3+z^4}{2}\right) + 1 = 0$$
$$2\left(\frac{z+\bar{z}}{2} + \frac{z^2+\overline{z^2}}{2} + \frac{z^3+\overline{z^3}}{2}\right) + 1 = 0$$
$$2\left(\cos\frac{2\pi}{7} + \cos\frac{4\pi}{7} + \cos\frac{6\pi}{7}\right) + 1 = 0$$
$$\therefore \cos\frac{2\pi}{7} + \cos\frac{4\pi}{7} + \cos\frac{6\pi}{7} = -\frac{1}{2}.$$

問題

$\cos\frac{\pi}{10}$ を求めよ。

（横浜市立大医　2007　誘導略）

解法

$x = \cos(\pi/10)$ とおくと，$T_5(x) = 16x^5 - 20x^3 + 5x = x(16x^4 - 20x^2 + 5) = 0$

$$\therefore x = 0, \pm\frac{\sqrt{10 \pm 2\sqrt{5}}}{4}\ (\text{複号任意})$$

$\cos(\pi/10) > 0$ であり，$\cos(3\pi/10) < \cos(\pi/10)$ も同じ方程式を満たすから，

$$\cos\frac{3\pi}{10} = \frac{\sqrt{10-2\sqrt{5}}}{4},\quad \cos\frac{\pi}{10} = \frac{\sqrt{10+2\sqrt{5}}}{4}.$$

三角関数の特殊値を誘導付きで求めさせる定期試験・入試頻出問題には他に，

$\sin 3\theta = \sin 2\theta$ から $\cos\dfrac{\pi}{5} = \dfrac{1+\sqrt{5}}{4}$, $\sin 3\theta = \cos 2\theta$ から $\sin\dfrac{\pi}{10} = \dfrac{-1+\sqrt{5}}{4}$ 等があある。また，本問の類題として 1996 年京大後期文系には解と係数の関係から $\cos\dfrac{\pi}{10}\cos\dfrac{3\pi}{10}\cos\dfrac{7\pi}{10}\cos\dfrac{9\pi}{10} = \dfrac{5}{16}$ を示す問題も出題された。

問題

連立方程式 $\begin{cases} y = 2x^2 - 1 \\ z = 2y^2 - 1 \cdots (*) \\ x = 2z^2 - 1 \end{cases}$ を考える。

(1) $(x, y, z) = (a, b, c)$ が$(*)$の解であるとき，$|a| \leqq 1, |b| \leqq 1, |c| \leqq 1$ を示せ。

(2) $(*)$は全部で 8 個の相異なる実数解をもつことを示せ。

（京大 1997）

2 次，4 次，8 次のチェビシェフ多項式が現れることにピンとくるかどうか。

解法

(1) $|a| > 1$ と仮定する。$b = 2a^2 - 1 > 1,\ c = 2b^2 - 1 > 1,\ a = 2c^2 - 1 > 1.$
$a + b + c = 2a^2 + 2b^2 + 2c^2 - 3$ より，$3 = (2a-1)a + (2b-1)b + (2c-1)c$ だが，$a, b, c > 1$ より，$(2a-1)a + (2b-1)b + (2c-1)c > 3$ となり矛盾。
よって，$|a| \leqq 1$. 同様に，$|b| \leqq 1, |c| \leqq 1$.

(2) (1)より，任意の解に対して，ある $\theta \in [0, \pi]$ が存在して，$x = \cos\theta$ となる。

$$y = 2\cos^2\theta - 1 = \cos 2\theta,\quad z = 2\cos^2 2\theta - 1 = \cos 4\theta,$$
$$x = 2\cos^2 4\theta - 1 = \cos 8\theta.$$

よって，$\cos\theta = \cos 8\theta$ より，$8\theta = \pm\theta + 2\pi k$ となる整数 k が存在する。逆にこのような整数 k が存在すれば $(\cos\theta, \cos 2\theta, \cos 4\theta)$ は $(*)$ の解となる。
$0 \leqq \theta \leqq \pi$ の範囲では異なる θ は異なる x を与えるが，これを満たす θ は
$\theta = 0, \dfrac{2\pi}{7}, \dfrac{4\pi}{7}, \dfrac{6\pi}{7}, \dfrac{2\pi}{9}, \dfrac{4\pi}{9}, \dfrac{6\pi}{9}, \dfrac{8\pi}{9}$ のちょうど 8 個存在する。

問題

p を 3 以上の素数，θ を実数とする。

(1) $\cos 3\theta$ と $\cos 4\theta$ を $\cos\theta$ の式として表せ。

(2) $\cos\theta = 1/p$ のとき，$\theta = m\pi/n$ となる正の整数 m, n は存在するか。

（京大 2023）

解法

(1) 3 倍角の公式より，$\cos 3\theta = 4\cos^3\theta - 3\cos\theta$．倍角の公式を 2 回適用して，

$$\cos 4\theta = \cos(2\cdot 2\theta) = 2\cos^2 2\theta - 1 = 2(2\cos^2\theta - 1)^2 - 1$$
$$= 8\cos^4 x - 8\cos^2\theta + 1.$$

(2) 和積の公式 $\cos(k+2)\theta + \cos k\theta = 2\cos(k+1)\theta\cos\theta$ を書きかえた漸化式 $T_{k+2}(x) = 2xT_{k+1}(x) - T_k(x)$ と累積帰納法により，任意の自然数 k に対して $T_k(x)$ は k 次の整数係数多項式で最高次の係数が 2^{k-1} であることが示せる。実際，$k = 1,2$ のときは自明で，$k \leqq l$ で成立すると仮定すると，とくに

$$\exists F(x) \in \mathbb{Z}[x] \text{ s.t. } T_l(x) = 2^{l-1}x^l + F(x), \quad \deg F \leqq l-1$$
$$T_{l-1}(x) \in \mathbb{Z}[x], \quad \deg T_{l-1} = l-1$$

であり，これと漸化式から，

$$T_{l+1}(x) = 2^l x^{l+1} + 2xF(x) - T_{l-1}(x) = 2^l x^{l+1} + (l \text{ 次整数係数多項式})$$

となる。よって，$k = l+1$ のときも成り立つ。

ここで，$\theta = m\pi/n$ となる自然数 m, n が存在すると仮定すると，$T_n(1/p) = T_n(\cos\theta) = \cos(m\pi) = (-1)^m$ となる。両辺を p^n 倍すると，整数 $a_1, a_2, \dots, a_n$ を用いて $2^{n-1} = a_1p + a_2p^2 + \cdots + a_np^n + (-1)^m p^n$ という形に変形できる。この右辺は p の倍数だが，左辺は p を素因数にもたないので矛盾する。よって，$\theta = m\pi/n$ となる自然数 m, n は存在しない。

---

(1)の誘導からして見るからにチェビシェフ多項式を使えと言わんばかりの問題である。同じく京大の有名問題「$\tan 1^\circ$ は有理数か？」と同様に「$\cos 1^\circ$ は有理数か？」という問題を考えたとき，これもチェビシェフ多項式の存在から無理数であることが背理法で容易に示せる（有理数と仮定すると「45 倍角の公式」により $\cos 45^\circ = 1/\sqrt{2}$ も有理数となり矛盾）。

(2)の背理法の中で用いたのは実質的に有理根定理（の証明の論法）である。

問題

以下の条件を満たす 3 次関数 $h(x) = px^3 + qx^2 + rx + s$ を求めよ。

(i) $h(1) = 1,\ h(-1) = -1$

(ii) 区間 $-1 < x < 1$ で極大値 1，極小値 -1 をとる。

（東大 1990）

正攻法（計算が鬼畜）

$$h(1) = p + q + r + s = 1, \qquad h(-1) = -p + q - r + s = -1$$

より $r = 1 - p,\ s = -q$. すなわち，$h(x) = px^3 + qx^2 + (1-p)x - q$.

条件(ii)より，$h'(x) = 3px^2 + 2qx + 1 - p$ は区間 $-1 < x < 1$ に異なる 2 つの実数解をもつから，$p \neq 0$ であって，

(a) (判別式)$/4 = q^2 - 3p(1-p) > 0$;

(b) 軸の位置について $-1 < -q/3p < 1$，すなわち $q^2 < 9p^2$;

(c) 端点での値について，$p > 0, h'(1) = 2p + 2q + 1 > 0, h'(1) = 2p - 2q + 1 > 0$ または $p < 0, h'(1) = 2p + 2q + 1 < 0, h'(1) = 2p - 2q + 1 < 0$. すなわち

$$\left[p > 0, -p - \frac{1}{2} < q < p + \frac{1}{2}\right] \text{ or } \left[p < 0, p + \frac{1}{2} < q < -p - \frac{1}{2}\right].$$

つまり，$q^2 < (p + 1/2)^2$.

これらの条件の下で，$h'(x) = 0$ の解を α, β とおくと，解と係数の関係から，

$$\alpha + \beta = -\frac{2q}{3p}, \quad \alpha\beta = \frac{1-p}{3p}.$$

$\alpha \cdot h'(\alpha) = 0$ を利用して α に関する 3 次の項を消すと，

$$h(\alpha) = p\alpha^3 + q\alpha^2 + (1-p)\alpha - q = \frac{q}{3}\alpha^2 + \frac{2}{3}(1-p)\alpha - q.$$

同様に，$h(\beta) = \dfrac{q}{3}\beta^2 + \dfrac{2}{3}(1-p)\beta - q$.

$h(\alpha) = 1, h(\beta) = -1$ としても一般性を失わない。このとき，

$$h(\alpha) + h(\beta) = 0, \quad h(\alpha) - h(\beta) = 2.$$

$$0 = h(\alpha) + h(\beta) = \frac{q}{3}((\alpha+\beta)^2 - 2\alpha\beta) + \frac{2}{3}(1-p)(\alpha+\beta) - q$$

$$= \frac{q}{3}\left(\frac{4q^2}{9p^2} - 2 \cdot \frac{1-p}{3p}\right) - \frac{2}{3}(1-p)\frac{2q}{3p} - q = \frac{4q^3}{27p^2} - \frac{2q}{3p} - \frac{q}{3}$$

$$\therefore q(2q^2 - 18p^2 - 9p) = 0.$$

$q = 0$ のとき，

$$2 = h(\alpha) - h(\beta) = \int_\beta^\alpha h'(x)dx = 3p\int_\beta^\alpha (x-\alpha)(x-\beta)dx = -\frac{p}{2}(\alpha-\beta)^3$$

$$= \frac{|p|}{2}((\beta-\alpha)^2)^{\frac{3}{2}} = \frac{|p|}{2}((\alpha+\beta)^2 - 4\alpha\beta)^{\frac{3}{2}} = \frac{|p|}{2}\left(\frac{4q^2}{9p^2} - 4\cdot\frac{1-p}{3p}\right)^{\frac{3}{2}}$$

$$\therefore 4p^2\left(\frac{q^2}{9p^2} - \frac{1-p}{3p}\right)^3 = 1 \quad \therefore 4p^3 - 12p^2 - 15p - 4 = 0 \ (\because q = 0)$$

$$\therefore p = 4, -1/2$$

$p = -1/2$ は(c)に反するから，$p = 4$ で，これは(a), (b), (c)を満たす。

$q^2 = 9p^2 + (9/2)p$ のとき，(b)と合わせると，$p < 0$. さらに(a)と合わせると，$p < -1/8$. さらに(c)と合わせると $-1/2 < p < -1/8$. ところが，

$$g(p) := 4p^2\left(\frac{q^2}{9p^2} - \frac{1-p}{3p}\right)^3 = 4p^2\cdot\left(\frac{1}{6p} + \frac{4}{3}\right)^3$$

はこの範囲で（狭義単調減少関数の積なので）狭義単調減少で，$g(-1/2) = 1$ だから，この範囲で $g(p) < 1$ となり矛盾する。よって，この場合は不適。

以上より，$p = 4, q = 0$ のみが条件を満たし，$h(x) = 4x^3 - 3x$.

直感を排除して厳密性に特化した計算のみによる方法であり，正直これが正攻法なのかは分からないが，**係数に文字を含む 3 次関数の極大値と極小値の差は導関数の積分に 1/6 公式を使うと解と係数の関係でゴリゴリ計算するよりも圧倒的に楽に求められる**というテクニックは覚えておいた方が良い。

チート解法① 三次関数の対称性の利用

三次関数の対称性より，$y = h(x)$ のグラフは変曲点 P に関して点対称である。極大・極小と同じ値をとる極大点・極小点以外の 2 点(1,1), (−1, −1)は変曲点に関して対称の位置にあるから，点 P の座標は(0,0)である。

変曲点が(0,0)だから，$q = s = 0$ である。$h(1) = 1$ より，$p + r = 1$. よって，$h(x) = px^3 + (1-p)x$ とかける。

三次関数のグラフの図形的性質より，一般に変曲点，極小点，極大値（と同じ値）をとる極大点以外の点は x 座標が等間隔となるように並ぶから，極小点の x 座標は1/2で，ここで極小値 −1 をとるから，$h(1/2) = -1$ より $p = 4$ を得る。

以上より，$h(x) = 4x^3 - 3x$ でなければならない。逆にこれは条件を満たす。

チート解法② チェビシェフ多項式と悟って天下り

3 次チェビシェフ多項式 $T_3(x) = 4x^3 - 3x$ は条件を満たす。

一般に，閉区間 $[-1,1]$ における最大偏位（絶対値の最大値）が最小となる n 次モニック多項式は n 次チェビシェフ多項式の$1/2^{n-1}$倍に限られる（ミニマックス原理）から，$p=4$ の場合は $h(x)=T_3(x)$ に限られる。$h(x)$ の最高次の係数 p が 4 より大きいとき，$4/p$ 倍することで，最大偏位がチェビシェフ多項式より小さい最高次の係数が 4 の 3 次多項式ができてしまい，矛盾する。

$p<4$ のとき，$H(x)=(4/p)h(x)-T_3(x)$ を考えると，h の極大点 α，極小点 β に対し，$|T_3(x)|<1$ $(-1<x<1)$より，

$$H(-1)=1-\frac{4}{p}<0,\quad H(\alpha)=\frac{4}{p}-T_3(\alpha)>0,\quad H(\beta)=-\frac{4}{p}-T_3(\beta)<0,$$
$$H(1)=\frac{4}{p}-1>0.$$

したがって，中間値の定理より，$H(x)=0$ は少なくとも 3 つ解をもつが，H は 3 次の項を取り去って 2 次式となっているので矛盾する。

以上より，$h(x)=T_3(x)$ のみが求めるものである。

実は，この元ネタである東大の問題には次のような設問(2)が存在する。

> (2) 3 次関数 $f(x)=ax^3+bx^2+cx+d$ が区間 $-1<x<1$ で $|f(x)|<1$ を満たすとき，$|x|>1$ なる任意の実数 x に対して不等式 $|f(x)|<|h(x)|$ が成り立つことを証明せよ。

以下の解法は本質的に高校数学の範囲内だが，これもチェビシェフ多項式のミニマックス原理の証明の考え方を参考にすれば自然と思いつくであろう。

解法

$F(x)=f(x)+h(x)$ とおく。

$$F(-1)=f(-1)-1\leq 0,\qquad F(-1/2)=f(-1/2)+1>0,$$
$$F(1/2)=f(1/2)-1<0,\qquad F(1)=f(1)+1\geq 0$$

と中間値の定理より，3 次方程式 $F(x)=0$ は $[-1,-1/2),(-1/2,1/2),(1/2,1]$ に少なくとも 1 つずつ解をもつので，その他に解はなく，F の連続性から

$$F(x)<0\ (x<-1),\quad F(x)>0\ (x>1)$$

すなわち $f(x)<-h(x)$ $(x<-1)$，$f(x)>-h(x)$ $(x>1)$ でなければならない。

同様に $G(x)=-f(x)+h(x)$ を考えることで，

$$f(x)>h(x)\ (x<-1),\quad f(x)<h(x)\ (x>1)$$

がわかり，合わせると，$|f(x)|<|h(x)|$ $(|x|>1)$.

8 ムーアヘッドの不等式

実は数学IIに登場する不等式の多くはムーアヘッドの不等式で解決する。

問題

$x_1 \geqq x_2 \geqq x_3$, $y_1 \geqq y_2 \geqq y_3$のとき,

$$3(x_1y_1 + x_2y_2 + x_3y_3) \geqq (x_1 + x_2 + x_3)(y_1 + y_2 + y_3)$$

を示せ。

正攻法

$$\begin{aligned}
&(\text{左辺}) - (\text{右辺}) \\
&\quad = 2x_1y_1 + 2x_2y_2 + 2x_3y_3 - x_1y_2 - x_1y_3 - x_2y_1 - x_2y_3 - x_3y_1 - x_3y_2 \\
&\quad = (x_1y_1 + x_2y_2 - x_1y_2 - x_2y_1) + (x_2y_2 + x_3y_3 - x_2y_3 - x_3y_2) \\
&\qquad\qquad + (x_3y_3 + x_1y_1 - x_3y_1 - x_1y_3) \\
&\quad = (x_1 - x_2)(y_1 - y_2) + (x_2 - x_3)(y_2 - y_3) + (x_3 - x_1)(y_3 - y_1) \geqq 0
\end{aligned}$$

$n = 3$ に対するチェビシェフの和の不等式である。一般のチェビシェフの和の不等式は以下のような形である。証明も適当に一般化して同じようにできる。

$x_1 \geqq x_2 \geqq \cdots \geqq x_n$, $y_1 \geqq y_2 \geqq \cdots \geqq y_n$のとき,

$$\frac{1}{n}\sum_{k=1}^{n} x_k y_k \geqq \left(\frac{1}{n}\sum_{k=1}^{n} x_k\right)\left(\frac{1}{n}\sum_{k=1}^{n} y_k\right) \geqq \frac{1}{n}\sum_{k=1}^{n} x_k y_{n+1-k}.$$

直感的には，大きい数同士を掛けると大きくなり，逆に大きい数に小さい数を掛けて足を引っ張ると小さくなり，平均をとると，平均の積が両者の間にくるということである。他の任意の掛け合わせ方については，**再配列不等式**

$$\sum_{k=1}^{n} x_k y_k \geqq \sum_{k=1}^{n} x_k y_{\sigma(k)} \geqq \sum_{k=1}^{n} x_k y_{n+1-k}$$

が成立する。ここで, σ は$\{1,2,\dots,n\}$上の置換(全単射), つまり並べ替えである。

なお，確率論や測度論でよく登場する「チェビシェフの不等式」とは異なる。

多変数の不等式の問題は（帰納法以外でも）変数の個数が 1 つ少ない場合に帰着させて解けることがよくある。本問も $n = 2$ に対するチェビシェフの和の不等式を x, y, z に cyclic に適用した 3 本の式を足し合わせても示せる。

チート解法　統計学的解釈

3 つのデータ$(x,y)=(x_1,y_1),(x_2,y_2),(x_3,y_3)$について，$x$ が増加すると y も増加している（または変わらない）ので，相関係数（あるいは共分散）は非負である．よって，$3^{-2}((\text{左辺})-(\text{右辺}))=E[xy]-E[x]E[y]=\mathrm{Cov}[x,y]\geqq 0$.

チェビシェフの和の不等式と同じように少し変形した上で移項すると共分散の式になっていることに気付くだろう。それを上手く解釈する。

ただの数の不等式に統計学や確率論の考え方を使うのは最早とんちの域ではないかと思うかもしれないが，和を期待値の形に変形することで凸不等式などが利用できることも多いので，こうした見方も汎用性が高い。

期待値の概念を用いると，以下の積分に対する不等式も同列に解釈できる。

連続版チェビシェフの和の不等式

$f,g\colon[a,b]\to\mathbb{R}$ が共に広義単調増加または共に広義単調減少のとき，

$$\frac{1}{b-a}\int_a^b f(x)g(x)dx\geqq\frac{1}{b-a}\int_a^b f(x)dx\cdot\frac{1}{b-a}\int_a^b g(x)dx.$$

問題

実数 x,y,z に対し，以下が成り立つことを示せ。

(1) $x^2+y^2+z^2\geqq xy+yz+zx$

(2) $x^4+y^4+z^4\geqq xyz(x+y+z)$

正攻法　対称性を活かして平方完成

(1) $$(\text{左辺})-(\text{右辺})=\frac{1}{2}(2x^2+2y^2+2z^2-2xy-2yz-2zx)$$

$$=\frac{1}{2}\{(x^2-2xy+y^2)+(y^2-2yz+z^2)+(z^2+2zx+x^2)\}$$

$$=\frac{1}{2}\{(x-y)^2+(y-z)^2+(z-x)^2\}\geqq 0.$$

(2) (1)を 2 回使って，

$$(\text{左辺})=(x^2)^2+(y^2)^2+(z^2)^2\geqq x^2y^2+y^2z^2+z^2x^2=(xy)^2+(yz)^2+(zx)^2$$
$$\geqq xy\cdot yz+yz\cdot zx+zx\cdot xy=(\text{右辺}).$$

---

(1)の変形はなかなか初見殺し感があるが，高校数学を真面目に勉強していれば一度は目にすることになるだろう。これが思いつかなければ，強引に「x の式と見て平方完成 → 残りを y の式と見て平方完成」でもできる。あるいは，変数が多い場合によくやる「変数の個数が 1 つ少ない場合に帰着」という定石に従って $x^2+y^2 \geqq 2xy$, $y^2+z^2 \geqq 2yz$, $z^2+x^2 \geqq 2zx$ の辺々を足しても得られる。他には，斉次性を活かして 1 文字消去($x \neq 0$ として x^2 で割って $y/x=s, z/x=t$ と置換）という手もある。

(2)は xyz で割った形

$$\frac{x^3}{yz}+\frac{y^3}{zx}+\frac{z^3}{xy} \geqq x+y+z$$

でもよく登場する。この形で似たようなことをしようと思うと，$x \geqq y \geqq z > 0$ と仮定しても一般性を失わないので，再配分不等式を 2 回用いて，

$$\frac{x^3}{yz}+\frac{y^3}{zx}+\frac{z^3}{xy} \geqq \frac{x^3}{xy}+\frac{y^3}{yz}+\frac{z^3}{zx} = \frac{x^2}{y}+\frac{y^2}{z}+\frac{z^2}{x} \geqq \frac{x^2}{x}+\frac{y^2}{y}+\frac{z^2}{z} = x+y+z$$

$$\left(\because x^3 \geqq y^3 \geqq z^3, \frac{1}{yz} \geqq \frac{1}{zx} \geqq \frac{1}{xy};\ x^2 \geqq y^2 \geqq z^2, \frac{1}{z} \geqq \frac{1}{y} \geqq \frac{1}{x}\right)$$

と示せる。あるいは，$x, y, z \geqq 0$ として，相加平均≧相乗平均：

$$\frac{x^3}{yz}+y+z \geqq 3\sqrt[3]{\frac{x^3}{yz}yz} = 3x$$

を cyclic に回した 3 つの不等式を辺々加えても得られる。

チート解法 ムーアヘッドの不等式

いずれも左辺は x, y, z の符号を反転させても変わらず，右辺は絶対値に置き換えた方が大きいから，$x, y, z \geqq 0$ の場合のみを確かめればよいが，(2,0,0)は(1,1,0)の majorization なのでムーアヘッドの不等式$[2,0,0] \geqq [1,1,0]$から(1)，同様にムーアヘッドの不等式$[4,0,0] \geqq [2,1,1]$から(2)が従う。ここで，$[a]$は a-平均

$$[a] := \frac{1}{n!}\sum_{\sigma \in \mathfrak{S}_n}\prod_{k=1}^{n} x_{\sigma(k)}^{a_k}\ \ (a=(a_1, a_2, \ldots, a_n)),$$

$\mathfrak{S}_n$は n 次対称群（$\{1,2,\ldots,n\}$からそれ自身への全単射全体）を表す $(n=3)$.

もちろん問題の不等式よりムーアヘッドの不等式の方が圧倒的に高度で証明するのが難しいので，上の説明は証明というよりただの蘊蓄語りである。

ムーアヘッド(Muirhead)の不等式

$$a_1 \geqq a_2 \geqq \cdots \geqq a_n,\quad b_1 \geqq b_2 \geqq \cdots \geqq b_n,\quad x_k \geqq 0\ (k=1,2,\dots,n),$$
$$a_1 \geqq b_1,\quad a_1+a_2 \geqq b_1+b_2,\dots,a_1+\cdots+a_{n-1} \geqq b_1+\cdots+b_{n-1},$$
$$a_1+\cdots+a_n = b_1+\cdots+b_n$$
$$\Longrightarrow \sum_{\mathrm{sym}}\prod_{k=1}^{n} x_k^{a_k} \geqq \sum_{\mathrm{sym}}\prod_{k=1}^{n} x_k^{b_k}.$$

等号成立条件は$\{a_k\}=\{b_k\}$または $x_1=x_2=\cdots=x_n$.

直感的には，**対称式同士では冪指数が偏っている方が大きい**ことを意味する。仮定の$\{a_k\},\{b_k\}$に関する条件はそれぞれの項を並べたベクトル a,b に対し，ある二重確率行列 P が存在して $b=Pa$ となることと同値である。このとき，「a は b を majorize する（b の優数列，majorization である)」などと言われる。

Σの下に sym と書かれるのは symmetric sum notation である。n 変数の場合，symmetric sum は文字の入れ替え方 $n!$ 通り全てについて（入れ替えた結果同じ形になるものがある場合，重複も込めて）足し合わせる。「x を y に，y を z に，z を x に」「x_1 を x_2 に，x_2 を x_3 に，…，x_n を x_1 に」のように予め備わっている文字の順番に従って入れ替える操作を n 回繰り返して足す cyclic sum と混同しないように注意せよ：

$$\sum_{\mathrm{sym}} f(x_1,\dots,x_n) := \sum_{\sigma\in\mathfrak{S}_n} f(x_{\sigma(1)},\dots,x_{\sigma(n)}),$$

$$\sum_{\mathrm{cyc}} f(x_1,\dots,x_n) := \begin{array}{l} f(x_1,x_2,\dots,x_n)+f(x_2,x_3,\dots,x_n,x_1)+f(x_3,\dots,x_n,x_1,x_2)\\ \quad +\cdots+\ f(x_n,x_1,x_2,\dots,x_{n-1}),\end{array}$$

$$\sum_{\mathrm{sym}} x^3 = 2(x^3+y^3+z^3),\quad \sum_{\mathrm{cyc}} x^3 = x^3+y^3+z^3,$$

$$\sum_{\mathrm{sym}} x^2y = \sum_{\mathrm{cyc}} x^2y + \sum_{\mathrm{cyc}} xy^2 = (x^2y+y^2z+z^2x)+(xy^2+yz^2+zx^2),$$

$$\sum_{\mathrm{cyc}} x^r(x-y)(x-z) = x^r(x-y)(x-z)+y^r(y-z)(y-x)+z^r(z-x)(z-y).$$

$a=(1,0,\dots,0), b=(1/n,1/n,\dots,1/n)$とすると，相加平均≧相乗平均が得られる。$n=3, a=(3,0,0), b=(1,1,1)$とすると，因数分解の応用でおなじみの

$$x^3+y^3+z^3 \geqq 3xyz$$

が得られる。これは 3 乗の塊に相加平均≧相乗平均を用いても得られる。このように**高校の数学 II あたりに登場する多くの不等式がムーアヘッドの不等式の特別な場合**である。特に，$a=(2,1,0), b=(1,1,1)$に適用した

$$x^2y+y^2x+y^2z+z^2y+z^2x+x^2z \geqq 6xyz$$

は以下のように様々な同値な姿でシュワルツの不等式・因数分解・平方完成・相加相乗などを使うことを想定した証明問題に頻出する。

$$(x+y+z)\left(\frac{1}{x}+\frac{1}{y}+\frac{1}{z}\right) \geqq 9, \qquad (x+y)(y+z)(z+x) \geqq 8xyz,$$

$$(x+y+z)(xy+yz+zx) \geqq 9xyz, ...$$

ムーアヘッドの不等式自体は Birkhoff-von Neumann の定理と重み付き相加平均・相乗平均の不等式から従う。その意味では相加平均≧相乗平均の非常に強い一般化であると言え，実際，よく目にする具体例は頭を使って相加平均≧相乗平均を少し工夫して使えば示せるものが多い。一方，ムーアヘッドの不等式だと思えば頭を使わずに機械的に正しいことが判定できる。

問題

$x+y+z=1, x \geqq 0, y \geqq 0, z \geqq 0$ のとき，以下が成り立つことを示せ：

$$0 \leqq xy+yz+zx-2xyz \leqq \frac{7}{27}$$

(IMO 1984)

解法① シューアの不等式＋ムーアヘッドの不等式

$x+y+z=1$ を利用して斉次化（斉次式化）すると，

$$\text{(題意)} \iff 0 \leqq (xy+yz+zx)(x+y+z)-2xyz \leqq \frac{7}{27}(x+y+z)^3$$

$$\iff 0 \leqq 27\sum_{\text{sym}} x^2y + 27xyz \leqq 7\sum_{\text{cyc}} x^3 + 21\sum_{\text{sym}} x^2y + 42xyz$$

$$\iff 0 \leqq 27\sum_{\text{sym}} x^2y + 27xyz, \quad 7\sum_{\text{cyc}} x^3 + 15xyz \geqq 6\sum_{\text{sym}} x^2y.$$

シューアの不等式より，

$$5\sum_{\text{cyc}} x^3 + 15xyz \geqq 5\sum_{\text{sym}} x^2y.$$

ムーアヘッドの不等式より，

$$\sum_{\text{sym}} x^3 = 2\sum_{\text{cyc}} x^3 \geqq \sum_{\text{sym}} x^2y.$$

辺々を加えると題意を得る。

シューア(Schur)の不等式

実数 r と $x, y, z \geqq 0$ に対し，$\displaystyle\sum_{\text{cyc}} x^r(x-y)(x-z) \geqq 0.$

すなわち，$\displaystyle\sum_{\text{cyc}} x^{r+2} + \sum_{\text{cyc}} x^r yz \geqq \sum_{\text{sym}} x^{r+1} y.$

3 変数の斉次式といえばシューアの不等式である。残りをムーアヘッドの不等式で調整する。先に右辺に注目して

$$6\sum_{\text{cyc}} x^3 + 18xyz \geqq 6\sum_{\text{sym}} x^2 y, \quad \sum_{\text{cyc}} x^3 \geqq 3xyz$$

の辺々を足し合わせてもよい。

解法② ラグランジュの未定乗数法

拘束条件 $g(x,y,z) := x+y+z-1 = 0$ の下 $f(x,y,z) := xy+yz+zx-2xyz$ を最大化・最小化する。0 は g の正則値である。臨界点(x,y,z)について，

$$(0{,}0{,}0) = \nabla(f-\lambda g) = (y+z-2yz-\lambda, z+x-2zx-\lambda, x+y-2xy-\lambda),$$
$$x+y+z-1=0.$$

λ を消去してから拘束条件を用いて z を消去し，因数分解すると，

$$(x-y)(2(x+y)-1)=0, \quad (2y-1)(2x+y-1)=0.$$

前者から，$x=y$ または $y=1/2-x$. それぞれを後者に代入すると，

$$x=y \Rightarrow x \in \{1/3, 1/2\}.$$
$$y=1/2-x \Rightarrow x \in \{0, 1/2\}.$$

以上より，$(x,y,z) = (1/3,1/3,1/3), (1/2,1/2,0), (1/2,0,1/2), (0,1/2,1/2)$.

$x+y+z=1, x \geqq 0, y \geqq 0, z \geqq 0$ の表す領域 D はコンパクト集合なので，連続関数 f はここで最大値・最小値をもつ。最大点・最小点の候補は上で挙げた拘束条件の下での臨界点と D の境界点である。$x=0$ のとき，$f(0,y,1-y) = y(1-y)$ $(0 \leqq y \leqq 1)$は $y=0,1$ で最小値 0，$y=1/2$ で最大値$1/4 < 7/27 = f(1/3,1/3,1/3)$をとる。対称性より $y=0$, $z=0$ のときも同様なので，境界点で最大値は達成されない。よって，最大値は$f(1/3,1/3,1/3)=7/27$, 最小値は $f(1/2,0,1/2)=0$.

「コンパクト集合」を位相空間論的に厳密に定義すると長くなるので割愛するが，有限次元のユークリッド空間 $\mathbb{R}^n$ の場合は「有界な（つまり，十分大きい球に含まれる）閉集合（つまり，境界を含む集合）」と同義である。

ラグランジュの未定乗数法

$f\colon \mathbb{R}^n \to \mathbb{R}$, $\vec{g}=(g_1,\dots,g_m)\colon \mathbb{R}^n \to \mathbb{R}^m$ $(m<n)$ を C^1 級関数とする。$\vec{x}=(x_1,\dots,x_n)\in\mathbb{R}^n$ に対する m 個の拘束条件 $g_i(\vec{x})=0$ $(i=1,\dots,m)$ の下で $f(\vec{x})$ が $\vec{x}=\vec{a}$ で極値をとるならば，$\nabla f(\vec{a})=\sum_{i=1}^m \lambda_i \nabla g_i(\vec{a})$ なる定数 $\lambda_1,\dots,\lambda_m$ が存在するか，$\operatorname{rank} J_{\vec{g}}(\vec{a})<m$ が成り立つ。

ここで，極値とは（広義でも良い）極大値または極小値を指す。$J_{\vec{g}}(\vec{a})$ はヤコビ行列，すなわち i 行 j 列が $\partial g_i/\partial x_j$ である行列を表す。$\operatorname{rank} J_{\vec{g}}(\vec{a})<m$ の方は例外的なケース（$\vec{a}$ が $\vec{g}$ の臨界点で，$\{\vec{g}=0\}$ が $\vec{a}$ 周りで多様体をなすことを保証できない）に過ぎず，$\nabla f(\vec{a})=\sum_{i=1}^m \lambda_i \nabla g_i(\vec{a})$ という式の方が重要である。これを $\vec{g}(\vec{a})=0$ と連立して未定乗数 $\lambda_1,\dots,\lambda_m$ を消去しつつ $\vec{a}$ について解くと，極値点の候補が得られる。しかし，極値をとるための必要条件から求めているため，これらが実際に極値点だとは限らない（例外的なケースが排除されていれば，臨界点だとは言える）。極値をとることを確認するには，極値点の存在定理（例えば「コンパクト集合上の連続関数は最小値・最大値をもつ」）や十分条件を与える定理（例えば，「$f,\vec{g}$ が C^2 級で $\vec{a}$ が拘束条件付き臨界点かつ f の縁付きヘッセ行列の $k=m+1,\dots,m+n$ 次首座小行列式の$(-1)^k$倍 [resp. $(-1)^m$倍]が正 ⇒ 狭義極大 [resp. 狭義極小]」）を用いる。

ごちゃごちゃしていて分かりにくいかもしれないが，拘束条件が 1 つ $(m=1)$ で特に $n=2$ の場合に f のグラフの等高線を想像するとイメージが掴みやすい。f のグラフを「山」だと思ってみよう。拘束条件 $g=0$ を表す曲線に沿って標高が最も高い地点 P はどこだろうか？その地点では f の等高線と曲線 $g=0$ が接するはずである。ところで，一般論として勾配 $\nabla f(x_1,x_2)$ は (x_1,x_2) において f の値が最も増加する方向，すなわち f のグラフの傾きが最も急になる方向を向いたベクトルである。よって，∇f は f の等高線と常に直交する。また，$g=0$ は g の等高線であるため，同じ理由で ∇g と直交する。互いに接するものと直交しているので，$\nabla f(P)$ と $\nabla g(P)$ は同じ向きを向いている。$\nabla g(P)=0$ でなければ，この状況はある定数 λ を用いて $\nabla f(P)=\lambda\nabla g(P)$ と書ける。次元が大きくなると「等高線」や「曲線」は超曲面になるが，理屈は同じである。拘束条件が 2 個以上に増えると向きが一意に特定できなくなって複数の勾配で生成される空間に属するとしか言えなくなる。

ちなみに，ラグランジュの未定乗数法は無限次元空間でも成り立ち，最適化問題のみならず偏微分方程式論などにも応用がある。バナッハ空間 X 上の連続線形汎関数 F と $\vec{G}\in(X')^m$ に対して $\displaystyle\sup_{\vec{G}(v)=0,\|v\|=1} F(v)=\min_{\vec{\lambda}\in\mathbb{R}^m}\|F-\vec{\lambda}\cdot\vec{G}\|_{X'}$ が成り立つ（≦は自明で，等号を達成する $\vec{\lambda}$ の存在はハーン・バナッハの拡張定理を

用いて左辺を作用素ノルムにもつ $F|_{\mathrm{Ker}\,\vec{G}}$ の拡張をとると示せる）という事実を $F = f'(u), \vec{G} = (g_1'(u), \dots, g_m'(u))$ $(u \in X,\ f, g_i \in C^1(X;\mathbb{R}))$ に適用すると無限次元の場合も含めたラグランジュの未定乗数法が直ちに得られる。

解法③ z を消去して 2 変数関数の最大化

$h(x,y) := xy + (x+y-2xy)(1-x-y)$ の $x \geqq 0, y \geqq 0, y \leqq 1-x$ における最大値が 7/27 以下，最小値が 0 以上であることを示せばよい。領域はコンパクトなので最大値・最小値は存在する。

$$\nabla h(x,y) = \big((2y-1)(2x+y-1), (2x-1)(x+2y-1)\big) = (0,0)$$

より，臨界点は$(x,y) = (1/3\,,1/3), (1/2\,,1/2), (1/2\,,0), (0,1/2)$.

$x = 0$ のとき，$h(0,y) = y(1-y)$ $(0 \leqq y \leqq 1)$は $y = 0,1$ で最小値 0, $y = 1/2$ で最大値 $1/4 < 7/27 = h(1/3\,,1/3)$ をとる。$y = 0$ のときも同様である。$y = 1-x$ のときも $h(x,1-x) = x(1-x)$ なので同様である。

よって，境界点で最大値はとらず，最大値は$h(1/3\,,1/3) = 7/27$，最小値は $h(1/2\,,1/2) = h(1/2\,,0) = h(0,1/2) = 0$.

拘束条件が簡単に解ける場合，わざわざラグランジュの未定乗数法を使う必要はないが，臨界点を求める際には必然的に未定乗数法と似た計算が現れる。

また，拘束条件が円や楕円などのように簡単にパラメータ表示できる場合は，それを用いた方が計算が易しくなりやすい。

チート解法 マニアックな最強兵器で瞬殺

$x + y + z = 1$ を利用して斉次化すると，

$$(\text{題意}) \Longleftrightarrow 0 \leqq (xy+yz+zx)(x+y+z) - 2xyz \leqq \frac{7}{27}(x+y+z)^3.$$

次の 3 変数 3 次斉次対称式の不等式に関する Hojoo Lee の定理より，$(x,y,z) = (1,1,1), (1,1,0), (1,0,0)$の 3 点でこの成立を確認すればよいが，これは容易。

> 3 変数 3 次斉次対称式 $P(x,y,z)$ に対し，
> $[\forall x \geqq 0, \forall y \geqq 0, \forall z \geqq 0; P(x,y,z) \geqq 0] \Longleftrightarrow P(1,1,1), P(1,1,0), P(1,0,0) \geqq 0.$

シューアの不等式とムーアヘッドの不等式の最強コンビですら計算が煩雑だった問題を一撃で倒す必殺技である。3 変数 3 次斉次対称式でしかも非負の場合しか使えないと言うと汎用性が低いように聞こえるが，3 変数 3 次くらいが

そこそこの難易度の問題で最も頻出であり，拘束条件が付いていれば斉次化は容易なので，割と使える場面が多い。

巡回式については Phạm Kim Hùng による次の判定法で変数を減らせる。

> 3 変数 3 次斉次巡回式$P(x,y,z)$に対し，
> $$[\forall x \geqq 0, \forall y \geqq 0, \forall z \geqq 0; P(x,y,z) \geqq 0]$$
> $$\Longleftrightarrow P(1,1,1) \geqq 0 \text{ かつ} \forall x \geqq 0, \forall y \geqq 0; P(x,y,0) \geqq 0.$$

3 変数 3 次斉次巡回式は

$$\sum_{\text{cyc}} x^3, \quad \sum_{\text{cyc}} x^2y, \quad \sum_{\text{cyc}} xy^2, \quad xyz$$

の線形結合であり，$\sum_{\text{cyc}} x^2y$ と $\sum_{\text{cyc}} xy^2$ の係数が等しいときに対称式となる。

これらが日本の競技数学界隈で知る人ぞ知るようになったきっかけは，おそらくインターネット上に柳田五夫氏による PDF『初等的な不等式 II』(http://izumi-math.jp/I_Yanagita/emath_ver2ps.pdf，2021 年 5 月 10 日閲覧）が公開されたことだと思われる。証明についてはそちらを参照せよ。

これらを使うと，以下のような不等式を瞬時に証明できる。

$$x,y,z \geqq 0, xy+yz+zx=1 \Rightarrow x^3+y^3+z^3 \geqq \frac{2}{9}(x+y+z)+xyz.$$

$$x,y,z \geqq 0, x+y+z=1 \Rightarrow 7(xy+yz+zx) \leqq 2+9xyz.$$

$$x,y,z \geqq 0, x+y+z=1 \Rightarrow x^2+y^2+z^2+4xyz \geqq \frac{13}{27}.$$

$$x,y,z,a \geqq 0 \Rightarrow x^3+y^3+z^3+a(x^2y+y^2z+z^2x) \geqq (a+1)(xy^2+yz^2+zx^2).$$

$$x,y,z \geqq 0 \Rightarrow x^3+y^3+z^3+\frac{8}{3}xyz \geqq \frac{17}{9}(x^2y+y^2z+z^2x).$$

$$x,y,z \geqq 0 \Rightarrow x^3+y^3+z^3+3(x^2y+y^2z+z^2x) \geqq \frac{4}{9}(x+y+z)^3.$$

$$x,y,z \geqq 0 \Rightarrow x^3+y^3+z^3+5xyz \leqq \frac{8}{3}(x^2y+y^2z+z^2x).$$

既にある不等式を証明するのみならず，作問，つまり，上のような形の不等式を新たに作る際にも使える。例えば，左辺を固定して右辺に現れる係数を文字でおき，不等式が成立するためのその文字に関する必要十分条件を求め，その中で最良（最大や最小）のものを係数に選ぶといった具合である。

問題

$a, b, c \geq 0$ のとき，$\dfrac{a+b+c}{3} \geq \sqrt[3]{abc}$ であることを証明せよ。

「相加平均≧相乗平均」もムーアヘッドの不等式に含まれるのであった。では，ムーアヘッドの不等式以外の見方にはどんなものがあるだろうか。特に 3 変数くらいがネタの宝庫であり，帰納的に一般の多変数に拡張できることが多い。

正攻法① 斉次性を利用して変数を削減

$x, y \geq 0$ のとき，$x+y-2\sqrt{xy} = (\sqrt{x}-\sqrt{y})^2 \geq 0$ に注意する。

$a=0$ のときは自明。$a>0$ とする。$x = b/a$，$y = c/a$ とおくと，

$$\frac{1+x+y}{3} \geq \sqrt[3]{xy}$$

を示せばよいことになる。さらに，$x+y \geq 2\sqrt{xy}$ と合わせると，

$$\frac{1+2\sqrt{xy}}{3} \geq \sqrt[3]{xy}$$

を示せば十分である。$f(z) = 1+2\sqrt{z}-3\sqrt[3]{z}$ が $z \geq 0$ の範囲で常に非負であれば，$z = xy$ とすることでこの不等式が得られる。

$$f'(z) = z^{-1/2} - z^{-2/3} = z^{-2/3}(z^{1/6}-1)$$

z	0		1	
$f'(z)$	／	$-$	0	$+$
$f(z)$	1	↘	0	↗

増減表より，$f(z)$ は $z=1$ で最小値 0 をとる。よって，$z \geq 0$ の範囲で $f(z) \geq 0$ が言えたので，問題の不等式も成り立つ。

等号成立条件は，「$z=1$ かつ $x=y$」から，$a=b=c$ のときだと分かる。

正攻法② 3 変数の因数分解公式の利用

$x = \sqrt[3]{a}, y = \sqrt[3]{b}, z = \sqrt[3]{c}$ とおくと，

$$\begin{aligned}
a+b+c-3\sqrt[3]{abc} &= x^3+y^3+z^3-3xyz \\
&= (x+y+z)(x^2+y^2+z^2-xy-yz-zx) \\
&= (x+y+z) \cdot \frac{(x^2-2xy+y^2)+(y^2-2yz+z^2)+(z^2-2zx+x^2)}{2}
\end{aligned}$$

$$= (x+y+z) \cdot \frac{(x-y)^2 + (y-z)^2 + (z-x)^2}{2} \geq 0.$$

初見では何じゃこりゃと思うかもしれないが，$x^2 + y^2 + z^2 - xy - yz - zx$ という塊は 3 変数対称式を扱う際にちょくちょく現れるものであり，この式変形は割と使えるテクニックである（前にも言った気がする）。本問の文脈からは逸れるが，整数問題などでこの塊が非負であることに気付くと大きなアドバンテージになることもある。この因数分解を使う方法の欠点は 4 変数以上を含むケースに一般化できないことである。

正攻法③ 1 つの文字のみの関数と見て微分

$f(c) = a + b + c - 3\sqrt[3]{abc}$ を c の関数と見る。$f'(c) = 1 - (ab)^{1/3} c^{-2/3}$.

c	0		$\sqrt{ab}$	
$f'(c)$	／	$-$	0	$+$
$f(c)$	1	↘	$f(\sqrt{ab})$	↗

増減表より，$f(c)$は $c = \sqrt{ab}$ で最小値 $f(\sqrt{ab}) = a + b - 2\sqrt{ab}$ をとる。

$a, b \geq 0$ より，$a + b - 2\sqrt{ab} = \left(\sqrt{a} - \sqrt{b}\right)^2 \geq 0$ である。

よって，$f(c) \geq 0$. すなわち，$\dfrac{a+b+c}{3} \geq \sqrt[3]{abc}$.

等号成立条件 $a = b = c$ は $c = \sqrt{ab}$ かつ $\sqrt{a} = \sqrt{b}$ から得られる。

正攻法④ 4 変数の場合を先に示して変数を減らす

$x, y \geq 0$ のとき，$x + y - 2\sqrt{xy} = (\sqrt{x} - \sqrt{y})^2 \geq 0$ に注意する。⋯ ①
$a, b, c, d \geq 0$ とする。①を 2 回適用して

$$\frac{a+b+c+d}{4} = \frac{\frac{a+b}{2} + \frac{c+d}{2}}{2} \geq \frac{\sqrt{ab} + \sqrt{cd}}{2} \geq \sqrt{\sqrt{ab}\sqrt{cd}} = \sqrt[4]{abcd}.$$

$d = \dfrac{a+b+c}{3}$ とすると，

$$\frac{a+b+c+d}{4} = \frac{a+b+c+\frac{a+b+c}{3}}{4} = \frac{a+b+c}{3} = d.$$

よって，$d \geq \sqrt[4]{abcd}$. すなわち $d^{3/4} \geq \sqrt[4]{abc}$. すなわち $d \geq \sqrt[3]{abc}$.
d の取り方から結論が得られる。

等号成立条件は，$a=b, c=d, \sqrt{ab}=\sqrt{cd}$ から，$a=b=c=d$ のとき。
2 変数の場合を n 回適用すると 2^n 変数の場合が得られ，後半の方法で変数を 1 つずつ減らすことで変数の個数が 2^n 未満の場合も示される。

チート解法① ラグランジュの未定乗数法

a, b, c がいずれがか 0 のときは自明である。全て正のときを考える。
斉次性より，$g(a,b,c) := abc = 1$ の下での $f(a,b,c) := (a+b+c)/3$ の最小値が 1 以上であることを示せばよい。
$f(1,1,1)=1$ である一方，$K := [0,3]^3$ の補集合 $[0,\infty)^3 \setminus K$ 上では常に $f > 1$ である。また，$K \cap \{g=1\}$ はコンパクトだから，そこで f は最小値をとる。ラグランジュの未定乗数法より，最小点ではある定数 λ が存在し，$\nabla f = \lambda \nabla g$ すなわち

$$(1,1,1) = 3\lambda(bc, ca, ab) = 3\lambda\left(\frac{1}{a}, \frac{1}{b}, \frac{1}{c}\right)$$

が成り立つ。$abc=1$ と連立してこれを解くと，$a=b=c=1$, $\lambda = 1/3$ となる。よって，拘束条件 $g(a,b,c)=1$ の下での f の最小値は $f(1,1,1)=1$ であり，問題の不等式が従う。

---

a, b, c を定数倍する変数変換を考えれば，$abc=1$ の場合に帰着できる。

チート解法② 対数関数のハイポグラフの凸性と多角形の重心の利用

3 点 $(a, \log a), (b, \log b), (c, \log c)$ は $y = \log x$ のグラフ上にある。
$y = \log x$ は上に凸だから，a, b, c が相異なるとき，この 3 点を結んでできる三角形はグラフの下側にある。よって，その内部もグラフの下側にあり，特に重心 $\left(\frac{a+b+c}{3}, \frac{\log a + \log b + \log c}{3}\right)$ も下側にある。すなわち，

$$\log \frac{a+b+c}{3} \geq \frac{\log a + \log b + \log c}{3}.$$

両辺の exp をとると，exp の単調増加性から，$\frac{a+b+c}{3} \geq \sqrt[3]{abc}$.
両辺の連続性から a, b, c のいずれかが等しいときにも不等式が従う。

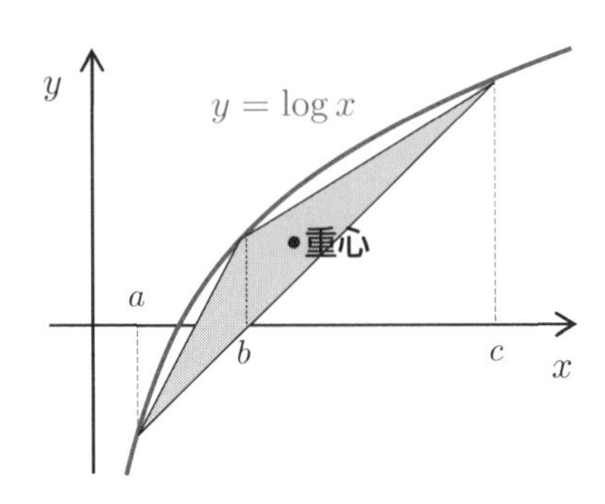

「3 乗根がごちゃごちゃしているので log をとりたくなる」「対称性のある式は図解したくなる」という本能に従うとこういう解法に至るだろう。単なる言葉の問題で，あまり本質的ではないが，「三角形」や「重心」を考えるには a,b,c が相異なるという制約を設けておく必要がある。

n 角形を考えれば，そのまま n 変数に一般化できる。等号成立条件の確認には対数の狭義凸性を用いればよい。

チート解法③ イェンセンの不等式によるオーバーキル

一般に可積分確率変数$X\colon \Omega \to \mathbb{R}_+$と上に凸な関数$f\colon \mathbb{R}_+ \to \mathbb{R}$ に対し，凸性から $\exists k \in \mathbb{R}$ s.t. $\forall x \in \mathbb{R}_+; f(x) \leq k(x - E[X]) + f(E[X])$. よって，

$$E[f(X)] \leq E[k(X - E[X]) + f(E[X])] = f(E[X]).$$

$P(X = a_i) = 1/n \ (i = 1,2,\dots,n), f(x) = \log x$ に対してこれを用いると，

$$f(E[X]) = \log \frac{a_1 + \cdots + a_n}{n} \geq E[f(X)] = \frac{\log a_1 + \log a_2 + \cdots + \log a_n}{n}.$$

両辺の exp をとると，$\dfrac{a_1 + a_2 + \cdots + a_n}{n} \geq \sqrt[n]{a_1 a_2 \cdots a_n}$.

$n = 3,\ a_1 = a,\ a_2 = b,\ a_3 = c$ とすると，結論が得られる。

上または下に凸な関数はハイポグラフ（グラフの下側）またはエピグラフ（グラフの上側）が凸集合だから支持直線（一般次元では支持超平面）が存在する。f が微分可能な場合は $k = f'(E[X])$ であり，ハイポグラフの支持直線はグラフの接線である。要するに，接線が常にグラフで区切られる上側の領域に位置するということである。

上に凸な関数 f に対する $E[f(X)] \leq f(E[X])$ は**イェンセン（Jensen）の不等式**や**凸不等式**などと呼ばれる。下に凸な関数 f に対しては同様にして逆向きの不等式 $E[f(X)] \geq f(E[X])$ が成り立つ。

9 ルベーグの収束定理

極限と積分は勝手に順序交換してはいけない。例えば，

$$
\begin{aligned}
\lim_{n\to\infty}\int_0^1 n^2x(1-x)^n dx &= \lim_{n\to\infty}\int_0^1 n^2x\left(-\frac{1}{n+1}(1-x)^{n+1}\right)' dx \\
&= \lim_{n\to\infty}\left\{\left[-\frac{n^2x}{n+1}(1-x)^{n+1}\right]_0^1+\frac{n^2}{n+1}\int_0^1(1-x)^{n+1}dx\right\} \\
&= \lim_{n\to\infty}\frac{n^2}{n+1}\left[-\frac{1}{n+2}(1-x)^{n+2}\right]_0^1 = \lim_{n\to\infty}\frac{n^2}{n+1}\cdot\frac{1}{n+2} \\
&= 1
\end{aligned}
$$

である一方，$\displaystyle\int_0^1 \lim_{n\to\infty} n^2x(1-x)^n dx = \int_0^1 0\ dx = 0$ なので，無暗に交換すると事故が起こる。しかし，「積分の極限」はその順番通り真面目に計算するのが面倒臭い一方で，極限関数の積分は簡単にできるということがよくあるので，交換できた方が嬉しい。以下，極限と積分を順序交換しても（lim を $\int$ の中に入れても）良いための十分条件を与える定理をいくつか紹介する。

一様収束による順序交換

有界閉区間 $[a,b]$ 上の実数値連続関数列$\{f_n\}$が関数 f に一様収束するとき，（f は連続で，従ってリーマン積分可能であり）

$$\lim_{n\to\infty}\int_a^b f_n(x)dx = \int_a^b f(x)dx.$$

ここで，$\{f_n\}$が f に一様収束するとは，$\displaystyle\lim_{n\to\infty}\max_{x\in[a,b]}|f_n(x)-f(x)|=0$，つまり誤差の最大値（より一般には sup）が 0 に収束することを言う。

（$\mathbb{R}$ 上の連続関数のリーマン積分に対する）有界収束定理

有界閉区間 $[a,b]$ 上の実数値連続関数列$\{f_n\}$が一様有界（$\displaystyle\sup_{n\in\mathbb{N}}\max_{[a,b]}|f_n|<\infty$）で，極限関数 f が存在してリーマン積分可能であるとき，

$$\lim_{n\to\infty}\int_a^b f_n(x)dx = \int_a^b f(x)dx.$$

ここで，一様有界とは，$\sup_n \max_{[a,b]} |f_n| < \infty$，すなわち $|f_n(x)|$ が n にも x にも依存しない定数で上から抑えられることを指す。

「リーマン積分」とは，高校数学や数学科以外の大学数学でも普通に扱われるような（リーマン和の極限として定義される）積分である。一方で，長さや体積などの一般化である「測度」という概念に基づいた「ルベーグ積分」と呼ばれる積分もある。有界閉区間上では，リーマン積分可能ならば（ルベーグ測度に関して）ルベーグ積分可能で積分値も一致するという意味で，**ルベーグ積分はリーマン積分の上位互換**である。本来の有界収束定理はルベーグ積分に基づいた「有限測度空間上の一様有界な可測関数列に対して極限と積分の順序交換が成立する」という主張である。「測度空間」「測度」「可測関数」「ルベーグ積分」「ルベーグ測度」の正確な定義については話すとそれだけで本が 1 冊書けるぐらい長くなるので，例えば，伊藤清三著『ルベーグ積分入門』（裳華房）を参照せよ。相当狂った関数でない限り可測関数だと思ってよい。例えば，連続関数は全て（ボレル測度やルベーグ測度に関して）可測であり，可測関数の点ごとの極限も可測である。有界収束定理より強い定理もある：

ルベーグの（優）収束定理

$\{f_n\}$が測度空間(X,μ)上の可測関数列で，ある可積分関数 g が存在して，各点で $|f_n| \leq g\ (\forall n)$，$f_n \to f$ を満たすならば，$\lim_{n\to\infty} \int_X f_n d\mu = \int_X f\, d\mu$.

「可積分」とは正の部分と負の部分の積分がそれぞれ有限確定だということであり，可測関数については絶対値の積分の有限性と同値である。高校生にはちょっと何言ってるか分からないと思うので，リーマン積分版も作っておく：

（広義）リーマン積分に関するルベーグの収束定理

$\{f_n\}$が区間 $I \subset \mathbb{R}$ 上の連続関数列で，ある連続関数 $g\colon I \to \mathbb{R}$ が存在して

$$\int_I g(x)dx < \infty, \quad |f_n(x)| \leq g(x)\ (\forall n), \quad f_n(x) \to f(x)\ (\forall x \in I)$$

で，f が（広義）リーマン積分可能ならば，$\lim_{n\to\infty} \int_I f_n(x)dx = \int_I f(x)dx$.

積分区間 I が非有界だったり開だったりする場合は広義積分で解釈する。

数学科のルベーグ積分論では，単調収束定理（点ごとに単調増加する非負可測関数列について積分と lim の順序交換が成立する）からファトゥの補題（非負可測関数列について liminf の積分は積分の liminf 以下）を示し，更にそこからルベーグの収束定理を示すという流れが一般的である。上の定理の中では一様収束

による交換定理が最弱，ルベーグの収束定理が最強である。実はルベーグの収束定理を更に一般化(強化)する「無限測度空間におけるヴィタリの収束定理」もあるが，定理を記述するための準備だけで余白が足りなくなるので割愛する。

一方，大学の物理学科ではこのような厳密な定理は学習しない。極限と積分を勝手に交換したり，関数ですらない謎の量を積分したりすることは日常茶飯事である。挙句の果てには極限と積分を無理やり交換したせいで被積分関数が発散しても「ディラックのデルタ関数（超関数）が積分されている」などと言い訳して辻褄を合わせたりする。(数学的には超関数は「試験関数のなす LF 空間上の連続線形汎関数」として扱うべきもので，積分の中に入れてはいけない。)

極限と積分の順序交換が不可能になるのはどんなときかというと，だいたい「($[n,n+1]$の指示関数$\chi_{[n,n+1]}$などのように）無限遠方に**逃げ去る**」か「関数の値がある点の周りで（可積分関数で抑えられないくらいのオーダーで）**爆発する**」か「**振動する**（そもそも各点収束極限関数が存在しない)」のいずれか，あるいはそれらの原因が組み合わさったケースである。冒頭の反例 $f_n(x)=n^2x(1-x)^n$ は原点の周りで爆発するから順序交換できなかったのである。$(1/n)\chi_{[0,n]}$などのように関数の値が**つぶれる**場合も反例になり得るが，どんな有界区間からもいずれはみ出るという意味で「逃げ去る」の一種だと考えられる。こうした交換できなさを定量的に評価する Brezis-Lieb 型補題や，交換不能な関数列の挙動を分析する第 2 凝集コンパクト性原理や profile 分解といった道具もある。

大学数学では非有界区間での積分も扱う。大学生は有界収束定理で被積分関数列の一様有界性だけではなく，**積分区間の有界性**も仮定されていることに注意せよ。ここだけの話，筆者が採点バイトをした経験から言うと，数学科の演習問題やレポート問題では非有界区間なのに「有界収束定理」を使ってしまうという誤答が割と典型的である。遠方に逃げ去るような関数列$\{\chi_{[n,n+1]}\}$がこの反例になる。また，ルベーグの収束定理を使う際に上から抑えるための可積分関数 g（「優関数」と呼ぶ）が n に依存してはいけないことにも注意せよ。

問題

自然数 n に対し，$I_n := \displaystyle\int_0^{\sqrt{3}} \frac{1}{1+x^n}\,dx$ とおく。$\displaystyle\lim_{n\to\infty} I_n$ を求めよ。

（大分大 医 2009）

高校数学 I arctan の範囲で簡単に原始関数が求まるのは，log で一発の I_1，tan 置換型の I_2，部分分数分解からの log 型（分子が分母の微分の形）と tan 置換型への分割で求まる I_3, I_4 くらいまでである。具体的な n に対しては有理関数の積分なので，原理的には部分分数分解により原始関数が求まるが，一般項を表示するには arctan 型と log 型の合計 n 項の和か超幾何関数が必要になる：

$$\int \frac{1}{1+x^n}dx = x \cdot {}_2F_1\left(1, \frac{1}{n}; 1+\frac{1}{n}; -x^n\right) + C.$$

直接求められない積分といえば，積分漸化式を作るという手が脳裏をよぎる。実は元ネタの入試問題では本問は(2)となっており，(1)に I_1, I_2 を求めさせる計算問題があるため，尚更積分漸化式を連想してしまうが，これは罠であり，本問は自然に部分積分できる形ではないので積分漸化式を作るのは厳しい。

正攻法① 答えを予想して誤差評価

$$\left|\int_0^1 \frac{1}{1+x^n}dx - 1\right| = \left|\int_0^1 \frac{1}{1+x^n}dx - \int_0^1 \frac{1+x^n}{1+x^n}dx\right| = \left|\int_0^1 \frac{-x^n}{1+x^n}dx\right|$$

$$= \int_0^1 \frac{x^n}{1+x^n}dx \leq \int_0^1 x^n dx = \left[\frac{1}{n+1}x^{n+1}\right]_0^1 = \frac{1}{n+1} \to 0 \ (n \to \infty),$$

$$\int_1^{\sqrt{3}} \frac{1}{1+x^n}dx \leq \int_1^{\sqrt{3}} \frac{1}{x^n}dx = \left[\frac{1}{-n+1}x^{-n+1}\right]_1^{\sqrt{3}} = \frac{1-(\sqrt{3})^{-n+1}}{n-1} \to 0 \ (n \to \infty).$$

よって，

$$\lim_{n\to\infty} I_n = \lim_{n\to\infty}\int_0^1 \frac{1}{1+x^n}dx + \lim_{n\to\infty}\int_1^{\sqrt{3}} \frac{1}{1+x^n}dx = 1+0 = 1.$$

$$\lim_{n\to\infty}\frac{1}{1+x^n} = \begin{cases} 1 & (0 \leq x < 1) \\ 1/2 & (x=1) \\ 0 & (1 < x \leq \sqrt{3}) \end{cases}$$

に注目すると，[0,1]上の積分は $1 \times 1 = 1$，$[1, \sqrt{3}]$上の積分は $0 \times (\sqrt{3}-1) = 0$ に収束しそうだと予想できる。これは，グラフの面積がそれに近付きそうだという着眼点からでも，極限と積分の順序が交換できるならばと考えても予想できる。これを予想される極限との誤差の不等式評価で示す。

正攻法② はさみうちの原理

$$\int_1^{\sqrt{3}} \frac{1}{1+x^n}dx \leq \int_1^{\sqrt{3}} \frac{1}{x^n}dx = \left[\frac{1}{-n+1}x^{-n+1}\right]_1^{\sqrt{3}} = \frac{1-(\sqrt{3})^{-n+1}}{n-1} \to 0 \ (n \to \infty).$$

被積分関数は非負なので，はさみうちの原理より，

$$\lim_{n\to\infty}\int_1^{\sqrt{3}} \frac{1}{1+x^n}dx = 0.$$

また，

$$\int_0^1 \frac{1}{1+x^n}dx \leq \int_0^1 1\ dx = 1,$$

$$\int_0^1 \frac{1}{1+x^n}dx \geq \int_0^1 (1-x^n)dx = \left[x - \frac{x^{n+1}}{n+1}\right]_0^1 = 1 - \frac{1}{n+1} \to 1\ (n \to \infty).$$

よって，はさみうちの原理より，

$$\int_0^1 \frac{1}{1+x^n}dx \to 1\ (n \to \infty).$$

以上より，$\lim_{n\to\infty} I_n = 1.$

一般項が求まらない数列の極限なので，はさみうちの原理が使えないかと考える。極限を予想するプロセスは誤差評価のときと同じである。[0,1]上の積分の下からの評価に使う関数が思い付きづらいが，グラフを想像するなどしてそれっぽいものを何か一つ見つける。運良く $(1+x^n)(1-x^n) = 1-x^{2n} \leq 1$ に気付けば上のように解ける。

チート解法 有界収束定理

$0 \leq x \leq \sqrt{3}$ のとき $0 \leq \dfrac{1}{1+x^n} \leq 1\ (\forall n)$ ∴ 被積分関数列は一様有界である。

積分区間も有界なので，有界収束定理（またはルベーグの収束定理）より，

$$\lim_{n\to\infty} \int_0^{\sqrt{3}} \frac{1}{1+x^n}dx = \int_0^{\sqrt{3}} \lim_{n\to\infty} \frac{1}{1+x^n}dx = \int_0^1 1\ dx + \int_1^{\sqrt{3}} 0\ dx = 1.$$

被積分関数は一様収束していない。実際，一般に連続関数列の一様収束極限は連続関数となるので，もし一様収束していれば，極限関数は連続であるはずだが，実際には $x=1$ で不連続である。被積分関数列のグラフを描いてみても，$x=1$ の近傍で引きちぎれそうな感じになる様子が見て取れる。そこで，より強い有界収束定理を用いる。一様有界性（被積分関数の絶対値が x にも n にも依存しない定数で抑えられること）を確認する。

有界収束定理はルベーグの収束定理の（よく「系」として紹介される）下位互換なので，「ルベーグの収束定理より」と言ってしまってもよい。

なお，一点 $x=1$ での値は積分に影響しない。一般に，高々可算個の点からなる集合はルベーグ測度が 0 であり，測度 0 の集合上での積分は 0 となる。

問題

$\lim_{n\to\infty} n^2 \int_0^1 x^2(1-x)^n dx$ を求めよ。

正攻法　地道に部分積分

$$\begin{aligned}
n^2 \int_0^1 x^2(1-x)^n dx &= n^2 \int_0^1 x^2 \left(-\frac{1}{n+1}(1-x)^{n+1}\right)' dx \\
&= n^2 \left[-\frac{x^2}{n+1}(1-x)^{n+1}\right]_0^1 + \frac{2n^2}{n+1}\int_0^1 x(1-x)^{n+1} dx \\
&= \frac{2n^2}{n+1}\int_0^1 x\left(-\frac{1}{n+2}(1-x)^{n+2}\right)' dx \\
&= \frac{2n^2}{n+1}\left[-\frac{x}{n+2}(1-x)^{n+2}\right]_0^1 + \frac{2n^2}{n+1}\cdot\frac{1}{n+2}\int_0^1 (1-x)^{n+2} dx \\
&= \frac{2n^2}{n+1}\cdot\frac{1}{n+2}\left[-\frac{1}{n+3}(1-x)^{n+3}\right]_0^1 \\
&= \frac{2n^2}{n+1}\cdot\frac{1}{n+2}\cdot\frac{1}{n+3} \to 0 \quad (n\to\infty).
\end{aligned}$$

類題として，2009 年度の新潟県教員採用試験には $f_n(x) = nx(1-x)^n$ の積分の極限が出題されている。いずれも一様収束はしないが，結果的に極限と積分の順序交換が成り立つ例になっている。

チート解法　有界収束定理

$f_n(x) = n^2x^2(1-x)^n$ とおく。

$$f_n'(x) = 2n^2x(1-x)^n - n^3x^2(1-x)^{n-1} = (2-(n+2)x)n^2x(1-x)^{n-1}$$

より， $\max_{[0,1]} |f_n| = f_n\left(\frac{2}{n+2}\right) = \frac{4n^2}{(n+2)^2}\left(1+\frac{2}{n}\right)^{-n} \to 4e^{-2} < \infty \ (n\to\infty)$.

よって，被積分関数列は一様有界である。有界収束定理より，

$$\lim_{n\to\infty} n^2 \int_0^1 x^2(1-x)^n dx = \int_0^1 \lim_{n\to\infty} n^2x^2(1-x)^n\, dx = \int_0^1 0\ dx = 0.$$

$\lim_{n\to\infty} \max_{[0,1]} |f_n| < \infty \Rightarrow \sup_n \max_{[0,1]} |f_n| < \infty$ ([0,1]上で一様有界)である。

問題

実定数 a に対し，$I_n := \displaystyle\int_a^{a+\frac{1}{n}} x\cos^2(x-a)\,dx$ とおく。$\displaystyle\lim_{n\to\infty} nI_n$ を求めよ。

正攻法　原始関数の微分

$x\cos^2(x-a)$の原始関数 $F(x)$ をとる。

$$n\int_a^{a+\frac{1}{n}} x\cos^2(x-a)\,dx = \frac{F(a+1/n)-F(a)}{1/n} \to F'(a) = a\ (n\to\infty).$$

半角の公式で cos の次数を下げてから部分積分すれば原始関数が求まるが，わざわざ求める必要はない。原始関数に微分の定義か平均値の定理を用いれば一発である。積分区間の幅が 0 に収束する入試問題ではこのパターンを疑おう：

$$\lim_{x\to 4}\frac{1}{x-4}\int_2^{\sqrt{x}} \log(1+t^2)\,dt \quad (\text{電通大 } 2022)$$

$$\lim_{h\to 0}\int_{\pi/3}^{\pi/3+h} \log(|\sin t|^{1/h})\,dt \quad (\text{明治大 } 2022)$$

チート解法①　変数変換して有界収束定理

$x = a + t/n$ と置換して有界収束定理を用いると，

$$n\int_a^{a+\frac{1}{n}} x\cos^2(x-a)\,dx = \int_0^1 \left(a+\frac{t}{n}\right)\cos^2\left(\frac{t}{n}\right)dt \to \int_0^1 a\ dt = a\ (n\to\infty).$$

ルベーグの収束定理は直接使えないが，変数変換すれば使えるようになる。

チート解法②　ディラックのデルタ関数

カットオフ関数 $\rho \in C_c^\infty(\mathbb{R})$ を $\rho(x) = 1\ (x \in [a, a+1])$となるようにとると，

$$nI_n = n\int_a^{a+1/n} x\cos^2(x-a)\,\rho(x)dx = \left\langle n\chi_{[a,a+\frac{1}{n}]}, \rho(x)x\cos^2(x-a)\right\rangle$$

$$\to \langle \delta_a, \rho(x)x\cos^2(x-a)\rangle = \rho(a)a\cos^2(a-a) = a \quad (n\to\infty).$$

被積分関数に区間$[a, a+1/n]$の指示関数$\chi_{[a,a+\frac{1}{n}]}$が掛かっているものと見做して無理やり極限を積分の中に入れると，被積分関数列は $x=a$ で爆発する。実は $n\chi_{[a,a+\frac{1}{n}]}$がディラックのデルタ関数 δ_a（関数に a を代入する操作のようなもの）に「超関数として収束」するのだが，これを証明するにも結局変数変換してルベーグの収束定理を使うことになる。超関数としての収束 $n\chi_{[a,a+\frac{1}{n}]} \to \delta_a$ をもろに使って解答を記述すると上のようになる。「超関数」（シュワルツ超関数）とは，普通の関数の一般化である。定義を丁寧に解説すると非常に長くなるので割愛する。一言で述べると，$\mathbb{R}^N$の有界閉集合の外で値が 0 となる無限回微分可能な関数（試験関数）全体のなす空間 $\mathcal{D}(\mathbb{R}^N) = C_c^\infty(\mathbb{R}^N)$ 上の連続な線形汎関数（和と定数倍の構造を保つ実数値写像）$T\colon \mathcal{D}(\mathbb{R}^N) \to \mathbb{R}$ を超関数と呼び，任意の試験関数 $\varphi \in \mathcal{D}(\mathbb{R}^N)$ に対して $T_n(\varphi) \to T(\varphi)$ $(n \to \infty)$ となるとき，超関数の列 $\{T_n\}$は超関数 T に収束すると言う。普通の関数（局所可積分関数）f は，試験関数に f を掛けて積分する写像 $T_f\colon \mathcal{D}(\mathbb{R}^N) \to \mathbb{R}; \varphi \mapsto \langle f, \varphi\rangle := \int_{\mathbb{R}^N} f(x)\varphi(x)dx$ と同一視することで，超関数とも見做せる。高校生は無理に理解する必要はない。

極限と積分が普通の意味で順序交換できない場合でも，被積分関数列の収束を弱い意味での収束に置き換えれば交換できると見做せることがある。「超関数としての収束」もこのような弱い意味での収束の例である。以下では，もう一つ，L^p 空間における弱収束という関数解析学の概念を用いた定理を紹介する。この「弱収束」とは，大雑把に言うと，関数を「何らかの種類の任意の関数に掛けて積分する」という操作と見做したときの収束のことを言う。

周期関数を加速させてできる振動する関数列の弱極限

$u \in L^p_{\mathrm{loc}}(\mathbb{R})$ $(1 \leq p < \infty)$を周期 P の関数とし，$u_n(x) = u(nx)$とおくと，u_n は任意の有界開集合 O 上で u の 1 周期の平均に L^p 弱収束する。つまり

$$\forall v \in L^{\frac{p}{p-1}}(O); \int_O u_n(x)v(x)dx \to \frac{1}{P}\int_0^P u(x)dx \int_O v(x)dx \ \ (n \to \infty).$$

ここで，ざっくり言うと，$p \neq \infty$ のとき，$L^p(\Omega)$ は Ω 上で絶対値の p 乗の積分が定義できて有限となる関数全体の集合$\{u\colon \Omega \to \mathbb{R} \mid \int_\Omega |u|^p dx < \infty\}$を表し，$L^p_{\mathrm{loc}}(\mathbb{R})$は全ての有界閉集合 Ω に対してそうなるような $\mathbb{R}$ 上の関数全体の集合を表す。$p=\infty$ のときは $L^\infty(\Omega)$ は Ω 上で「本質的に有界」である関数全体の集合を表す（ただし，厳密に言うと，「関数」ではなく「測度 0 の集合上での違いを無視した可測関数の同値類」の集合なのだが）。L^p は「L^p 空間」や「ルベ

ーグ空間」と呼ばれる。何を言っているか全く分からないという人はなんとなくいい感じの（大人しい）関数の集合だと思ってくれれば良い。例えば，有界閉区間上の連続関数なら全ての p に対してこれらの条件を満たす。

要するに上の定理は「周期関数 $u(x)$ を n 倍速させたもの $u(nx)$ が積分の中に（積の形で）入っているとき，$n \to \infty$ の極限ではその部分が定数 $\frac{1}{P}\int_0^P u(x)dx$（$u$ の 1 周期にわたる平均値）と同じように振る舞う」ということである。

ちなみに N 次元でも同様である（「周期」は平行四辺形を N 次元に一般化した「超平行体 (parallelotope)」になる）。$p = \infty$ のときは「弱収束」を「汎弱収束」と呼ばれるものに弱めた主張が成り立つ。$p = 1$ のときは，$\frac{p}{p-1} = \infty$ と解釈する。

問題

$\displaystyle\lim_{n\to\infty}\int_0^1 \frac{|\sin nx|}{(1+\cos^2 nx)^2}dx$ を求めよ。

（東工大 2004 改）

正攻法 はさみうちの原理

$t = nx$ と置換すると，

$$I_n := \int_0^1 \frac{|\sin nx|}{(1+\cos^2 nx)^2}dx = \frac{1}{n}\int_0^n \frac{|\sin t|}{(1+\cos^2 t)^2}dt$$

$m\pi \leq n < (m+1)\pi$ を満たす自然数 m をとると，

$$\frac{1}{n}\int_0^n \frac{|\sin t|}{(1+\cos^2 t)^2}dt \leq \frac{1}{n}\int_0^{(m+1)\pi} \frac{|\sin t|}{(1+\cos^2 t)^2}dt \leq \frac{1}{m\pi}\int_0^{(m+1)\pi} \frac{|\sin t|}{(1+\cos^2 t)^2}dt$$
$$= \frac{m+1}{m\pi}\int_0^{\pi} \frac{|\sin t|}{(1+\cos^2 t)^2}dt.$$

ここで，$|\sin t|/(1+\cos^2 t)^2$が周期 π をもつことを用いた（sin，cos 自体の周期は 2π だが，その部分の符号は関係ないため）。同様に，

$$\frac{1}{n}\int_0^n \frac{|\sin t|}{(1+\cos^2 t)^2}dt \geq \frac{1}{n}\int_0^{m\pi} \frac{|\sin t|}{(1+\cos^2 t)^2}dt \geq \frac{1}{(m+1)\pi}\int_0^{m\pi} \frac{|\sin t|}{(1+\cos^2 t)^2}dt$$
$$= \frac{m}{(m+1)\pi}\int_0^{\pi} \frac{|\sin t|}{(1+\cos^2 t)^2}dt.$$

また，$\displaystyle\lim_{m\to\infty}\frac{m+1}{m\pi} = \lim_{m\to\infty}\frac{m}{(m+1)\pi} = \frac{1}{\pi}.$

$n \to \infty$ のとき $m \to \infty$ だから，はさみうちの原理より，

$$\lim_{n\to\infty} I_n = \frac{1}{\pi}\int_0^{\pi} \frac{|\sin t|}{(1+\cos^2 t)^2}\,dt = \frac{1}{\pi}\int_1^{-1} \frac{-1}{(1+s^2)^2}\,ds$$
$$= \frac{1}{\pi}\int_{-\pi/4}^{\pi/4} \frac{1}{(1+\tan^2\theta)^2}\cdot\frac{1}{\cos^2\theta}\,d\theta = \frac{1}{\pi}\int_{-\pi/4}^{\pi/4}\cos^2\theta\,d\theta$$
$$= \frac{1}{\pi}\int_{-\pi/4}^{\pi/4}\frac{1+\cos 2\theta}{2}\,d\theta = \frac{1}{2\pi}\left[\theta + \frac{1}{2}\sin 2\theta\right]_{-\frac{\pi}{4}}^{\frac{\pi}{4}} = \frac{1}{4}+\frac{1}{2\pi}.$$

ここで，$\cos t = s$，$s = \tan\theta$ による置換積分を用いた。

実際の出題では周期性とはさみうちの原理に注目するように誘導が為されており，それに従って解くとこうなる。

チート解法 弱極限

$n\to\infty$ のとき，関数列 $\dfrac{|\sin nx|}{(1+\cos^2 nx)^2}$ は定数関数 $\dfrac{1}{\pi}\displaystyle\int_0^{\pi}\frac{|\sin t|}{(1+\cos^2 t)^2}\,dt$ に（ルベーグ空間 $L^1([0,1])$ で）弱収束する。よって，

$$\lim_{n\to\infty}\int_0^1 \frac{|\sin nx|}{(1+\cos^2 nx)^2}\,dx = \int_0^1 \frac{1}{\pi}\int_0^{\pi}\frac{|\sin t|}{(1+\cos^2 t)^2}\,dt\,dx = \frac{1}{\pi}\int_0^{\pi}\frac{|\sin t|}{(1+\cos^2 t)^2}\,dt$$
$$= \frac{1}{\pi}\int_1^{-1}\frac{-1}{(1+s^2)^2}\,ds = \frac{1}{\pi}\int_{-\pi/4}^{\pi/4}\frac{1}{(1+\tan^2\theta)^2}\cdot\frac{1}{\cos^2\theta}\,d\theta$$
$$= \frac{1}{\pi}\int_{-\pi/4}^{\pi/4}\cos^2\theta\,d\theta = \frac{1}{\pi}\int_{-\pi/4}^{\pi/4}\frac{1+\cos 2\theta}{2}\,d\theta = \frac{1}{2\pi}\left[\theta+\frac{1}{2}\sin 2\theta\right]_{-\frac{\pi}{4}}^{\frac{\pi}{4}}$$
$$= \frac{1}{4}+\frac{1}{2\pi}.$$

$u(x) = \dfrac{|\sin x|}{(1+\cos^2 x)^2}$，$v(x) = 1$，$O = (0,1)$ に対して前述の事実を用いた。

周期関数を無限に加速させると平均値に弱収束するという前述の事実を sin に適用すると，以下の有名なフーリエ解析の定理が得られる。

リーマン・ルベーグの補題（の特殊ケース）

有界閉区間 $[a,b]$ 上の連続関数 f に対し，

$$\lim_{n\to\infty}\int_a^b f(x)\sin nx\,dx=0.$$

$\sin nx$ は $n\to\infty$ のとき，普通の意味では収束（各点収束）しない。しかし，リーマン・ルベーグの補題により「0 に弱収束する」「超関数として 0 に収束する」などとは言える。本来の主張は「可積分関数のフーリエ変換は無限遠で消える連続関数である」という内容であり，大学のフーリエ解析の講義ではよくコンパクト台をもつ（即ち，0 でない部分が有界閉集合である）微分可能な関数でL^1近似し，部分積分により振動の効果を取り出すことで示されるが，L^1近似という概念は高校範囲を逸脱する。しかし，有界閉区間上の連続関数に限れば，次のようにしてほぼ高校数学の範囲内で証明できる。

証明：

$|f(x)|$ の最大値を M とおく。$[a,b]$ を $k=\lfloor\sqrt{n}\rfloor$ 等分する点

$$x_i=a+\frac{b-a}{k}i\quad(i=0,1,2,\dots,k)$$

をとる。$[x_i,x_{i+1}]$ での $f(x)$ の最大値を M_i，最小値を m_i とおく。

$$\begin{aligned}
\left|\int_a^b f(x)\sin nx\,dx\right|&=\left|\sum_{i=0}^{k-1}\int_{x_i}^{x_{i+1}}f(x)\sin nx\,dx\right|\\
&\le\left|\sum_{i=0}^{k-1}\int_{x_i}^{x_{i+1}}\bigl(f(x)-f(x_i)\bigr)\sin nx\,dx\right|+\left|\sum_{i=0}^{k-1}\int_{x_i}^{x_{i+1}}f(x_i)\sin nx\,dx\right|\\
&\le\sum_{i=0}^{k-1}\int_{x_i}^{x_{i+1}}|f(x)-f(x_i)|dx+\sum_{i=0}^{k-1}M\left|\int_{x_i}^{x_{i+1}}\sin nx\,dx\right|\\
&\le\sum_{i=0}^{k-1}(M_i-m_i)(x_{i+1}-x_i)+M\sum_{i=0}^{k-1}\left|\frac{\cos nx_i-\cos nx_{i+1}}{n}\right|\\
&\le\sum_{i=0}^{k-1}M_i(x_{i+1}-x_i)-\sum_{i=0}^{k-1}m_i(x_{i+1}-x_i)+\frac{2kM}{n}\\
&\to\int_a^b f(x)dx-\int_a^b f(x)dx+2M\lim_{n\to\infty}\frac{\lfloor\sqrt{n}\rfloor}{n}=0\ \ (n\to\infty).
\end{aligned}$$

ここで，第 1 項・第 2 項の収束は定積分の定義による。

□

ただし，最後の定積分の定義を適用する際に，本来の意味でのリーマン積分の

定義可能性，すなわち点付き分割の大きさを 0 に近づけたときにリーマン和の極限が代表点の取り方によらないという性質を使っており，この証明には被積分関数の一様連続性を用いた議論などが必要である。高校数学では，（正直何を定義と言って良いのかあまり判然としないが）全ての小区間の幅が等しく，かつ，代表点が全て小区間の左端または全て小区間の右端にある点付き分割に関するリーマン和の極限，すなわち，区分求積法により定積分を定義しているとも考えられる。その場合，上の証明は厳密には高校数学だけではなくリーマン積分の定義可能性も前提とした証明となっている。本来のリーマン積分の定義を前提としない高校数学の範囲で議論を展開するには，f が微分可能で f' が有界であるという仮定を付け加えればよい。そうすると，各小区間上で平均値の定理を使って区分求積法との誤差を評価し，はさみうちの原理を使うことで，実質的に一様連続性を用いたリーマン積分の定義可能性の証明と同様の議論が回る。

極限と積分の順序交換は積分と一見無関係な級数の計算にも応用できる。

問題

(1) $\displaystyle\sum_{n=1}^{\infty}\frac{(-1)^{n+1}}{n}=1-\frac{1}{2}+\frac{1}{3}-\frac{1}{4}+\frac{1}{5}-\cdots$ の値を求めよ。

(2) $\displaystyle\sum_{n=0}^{\infty}\frac{(-1)^{n}}{2n+1}=1-\frac{1}{3}+\frac{1}{5}-\frac{1}{7}+\frac{1}{9}-\cdots$ の値を求めよ。

それぞれメルカトル級数，ライプニッツ級数と呼ばれる有名な級数で，高校数学では例えば tan の積分漸化式を利用して求めるように誘導が付くことが多い。ここでは割愛するが，フーリエ級数の理論を使って求める方法も有名である。

正攻法① 冪級数の特殊値と見て微分や積分を考える

(1) $\displaystyle\int_0^1\{1-x+x^2-x^3+\cdots+(-1)^n x^n\}dx$

$$=\left[x-\frac{1}{2}x^2+\frac{1}{3}x^3-\frac{1}{4}x^4+\cdots+(-1)^n\frac{x^{n+1}}{n+1}\right]_0^1=\sum_{k=1}^{n+1}\frac{(-1)^{k+1}}{k}.$$

$1-x+x^2-x^3+\cdots+(-1)^n x^n=\dfrac{1-(-x)^{n+1}}{1+x}$ より，

$$\left|\int_0^1\left\{1-x+x^2-x^3+\cdots+(-1)^n x^n-\frac{1}{1+x}\right\}dx\right|=\left|\int_0^1\frac{(-x)^{n+1}}{1+x}dx\right|$$

$$\leq\int_0^1\frac{x^{n+1}}{1+x}dx\leq\int_0^1 x^{n+1}dx=\frac{1}{n+2}\to 0\ (n\to\infty).$$

よって，はさみうちの原理より，最左辺は 0 に収束し，

$$\sum_{k=1}^{\infty}\frac{(-1)^{k+1}}{k}=\lim_{n\to\infty}\int_0^1\{1-x+x^2-x^3+\cdots+(-1)^nx^n\}dx=\int_0^1\frac{1}{1+x}dx$$
$$=[\log(1+x)]_0^1=\log 2$$

(2) $\displaystyle\int_0^1\{1-x^2+x^4-x^6+\cdots+(-1)^nx^{2n}\}dx$

$$=\left[x-\frac{1}{3}x^3+\frac{1}{5}x^5-\frac{1}{7}x^7+\cdots+(-1)^n\frac{x^{2n+1}}{2n+1}\right]_0^1=\sum_{k=0}^{n}\frac{(-1)^k}{2k+1}$$

$1-x^2+x^4-x^6+\cdots+(-1)^nx^{2n}=\dfrac{1-(-x^2)^{n+1}}{1+x^2}$ より，

$$\left|\int_0^1\left\{1-x^2+x^4-x^6+\cdots+(-1)^nx^{2n}-\frac{1}{1+x^2}\right\}dx\right|=\left|\int_0^1\frac{(-x^2)^{n+1}}{1+x^2}dx\right|$$
$$\leq\int_0^1\frac{x^{2n+2}}{1+x^2}dx\leq\int_0^1x^{2n+2}dx=\frac{1}{2n+3}\to 0\ (n\to\infty).$$

よって，はさみうちの原理より，最左辺は 0 に収束し，

$$\sum_{k=0}^{\infty}\frac{(-1)^k}{2k+1}=\lim_{n\to\infty}\int_0^1\{1-x^2+x^4-x^6+\cdots+(-1)^nx^{2n}\}dx=\int_0^1\frac{1}{1+x^2}dx$$
$$=\int_0^{\pi/4}\frac{1}{1+\tan^2\theta}\cdot\frac{d\theta}{\cos^2\theta}=\int_0^{\pi/4}d\theta=\frac{\pi}{4}$$

級数の値を求めるときの一つのテクニックとして，変数を導入してその特殊ケースと見做す手法がある。(1)は $\sum_{n=1}^{\infty}\frac{(-1)^{n+1}}{n}x^n$ の $x=1$ における値だと思える。形式的に項別微分すると $\sum_{n=1}^{\infty}(-1)^{n+1}x^{n-1}=\sum_{n=0}^{\infty}(-x)^n=1/(1+x)$ のように公比 $-x$ の無限等比級数に帰着して求まる。よって，これを項別積分すればよいが，項別積分は部分和の極限と積分の順序交換なので，常にできるとは限らない。そこで，極限との誤差を上から評価してはさみうちの原理を使う。

(2)も $\displaystyle\int_0^1x^{2k}dx=\frac{1}{2k+1}$ に着目して同様に順序交換の誤差評価を目指す。

正攻法② 区分求積法

(1) $\dfrac{(-1)^{k+1}}{k}\to 0\ (k\to\infty)$ だから，第 $2n$ 部分和の極限を求めればよい。

$$1-\frac{1}{2}+\frac{1}{3}-\frac{1}{4}+\cdots+\frac{1}{2n-1}-\frac{1}{2n}=1+\frac{1}{2}+\frac{1}{3}+\cdots+\frac{1}{2n}-2\left(\frac{1}{2}+\frac{1}{4}+\cdots+\frac{1}{2n}\right)$$
$$=1+\frac{1}{2}+\frac{1}{3}+\cdots+\frac{1}{2n}-\left(1+\frac{1}{2}+\frac{1}{3}+\cdots+\frac{1}{n}\right)$$
$$=\frac{1}{n+1}+\frac{1}{n+2}+\cdots+\frac{1}{2n}=\sum_{k=1}^{n}\frac{1}{n+k}$$
$$\therefore \lim_{n\to\infty}\sum_{k=1}^{2n}\frac{1}{k}=\lim_{n\to\infty}\sum_{k=1}^{n}\frac{1}{n+k}=\lim_{n\to\infty}\frac{1}{n}\sum_{k=1}^{n}\frac{1}{1+\frac{k}{n}}=\int_0^1\frac{1}{1+x}dx=\log 2.$$

区分求積法でメルカトル級数の値を求める有名なテクニックである。一方で，ライプニッツ級数を区分求積法に帰着させるのは困難である。

第 $2n$ 部分和の極限を求めるだけでは第 $2n+1$ 部分和の極限については何も言えないので，$(-1)^{k+1}/k \to 0\ (k\to\infty)$に言及する必要がある。

正攻法③ tan の積分漸化式の利用

$I_n := \int_0^{\frac{\pi}{4}}\tan^n x\,dx\ \ (n=0,1,2,\dots)$とおくと，

$$I_0=\int_0^{\frac{\pi}{4}}dx=\frac{\pi}{4},\quad I_1=-\int_0^{\frac{\pi}{4}}\frac{(\cos x)'}{\cos x}dx=-[\log\cos x]_0^{\frac{\pi}{4}}=\frac{1}{2}\log 2,$$
$$I_n+I_{n+2}=\int_0^{\frac{\pi}{4}}\tan^n x\cdot(1+\tan^2 x)dx=\int_0^{\frac{\pi}{4}}\tan^n x\cdot\frac{1}{\cos^2 x}dx$$
$$=\int_0^{\frac{\pi}{4}}\tan^n x\cdot(\tan x)'dx=\left[\frac{1}{n+1}\tan^{n+1}x\right]_0^{\frac{\pi}{4}}=\frac{1}{n+1}$$

よって，はさみうちの原理より，$I_n\to 0\ (n\to\infty)$.

(1) $$\sum_{k=0}^{n}\frac{(-1)^k}{2k+1}=\sum_{k=0}^{n}(-1)^k(I_{2k}+I_{2k+2})$$
$$=(I_0+I_2)-(I_2+I_4)+(I_4+I_6)-\cdots+(-1)^n(I_{2n}+I_{2n+2})$$
$$=I_0+(-1)^nI_{2n+2}\to\pi/4\quad(n\to\infty).$$

(2) $$\sum_{k=0}^{n}\frac{(-1)^k}{k+1}=2\sum_{k=0}^{n}\frac{(-1)^k}{2k+2}=2\sum_{k=0}^{n}(-1)^k(I_{2k+1}+I_{2k+3})$$
$$=2\{(I_1+I_3)-(I_3+I_5)+(I_5+I_7)-\cdots+(-1)^n(I_{2n+1}+I_{2n+3})\}$$
$$=2(I_1+(-1)^nI_{2n+3})\to\log 2\quad(n\to\infty).$$

$1/(n+1)=I_n+I_{n+2}$ で分解する。「そんな上手いこと思いつくか！？」とい

うのが普通の感想だと思う。tan を利用するという発想はたいてい誘導が付くが，$a_n + a_{n+1} = f(n)$ **という形の漸化式は両辺を** $(-1)^n$ **倍してから和をとると，最初と最後以外の項が打ち消し合い，** $\sum f(n)$ **を用いて一般項が求まる**ということは覚えておくとよい。1 つおきの漸化式であることに注意し，一般項を表示する式の Σ の部分が問題の級数になるような数列の例が I_n だということである。

チート解法① アーベルの連続性定理

(1) $\log(1+x)$ をマクローリン展開すると，$\log(1+x) = \displaystyle\sum_{k=1}^{\infty} \frac{(-1)^{k+1}}{k} x^k.$

この収束半径は 1 である。右辺で $x = 1$ とした級数 $\sum_{k=1}^{\infty} (-1)^{k+1}/k$ は項の絶対値が単調に 0 に収束する交代級数なので収束する。よって，アーベルの連続性定理より，マクローリン展開の式は $x = 1$ でも成立し，

$$\sum_{k=1}^{\infty} \frac{(-1)^{k+1}}{k} = \log(1+1) = \log 2.$$

(2) $\arctan x$ をマクローリン展開すると，$\arctan x = \displaystyle\sum_{k=0}^{\infty} \frac{(-1)^k}{2k+1} x^{2k+1}.$

この収束半径は 1 である。右辺で $x = 1$ とした級数 $\sum_{k=0}^{\infty} (-1)^k/(2k+1)$ は項の絶対値が単調に 0 に収束する交代級数なので収束する。よって，アーベルの連続性定理より，マクローリン展開の式は $x = 1$ でも成立し，

$$\sum_{k=0}^{\infty} \frac{(-1)^k}{2k+1} = \arctan 1 = \frac{\pi}{4}$$

実は冪級数の場合には，**収束円の内部（今回の場合** $|z| < 1$**）では項別微分・項別積分した式も成り立ち，収束半径も変わらない**という定理が存在する（これを認めると，無限等比級数の項別積分から $\log(1+z)$ や $\arctan z$ の**マクローリン展開も直ちに得られる**）のだが，今回は代入すべき値が $z = 1$ で収束円の境界に来ているので，アーベルの連続性定理を使う必要がある。

アーベルの連続性定理

$a_n \in \mathbb{C}$ とする。$\displaystyle\sum_{n=0}^{\infty} a_n x^n$ の収束半径が 1 で，$\displaystyle\sum_{n=0}^{\infty} a_n$ が収束するとき，

$$\lim_{x \to 1-0} \sum_{n=0}^{\infty} a_n x^n = \sum_{n=0}^{\infty} a_n.$$

更に細かく述べると，同じ仮定の下で，ディリクレの収束判定法により級数が[0,1]上一様収束することが分かり，級数の[0,1]上の連続性が言える。

よって，項別積分とアーベルの連続性定理の組み合わせはある意味，一様収束による積分と（部分和の）極限の順序交換の一例であると言える。

チート解法② 無限和と積分の順序交換

(1) $\displaystyle\sum_{k=0}^{n}\frac{(-1)^k}{k+1}=\sum_{k=0}^{n}(-1)^k\int_0^1 x^k dx=\int_0^1\frac{1-(-x)^{n+1}}{1+x}dx.$

$$\sup_{x\in[0,1]}\left|\frac{1-(-x)^{n+1}}{1+x}\right|=\sup_{x\in[0,1]}\left|\frac{2}{1+x}\right|\leq 2\ (\forall n)$$

より，被積分関数は一様有界である。よって，有界収束定理より，

$$\sum_{k=0}^{\infty}\frac{(-1)^k}{k+1}=\int_0^1\lim_{n\to\infty}\frac{1-(-x)^{n+1}}{1+x}dx=\int_0^1\frac{1}{1+x}dx=\log 2.$$

(2) $\displaystyle\sum_{k=0}^{n}\frac{(-1)^k}{2k+1}=\sum_{k=0}^{n}(-1)^k\int_0^1 x^{2k} dx=\int_0^1\frac{1-(-x^2)^{n+1}}{1+x^2}dx.$

$$\sup_{x\in[0,1]}\left|\frac{1-(-x^2)^{n+1}}{1+x^2}\right|=\sup_{x\in[0,1]}\left|\frac{2}{1+x^2}\right|\leq 2\ (\forall n)$$

より，被積分関数は一様有界である。よって，有界収束定理より，

$$\sum_{k=0}^{\infty}\frac{(-1)^k}{2k+1}=\int_0^1\lim_{n\to\infty}\frac{1-(-x^2)^{n+1}}{1+x^2}dx=\int_0^1\frac{1}{1+x^2}dx=\arctan 1=\frac{\pi}{4}.$$

このように，級数も極限の一種（部分和の極限）であるため，極限と積分の順序交換は級数の値を求めるのにも有効である。級数の項に積として含まれる一部分を何らかの積分で表して $\int$ を外に出す。積分区間が $x=1$ を含むので

$$\sup_{x\in[0,1]}\left|\frac{1-(-x)^{n+1}}{1+x}-\frac{1}{1+x}\right|=\sup_{x\in[0,1]}\left|\frac{x^{n+1}}{1+x}\right|=\frac{1}{2}\ (\forall n)$$

となり，一様収束しないので注意せよ。しかし，一様有界性は保証されるので有界収束定理が使える。連続関数列がコンパクト集合上で一様収束するなら一様有界なので，有界収束定理は一様収束による順序交換定理の上位互換である。

Σ (無限和) と $\int$ の順序交換には，lim と $\int$ の順序交換に帰着させる以外にも，Σ を数え上げ測度に関する積分だと見做してフビニの定理を用いる方法もあるが，今回の場合，級数が絶対収束しないので使えない。ちなみに，被積分関数列が非負の場合は，トネリの定理により交換できる。

Σ (無限和) を「部分和の極限」と見做す例を挙げたが，微分も「差分商の極限」と見做せるから，d/dx と $\int$ の順序交換も lim と $\int$ の順序交換に帰着できる。平均値の定理とルベーグの収束定理から，次の定理が得られる。

積分記号下での微分を正当化するルベーグ積分論の定理

$I \subset \mathbb{R}$ を閉区間，X を測度空間 (例えば $\mathbb{R}^n$)，$f: I \times X \to \mathbb{C}$ とする。全ての $t \in I$ に対して $f(t,x)$ が x に関して可積分，全ての $x \in X$ に対して $f(t,x)$ が t に関して微分可能で，ある可積分関数 $g: X \to \mathbb{R}$ が存在して，全ての $t \in I$, $x \in X$ に関して $|\frac{d}{dt}f(t,x)| \leq g(x)$ が成り立つとき，

$$\frac{d}{dt}\int_X f(t,x)dx = \int_X \frac{d}{dt}f(t,x)dx \ \ (\forall t \in I).$$

要するに，**微分**$\frac{d}{dt}f(t,x)$**を，微分するパラメータ** t **に依存しない可積分関数** g **で抑えられれば，微分と積分が順序交換できる**。記号が意味をもつこと，すなわち，x に関して積分した結果が t で微分可能なことも定理の結論に含まれる。

問題

$\displaystyle\lim_{n\to\infty}\int_0^1 \sqrt{1+n^2x^n}dx$ を求めよ。

(東大オープン 2022)

チート解法　部分積分して有界収束定理

$$I_n := \int_0^1 \sqrt{1+n^2x^n}dx, \quad J_n := \int_0^1 \frac{1}{\sqrt{1+n^2x^n}}dx$$ とおく。部分積分すると，

$$\begin{aligned} I_n &= \int_0^1 (x')\sqrt{1+n^2x^n}dx = \sqrt{1+n^2} - \frac{1}{2}\int_0^1 \frac{n^3x^n}{\sqrt{1+n^2x^n}}dx \\ &= \sqrt{1+n^2} - \frac{1}{2}\int_0^1 \frac{n(1+n^2x^n)-n}{\sqrt{1+n^2x^n}}dx = \sqrt{1+n^2} - \frac{n}{2}(I_n - J_n) \end{aligned}$$

$$\therefore I_n = \frac{2\sqrt{1+n^2}}{n+2} + \frac{n}{n+2}J_n \to 2\cdot 1 + 1\cdot\int_0^1 \frac{1}{\sqrt{1+0}}dx = 3 \ \ (n \to \infty).$$

ここで，J_n に有界収束定理を用いた。$1/\sqrt{1+n^2x^n} \leq 1$ よりこれは可能である。

このように，可積分な優関数がとれず，ルベーグの収束定理が直接使えない形でも，適当に式変形すれば使えるようになることがある。

被積分関数列を超関数列として見ると，$\sqrt{1+n^2x^n} \to 1 + 2\delta_1$ $(n \to \infty)$ である。$x = 1$ 付近で爆発し，それ以外の部分では 1 に収束する。爆発の影響は

$$\sqrt{1+n^2x^n} \approx nx^{n/2}, \quad \int_0^1 nx^{n/2}dx = \frac{2n}{n+2} \to 2 \ \ (n \to \infty)$$

から，積分が 2 になる程度だと分かり，デルタ関数が積分 1 を 1 点に凝集させ

た程度の爆発に相当することと合わせると，$+2\delta_1$ になると推察できる。

ちなみに，不定積分は $n=1,2$ のとき以外は初等関数では表せない。$n=4$ のときは第 1 種楕円積分が現れる。$n=2$ のときは放物線の長さを求める問題などでたまに出題される高校数学最難のパターンの積分である。$1=x'$ と見た部分積分や双曲線関数の媒介変数表示に由来する置換 $x=(1/2)(t\mp a^2/t)$ により

$$\int \frac{1}{\sqrt{x^2\pm a^2}}dx=\log|x+\sqrt{x^2\pm a^2}|+C,$$

$$\int \sqrt{x^2\pm a^2}\,dx=\frac{1}{2}\left(x\sqrt{x^2\pm a^2}\pm a^2\log|x+\sqrt{x^2\pm a^2}|\right)+C$$

が得られる。これを覚えておくと「右辺を微分すると被積分関数になるので…」という究極に天下り的なチート解法ができる。特に，$a>0$ のときの前者は定数差を除いて逆双曲線関数 $\sinh^{-1}(x/a)$ に一致し，より覚える価値が高い。

とはいえ，本問は $n=2$ のときだけ積分が求まっても意味がない。一般の n で積分を評価するために，元ネタの東大オープンの問題では，まず I_n を J_n で表し，J_n の被積分関数 $f_n(x)$ に対して $0<a_n\leq 1, a_n\to 1, f_n(a_n)\to 1\ (n\to\infty)$ となる $\{a_n\}$ を求めるよう誘導が付いていた。$f_n(a_n)\to 1$ より $b_n:=n^2a_n^n\to 0$ であり，$n^{1/n}\to 1$ をヒントに b_n を負冪のオーダーと仮定して調整すると $a_n=n^{-3/n}$ が条件を満たすことが分かる。そして，f_n の単調減少性とグラフの面積を用いた評価 $a_nf_n(a_n)\leq J_n\leq a_n+(1-a_n)f_n(a_n)$ から $J_n\to 1$ を示し，I_n, J_n の関係から $I_n\to 3\ (n\to\infty)$ を言うのが正攻法である。

最後にルベーグの収束定理の力を見せつけるエグい計算問題を紹介しよう。原始関数を求めるのは見るからに絶望的だが，極限値は求まってしまう。

問題

$$\lim_{n\to\infty}\int_{1/n}^{n}\left(1+\frac{2x}{n}\right)^{-n}\frac{x-n^2\sin(3x/n)}{2ne^{\pi/n}x+n^2\sin(x/n)}x^{5-7/n}|\log x|^{4/n}dx \text{ を求めよ。}$$

解法

$n\geq k$ とする。$(1+2x/n)^{-n}$は n に関して単調減少なので，

$$(1+2x/n)^{-n}\leq(1+2x/k)^{-k}\leq(k/2)^kx^{-k}\ (\forall x\geq 1).$$

$$(1+2x/n)^{-n}\leq 1\ (\forall x\geq 0).$$

$-t\leq\sin t\leq t\ (\forall t\geq 0)$に注意すると，$\forall x\geq 0$ に対して

$$\left|\frac{x-n^2\sin(3x/n)}{2ne^{\pi/n}x+n^2\sin(x/n)}\right|=\left|\frac{x/n^2-\sin(3x/n)}{2e^{\pi/n}x/n+\sin(x/n)}\right|\leq\frac{x/n^2+3x/n}{x/n}\leq\frac{1}{n}+3\leq 4.$$

$$x^{5-7/n}\leq x^5\ (\forall x\geq 1),\quad x^{5-7/n}\leq x^{5-7/k}\ (\forall x\in[0,1]).$$

また，$\lim_{x\to+0} x|\log x|^4 = 0,\ \lim_{x\to+\infty} \frac{|\log x|^4}{x} = 0$ より，定数 $a,b,c,d>0$ が存在して

$$|\log x|^{4/n} \le \begin{cases} |\log x|^4 \ (0<x\le e^{-1} \text{ or } x\ge e) \\ 1 \ (e^{-1}\le x\le e) \end{cases} \le \begin{cases} ax+b \ (x\ge 1) \\ c/x+d \ (0<x\le 1) \end{cases}$$

まとめると，被積分関数 $f_n(x)$ に対して

$$|f_n(x)| \le \begin{cases} 4(k/2)^k x^{5-k}(ax+b) \ (x\ge 1) \\ 4x^{5-7/k}(c/x+d) \ (x\in(0,1]) \end{cases}$$

ここで，$k=8$ とすると，

$$\int_1^\infty x^{-3}(ax+b)dx = \lim_{L\to\infty}\left[-\frac{a}{x}-\frac{b}{2x^2}\right]_1^L = a+\frac{b}{2}<\infty$$

$$\int_0^1 x^{5-7/8}\left(\frac{c}{x}+d\right)dx < \int_0^1 x^4\left(\frac{c}{x}+d\right)dx<\infty$$

より，右辺は n に依存しない可積分関数である。ルベーグの収束定理より，

$$\lim_{n\to\infty}\int_0^\infty \chi_{[\frac{1}{n},n]}(x)\left(1+\frac{2x}{n}\right)^{-n}\frac{x-n^2\sin(3x/n)}{2ne^{\pi/n}x+n^2\sin(x/n)}x^{5-7/n}|\log x|^{4/n}dx$$

$$=\int_0^\infty e^{-2x}\lim_{n\to\infty}\frac{x/n^2-\sin(3x/n)}{2e^{\pi/n}x/n+\sin(x/n)}x^5dx$$

$$=\int_0^\infty e^{-2x}\lim_{n\to\infty}\frac{\frac{1}{n}-\frac{\sin(3x/n)}{x/n}}{2e^{\pi/n}+\frac{\sin(x/n)}{x/n}}x^5dx = \int_0^\infty e^{-2x}\cdot\frac{0-3}{2\cdot 1+1}\cdot x^5dx$$

$$=-\left[-\frac{1}{8}e^{-2x}(4x^5+10x^4+20x^3+30x^2+30x+15)\right]_0^\infty = -\frac{15}{8}.$$

極限をとるので，n は十分大きい k から考え始めればよい。上からの評価が可積分となるように十分大きく選ぶ。$x^{-\alpha}$ は $[c,\infty)$ $(c>0)$上では $\alpha>1$ のときに限り可積分（すなわち $\int_c^\infty x^{-\alpha}dx<\infty$）で，$(0,c]$ $(c>0)$上では $\alpha<1$ のときに限り可積分（すなわち $\int_0^c x^{-\alpha}dx := \lim_{\varepsilon\to+0}\int_\varepsilon^c x^{-\alpha}dx<\infty$）である。

最後の x^5e^{-2x} の不定積分は部分積分を 5 回繰り返すと思うと大変に感じるが，指数関数と冪の積なので部分積分の中では最も楽なケースで，いわゆる「瞬間部分積分」の出番である。あるいは，$[0,\infty)$上の定積分をガンマ関数の定義に持ち込んでも良い：

$$\int_0^\infty x^5e^{-2x}dx = \int_0^\infty\left(\frac{t}{2}\right)^5e^{-t}\cdot\frac{1}{2}dt = \frac{1}{2^6}\Gamma(6) = \frac{5!}{2^6} = \frac{15}{8}.$$

10 直線族の包絡線

曲線族（曲線の集合）$\mathcal{C}$ の包絡線とは，$\mathcal{C}$ の全ての曲線に接するような曲線のことである。高校数学における直線の通過領域の問題は，その直線族の包絡線から簡単に求まることが多い。

まずはこの手の話題に関してよく引き合いに出される典型問題を紹介する。

問題

(1) t が実数全体を動くとき，直線 $y = 2tx - t^2$ が通過する領域を図示せよ。

(2) t が $0 \leq t \leq 1$ の範囲を動くとき，直線 $y = 2tx - t^2$ が通過する領域を図示せよ。

正攻法① 逆像法（実数解の存在条件）

(1) t に関する 2 次方程式 $t^2 - 2xt + y = 0$ が実数解をもつような(x, y)の集合を求めればよい。この条件は判別式を D とすると，$D/4 = (-x)^2 - y \geq 0$，すなわち $y \leq x^2$. これを図示すると，次のようになる。

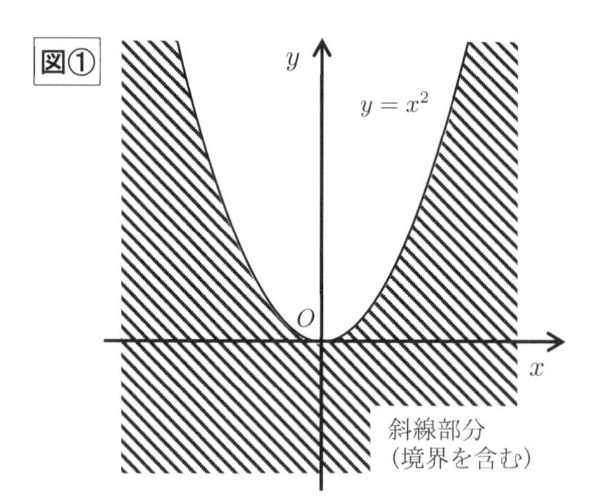

(2) t に関する 2 次方程式 $t^2 - 2xt + y = 0$ が $0 \leq t \leq 1$ の範囲に解をもつような(x, y)の集合を求めればよい。$f(t) := t^2 - 2xt + y$ とおく。

(i) $0 \leq t \leq 1$ の範囲に 2 つの実数解または重解をもつ条件は，

- $D/4 = (-x)^2 - y \geq 0$，すなわち $y \leq x^2$;
- 軸 $t = x$ について $0 \leq x \leq 1$;
- $f(0) = y \geq 0$, $f(1) = 1 - 2x + y \geq 0$

の全てが成り立つことである。

(ii)　(i)以外の場合において，$0 \leq t \leq 1$ の範囲に実数解をもつ条件は，

$f(0)f(1) = y(1 - 2x + y) \leq 0.$

すなわち，$0 \leq y \leq 2x - 1$ または $2x - 1 \leq y \leq 0.$

これらをまとめて図示すると，次のようになる。

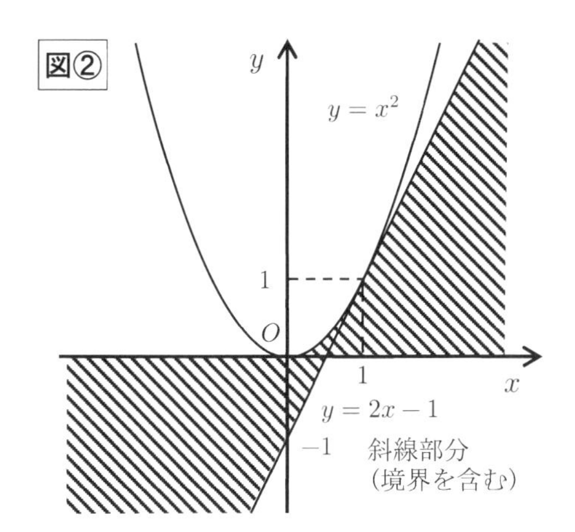

---

2 次方程式の解の配置問題は，**判別式・軸の位置・区間の端点における符号の 3 つの要素を考えるのが基本**であり，両端における値の積を適宜利用する。

$f(0)f(1) \leq 0$ は $0 \leq t \leq 1$ にちょうど 1 つの重解ではない解をもつ条件<u>ではない</u>。0 または 1 が解でもう 1 つの解も $0 \leq t \leq 1$ に属する可能性や，0 または 1 が重解の可能性も含む。そのため，(i)と $f(0)f(1) \leq 0$ は排反ではないが，「(i)または $f(0)f(1) \leq 0$」が $0 \leq t \leq 1$ の範囲に少なくとも 1 つの実数解をもつための必要十分条件であることに変わりはないので別に気にしなくてよい。一方で，もし閉区間ではなく開区間 $0 < t < 1$ に少なくとも 1 つの実数解をもつ条件を求める場合は，排反に分類して，2 つの実数解または重解をもつ条件（(i)で端点における等号を外したもの）に加えて，「端点を解にもたず，かつ，ちょうど 1 つの重解でない解を区間内にもつ」ための条件 $f(0)f(1) < 0$ を求めた上で，端点を解にもつ場合（$f(0) = 0$ または $f(1) = 0$）についてもう 1 つの解が区間に含まれるかどうかを個別に調べる必要があるので注意せよ（「開区間に少なくとも 1 つ」が高校数学における 2 次方程式の解の配置問題の中で最難である）。

正攻法②　順像法（いわゆる「ファクシミリの原理」「すだれ法」）

x を固定し，$y = f(t) := -t^2 + 2xt = -(t - x)^2 + x^2$ を t の関数と見做す。

(1) $f(t)$ は $t=x$ で最大値 x^2 をとる。$f(t) \to -\infty\ (t \to \infty)$ と f の連続性から，y の動く範囲（f の値域）は $y \leq x^2$（図①）である。

(2) $x \leq 0$ のとき，$f(t)$ は $t=0$ で最大値 0，$t=1$ で最小値 $2x-1$ をとる。f の連続性と合わせると，y の動く範囲は $2x-1 \leq y \leq 0$.
$0 < x \leq 1/2$ のとき，$f(t)$ は軸 $t=x$ で最大値 x^2，区間の右端 $t=1$ で最小値 $2x-1$ をとる。f の連続性と合わせると，y の範囲は $2x-1 \leq y \leq x^2$.
$1/2 < x \leq 1$ のとき，$f(t)$ は軸 $t=x$ で最大値 x^2，区間の左端 $t=0$ で最小値 0 をとる。f の連続性と合わせると，y の範囲は $0 \leq y \leq x^2$.
$x > 1$ のとき，$f(t)$ は $t=1$ で最大値 $2x-1$，$t=0$ で最小値 0 をとる。f の連続性と合わせると，y の動く範囲は $0 \leq y \leq 2x-1$.
これらをまとめると，図②のようになる。

二次関数の最大・最小は区間における軸の位置（区間外か区間内か，区間の真ん中より右か左か）で場合分けして求めるのであった。論理的には，最大値と最小値を求めただけでは間にとらない値が存在しないことは保証されないので，区間の連結性と f の連続性に言及して中間値の定理を使うなどの必要があるが，二次関数特有の性質を使っている時点でその辺りは大前提になっているから，高校数学の答案作成に際してはあまり気にする必要はないかもしれない。

$x=k$, $x=X$ など任意に固定した結果の値を別の文字でおくと x を固定したことが分かりやすいが，文字が増えてかえって面倒だとも思える。

「ファクシミリの原理」は線ごとにその上で考えてからそれを動かして全体の情報を得る様子が FAX の仕組みに似ていることから生まれた通称であり，正式な数学用語ではない。

チート解法　包絡線

$2tx - t^2 = -(t-x)^2 + x^2$ より，任意の実数 t に対して直線 $y = 2tx - t^2$ は $x=t$ で曲線 $y=x^2$ に接する。

(1) $y=x^2$ の接線全ての和集合，すなわち $y \leq x^2$（図①）である。

(2) $y=x^2$ の接線であって，接点の x 座標 t が $0 \leq t \leq 1$ の範囲にあるものたちの和集合を求めればよい。これを図示すると，図②のようになる。

直線族の表式がパラメータ t に関して 2 次式のときは，**平方完成するだけで包絡線の式（2 乗以外の部分）と接点の位置（2 乗の中身 $=0$）が求まる**。今回はたまたま t 自身が接点の x 座標になったが，無論いつもそうとは限らない。例えば，$y = 4tx - t^2 = -(t-2x)^2 + 4x^2$ の場合，包絡線は $y=4x^2$ であり，$x=$

$t/2$ が接点の x 座標となる。

接線の和集合を直感で求めているので，多少厳密性に欠ける解き方ではある。

問題

線分 $y=\sqrt{3}x\ (0\leq x\leq 2)$ 上の点 P と線分 $y=-\sqrt{3}x\ (-2\leq x\leq 0)$ 上の点 Q が $\mathrm{OP}+\mathrm{OQ}=6$ を満たしながら動くとき，線分 PQ の通過する領域を D とおく。

(1) $0\leq s\leq 1$ のとき，$(s,t)\in D$ となる t の範囲を求めよ。

(2) D を図示せよ。

（東大 2014）

正攻法「ファクシミリの原理」

(1) $\mathrm{P}(p,\sqrt{3}p), \mathrm{Q}(q,-\sqrt{3}q)\ (0\leq p\leq 2, -2\leq q\leq 0)$ とおくと，$\mathrm{OP}=2p$，$\mathrm{OQ}=-2q$，$\mathrm{OP}+\mathrm{OQ}=6$ より，$q=p-3$. $-2\leq q\leq 0$ より，q の存在条件を p に反映させると，$1\leq p\leq 2$. 直線 PQ の式は，

$$y=\frac{\sqrt{3}p+\sqrt{3}(p-3)}{p-(p-3)}(x-p)+\sqrt{3}p$$

すなわち

$$y=\frac{\sqrt{3}}{3}(2p-3)x+2\sqrt{3}p-\frac{2\sqrt{3}}{3}p^2$$

$x=s$ と固定し，上式の右辺を p について平方完成すると，

$$f(p):=-\frac{2\sqrt{3}}{3}\left(p-\frac{s+3}{2}\right)^2+\frac{\sqrt{3}}{6}s^2+\frac{3\sqrt{3}}{2}$$

まず $0\leq s\leq 1$ のときを考える。軸 $p=(s+3)/2$ は $1\leq p\leq 2$ に属し，区間の右寄りだから，$f(p)$ の最大値は

$$f\left(\frac{s+3}{2}\right)=\frac{\sqrt{3}}{6}s^2+\frac{3\sqrt{3}}{2}$$

$f(p)$ の最小値は

$$f(1)=-\frac{\sqrt{3}}{3}s+\frac{4\sqrt{3}}{3}$$

線分 PQ の動く範囲 D は直線 PQ の動く範囲のうち $y\geq\sqrt{3}x\ (0\leq x\leq 2)$, $y\geq -\sqrt{3}x\ (-2\leq x\leq 0)$ との共通部分である。$0\leq s\leq 1$ より，

$$-\frac{\sqrt{3}}{3}s+\frac{4\sqrt{3}}{3}\geq\sqrt{3}s$$

である。よって，

$$-\frac{\sqrt{3}}{3}s+\frac{4\sqrt{3}}{3}\leq t\leq\frac{\sqrt{3}}{6}s^2+\frac{3\sqrt{3}}{2}$$

次に，$1<s\leq 2$ のときを考える。$f(p)$ の最大値は

$$f(2)=\frac{\sqrt{3}}{3}s+\frac{4\sqrt{3}}{3}$$

$f(p)$ の最小値は

$$f(1)=-\frac{\sqrt{3}}{3}s+\frac{4\sqrt{3}}{3}$$

$1<s\leq 2$ より，

$$-\frac{\sqrt{3}}{3}s+\frac{4\sqrt{3}}{3}<\sqrt{3}s$$

よって，

$$\sqrt{3}s\leq t\leq\frac{\sqrt{3}}{3}s+\frac{4\sqrt{3}}{3}$$

(2) 線分 $y=\sqrt{3}x$ $(0\leq x\leq 2)$ と線分 $y=-\sqrt{3}x$ $(-2\leq x\leq 0)$ は y 軸に関して対称で，P と Q の役割は対等だから，D は y 軸に関して対称である。
よって，(1) より以下の斜線部分となる。境界は全て含む。

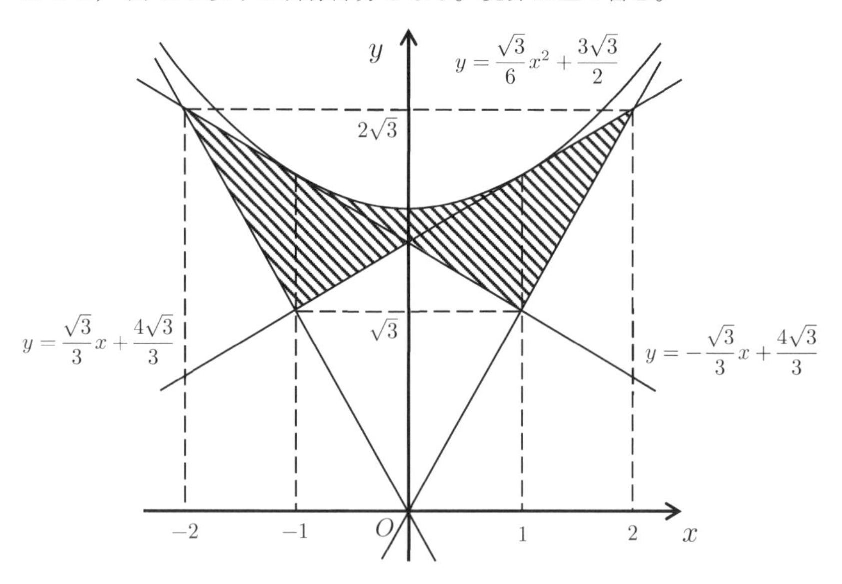

チート解法　誘導を無視して包絡線を利用

(2) $\mathrm{P}(p,\sqrt{3}p)$ とおく。Q が左端にあるとき $p=1$ だから，p が実際に動く範囲

は $1 \leq p \leq 2$ である。直線 PQ の式を p について平方完成すると，

$$y = -\frac{2\sqrt{3}}{3}\left(p - \frac{x+3}{2}\right)^2 + \frac{\sqrt{3}}{6}x^2 + \frac{3\sqrt{3}}{2}$$

よって，直線 PQ は $p = (x+3)/2$ すなわち $x = 2p - 3$ $(\in [-1,1])$ で放物線

$$y = \frac{\sqrt{3}}{6}x^2 + \frac{3\sqrt{3}}{2}$$

に接する。接点は常に線分 PQ 上にある。p が 1 から 2 まで動くとき，線分 PQ の傾きは単調増加だから，D は $p = 1,2$ のときの線分 PQ，放物線 $y = (\sqrt{3}/6)x^2 + 3\sqrt{3}/2$ $(-1 \leq x \leq 1)$，線分 $y = \sqrt{3}x$ $(0 \leq x \leq 2)$，線分 $y = -\sqrt{3}x$ $(-2 \leq x \leq 0)$ で囲まれる。図示すると前掲の図のようになる。

(1)　(2) より，

$$\frac{\sqrt{3}}{3}s + \frac{4\sqrt{3}}{3} \leq t \leq \frac{\sqrt{3}}{6}s^2 + \frac{3\sqrt{3}}{2} \ (0 \leq s \leq 1)$$

$$\sqrt{3}s \leq t \leq \frac{\sqrt{3}}{3}s + \frac{4\sqrt{3}}{3} \ (1 < s \leq 2)$$

直線だけでなく，線分や半直線の通過領域の境界にも包絡線が現れる。その場合，通過領域の境界を特定する上で線分や半直線の端点の軌跡も必要になる。

直線 PQ の式を p について平方完成するのは結果的にファクシミリの原理による解法と同じだが，二次関数の最大値・最小値を求めるためではなく，2 乗（重解）の形を作って接することを示すのが目的だという点で，意味は異なる。直線 PQ の式を $y = f_p(x)$，包絡線の式を$y = g(x) := (\sqrt{3}/6)x^2 + 3\sqrt{3}/2$ として，

$$f_p(x) - g(x) = -\frac{2\sqrt{3}}{3} \cdot \frac{1}{4}\left(x - (2p-3)\right)^2$$

と変形すれば，$x = 2p - 3$ で接するということが分かりやすいだろう。

問題

実数 t の値によって定まる点 $\mathrm{P}(t+1, t)$ と点 $\mathrm{Q}(t-1, -t)$ がある。t が区間 $[0,1]$ を動くとき，線分 PQ が通過する範囲の面積を求めよ。

（京大 1984 改）

チート解法 包絡線の利用

直線 PQ の式は，$y = t\left(x - (t+1)\right) + t$，すなわち，$y = tx - t^2$ である。

$$tx - t^2 = -\left(t - \frac{x}{2}\right)^2 + \frac{x^2}{4}$$

$$(tx - t^2) - \frac{x^2}{4} = -\left(t - \frac{x}{2}\right)^2$$

より，直線 PQ は $x = 2t$ で放物線 $y = x^2/4$ に接する。$t \in [0,1]$ のとき，$t - 1 \leq 2t \leq t + 1$ だから，接点は線分 PQ 上に存在する。

点 P の軌跡は $x = t + 1, y = t$ から t を消去し，t の変域 $0 \leq t \leq 1$ を x, y に反映させることで，線分 $y = x - 1$ $(1 \leq x \leq 2)$ であることが分かる。同様にして点 Q の軌跡は線分 $y = -x - 1$ $(-1 \leq x \leq 0)$ である。よって，線分 PQ の通過領域は次の図の斜線部分となる。

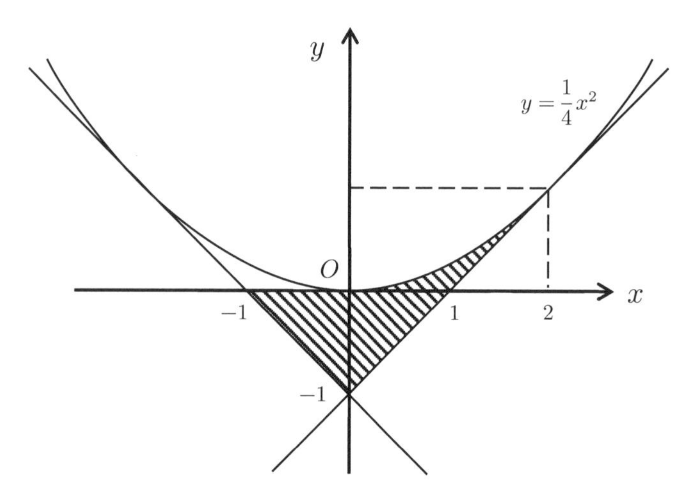

この面積は

$$\frac{1}{2} \times 2 \times 1 + \int_0^2 \frac{1}{4} x^2 dx - \frac{1}{2} \times 1 \times 1 = \frac{7}{6}$$

包絡線だけでなく，線分の端点の軌跡の式も求める必要がある。t を消去する際に変域に関する情報を残りの変数に反映させることを忘れてはならない。この場合は直線上の部分集合なので $0 \leq t \leq 1$ に $t = x - 1$ や $t = x + 1$ を代入して x の変域を出すだけで済む。しかし，媒介変数表示された曲線の式から媒介変数を消去する際，一般には残っている変数のうち 1 つの変域を求めるだけでは済まないことには注意したい。残っている変数全ての変域を求めても済まない場合もある。例えば，原点に吸い込まれていく渦巻のような曲線の場合，x, y の変域を共に出しても何回巻きかが分からないので，情報が失われる。

まあ，包絡線と端点の軌跡だけから通過領域を決定すること自体，接点をスライドさせるという直感的なイメージに基づいていて厳密性に欠けるので，今更あまり細かいことを気にしても仕方ない。より厳密に証明したいなら大人しく順像法や逆像法を使うか，ケースバイケースの正当化をするしかない。この場合，$t=0,1$ のときの接線と合わせれば境界が決定され，接線の傾きが単調増加だからその間に穴が開かないなどといった正当化が必要になる。

これまで見てきたように，パラメータ t に関して 2 次の式で表される直線族は高校数学では比較的頻出であり，平方完成だけで容易に包絡線が求まる。ちなみに，平方完成によりどのような曲線や直線に接するのかを素早く求める手法は包絡線に限らずしばしば有用である。例えば，4 次関数 $f(x)=ax^4+bx^3+cx^2+dx+e$ のグラフの二重接線の式は存在すれば $f(x)=a(x^2+px+q)^2+mx+n$ の形に平方完成することで $y=mx+n$ として求まる（2 乗の中身の 2 次式の判別式が 0 以下のときは二重接線が存在せず，判別式が 0 のときは 4 次接触する接線が 1 つ存在する）。

一方で，平方完成では求まらない一般の曲線族に対する包絡線を求める公式も存在する。次で見るように，直線ではなく曲線の集合の場合や，曲線族の表式がパラメータ t に関して 2 次式でない場合にも包絡線の考え方は有効である。

問題

$a>0$ が正の実数全体を動くとき，放物線

$$C_a\colon y=ax^2+\frac{1-4a^2}{4a}$$

の通過する領域を求めよ。

（東大 2015）

正攻法「ファクシミリの原理」

x を固定して y の動く範囲を求める。y の式を a について整理すると，

$$y=f(a):=(x^2-1)a+\frac{1}{4a}$$

(i) $x^2<1$ のとき，f は狭義単調減少関数の和なので狭義単調減少である。

$$\lim_{a\to+0}f(a)=\infty,\qquad \lim_{a\to\infty}f(a)=-\infty$$

より，y のとり得る値の範囲は全ての実数である。

(ii) $x^2=1$ のとき，f は狭義単調減少な連続関数で，

$$\lim_{a\to+0}f(a)=\infty,\qquad \lim_{a\to\infty}f(a)=0$$

より，y のとり得る値の範囲は正の実数全体である。

(iii) $x^2>1$ のとき，相加平均・相乗平均の関係から，

$$f(a) := (x^2-1)a + \frac{1}{4a} \geq 2\sqrt{(x^2-1)a \cdot \frac{1}{4a}} = \sqrt{x^2-1}$$

であり，$a = 1/\left(2\sqrt{x^2-1}\right)$のときに等号が成立する。また，$\lim_{a \to +0} f(a) = \infty.$

これらと f の連続性から，y のとり得る値の範囲は $y \geq \sqrt{x^2-1}.$
(i), (ii), (iii)をまとめると，次の図のようになる。

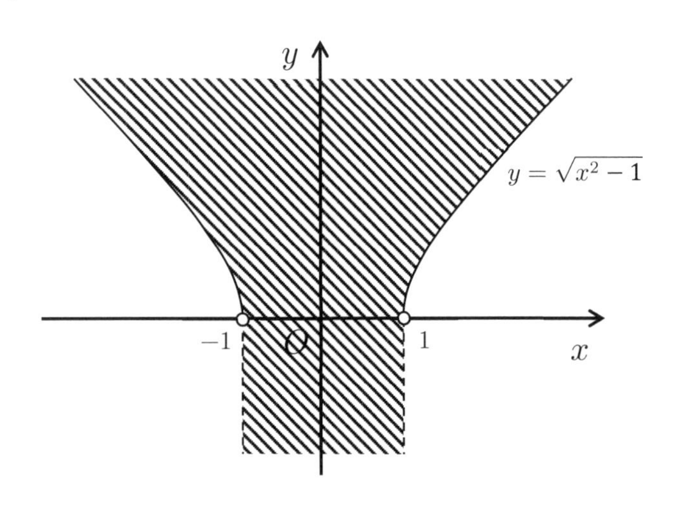

チート解法 包絡線

$$F_a(x,y) := ax^2 + \frac{1-4a^2}{4a} - y$$

とおく。曲線族$\{F_a(x,y)=0\}_{a>0}$の包絡線は,

$$\frac{d}{da}F_a(x,y) = x^2 - \frac{1}{4}a^{-2} - 1 = 0 \Longleftrightarrow a = \frac{1}{2\sqrt{x^2-1}}$$

を $F_a(x,y)=0$ に代入することにより，$y = \sqrt{x^2-1}$ と求まる。$x = \pm 1$ はパラメータの特異点なので除外される（$F_a(x,y)=0$ が $x=\pm 1$ で $y=\sqrt{x^2-1}$ のグラフに接するような $a>0$ は存在せず, 言うなれば $a=\infty$ に対応する)。更に, 対称性を考えると, $F_a(x,y)=0$ は $y=\sqrt{x^2-1}$ $(x<-1 \text{ or } x>1)$ のグラフの 2 つの連結成分に同時に接しながら動く。$a \to +0$ のとき, $F_a(x,y)=0$ は $y \to \infty$ を意味し，y 軸無限遠方へ，x 軸に平行な直線へと漸近する。$a \to \infty$ のとき, $F_a(x,y)=0$ は $y=\sqrt{x^2-1}$ のグラフの接線で接点の座標を $x \to -1-0$, $x \to 1+0$ として得られる 2 直線 $x=\pm 1$ に漸近する。以上より，曲線 $F_a(x,y)=0$ の通過領域は $y=\sqrt{x^2-1}$ $(x<-1 \text{ or } x>1)$ のグラフと 2 直線 $x=\pm 1$ の $y \leq$

0 の部分で区切られてできる領域のうち原点を含むものであり，境界は包絡線 $y=\sqrt{x^2-1}$ $(x<-1 \text{ or } x>1)$ 上の点のみ含み，2 直線 $x=\pm 1$ の $y\leq 0$ の部分は（$a=\infty$ に対応するため）含まない。

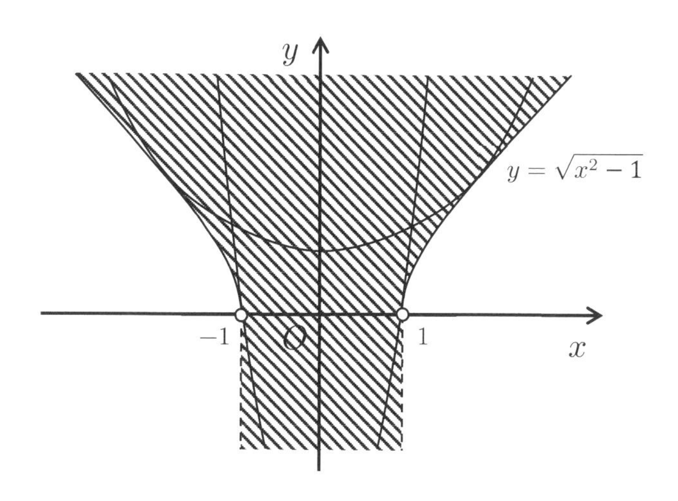

このように包絡線の考え方を使うと，曲線の動き方を曲線のまま捉えることができる。上の解答で包絡線の式を求める際には下記の一般論を用いた。

$\mathbb{R}^N$ 上の曲線族を考える。曲線族のパラメータの定義域は様々なものが考えられるが，とりあえず 1 次元区間とする。

一般の曲線族に対する包絡線の求め方

C^1 級の表式をもつ曲線族 $\{F_t(x_1,x_2,\ldots,x_n)=0\}_t$ に対する包絡線の式は

$$F_t(x_1,x_2,\ldots,x_n)=0,\qquad \frac{\partial}{\partial t}F_t(x_1,x_2,\ldots,x_n)=0$$

からパラメータ t を消去すると得られる。

更に，$\partial_t F_t=0$ を解いて得られるパラメータの表式に包絡線上の点の座標を代入して得られる値は，その点で接するときの曲線のパラメータの値である。

「曲線族」や「包絡線」と言っているが，高次元でも同じなので一般化して考えており，3 次元以上（$n\geq 3$）では「線」ではなく，余次元 1 の超曲面である。実際には 3 次元では「包絡面」であり，4 次元以上になると何と呼んでいいか分からない。英語では次元によらず envelope と言うので，単に「包絡」と呼ぶべきかもしれない。$f_x(x,y)=\partial_x f(x,y)$ のように添え字で微分を表す記法もあるが，ここでの F_t の添え字 t はパラメータそのものであり，t で微分していることを表しているわけではない。

包絡線を求めるのに何故パラメータに関する微分が出てくるのか不思議に感じると思うので，直感的な解釈を少し述べる。パラメータ t_0 に対応する曲線 $F_{t_0}=0$ を考える。これが点 P_{t_0} で包絡線に接しているとすると，少しパラメータを動かした曲線 $F_{t_0+\varepsilon}=0$ も点 P_{t_0} に近い点で包絡線に接するだろう。すると，曲線 $F_{t_0}=0$ と $F_{t_0+\varepsilon}=0$ の共有点 $\mathrm{P}_{t_0,\varepsilon}$ が点 P_{t_0} の近くにありそう $(\lim_{\varepsilon\to 0}\mathrm{P}_{t_0,\varepsilon}=\mathrm{P}_{t_0})$ である。$\mathrm{P}_{t_0,\varepsilon}$ は共有点なので，$F_{t_0}(\mathrm{P}_{t_0,\varepsilon})=0, F_{t_0+\varepsilon}(\mathrm{P}_{t_0,\varepsilon})=0$ を満たす。

$$\frac{F_{t_0+\varepsilon}(\mathrm{P}_{t_0,\varepsilon})-F_{t_0}(\mathrm{P}_{t_0,\varepsilon})}{\varepsilon}=0$$

で $\varepsilon\to 0$ とすると，$(\partial_t F)_{t_0}(\mathrm{P}_{t_0})=0$.

より厳密に説明すると次のようになる：包絡線はパラメータ t に対応する曲線との接点 $\mathrm{P}(t)$ の集合（t を動かしたときの軌跡）である。曲線 $F_t=0$ の点 $\mathrm{P}(t)$ における法線方向を表すベクトルは$(\nabla F_t)(\mathrm{P}(t))$である。包絡線の $\mathrm{P}(t)$ における接線方向を表すベクトルは P の t における速度ベクトル $\mathrm{P}'(t)$ である。接するという条件はこれらが直交する，即ち内積が $\nabla F_t(\mathrm{P}(t))\cdot\mathrm{P}'(t)=0$ だということである。一方，任意のパラメータ t に対して $\mathrm{P}(t)$ が $F_t=0$ 上にあるという式 $F_t(\mathrm{P}(t))=0$ を t に関して微分すると，多変数合成関数の連鎖律により F_t 自身の t 依存性も影響して $\nabla F_t(\mathrm{P}(t))\cdot\mathrm{P}'(t)+\partial_t F_t(\mathrm{P}(t))=0$. 2 式を合わせると，$\partial_t F_t(\mathrm{P}(t))=0$.

ただし，これは「もし包絡線だったらこれを満たす」という包絡線であるための必要条件に過ぎないことには注意が必要である。曲線の特異点，すなわち $\nabla F_t=0$ となる点の軌跡も同じ式を満たしてしまうので，$F_t=0$, $\partial_t F_t=0$ を解いて得られるものが実際に包絡線かどうかは確認が必要である。

ところで，本章で扱った例題はいずれも多項式関数で表されていた。包絡線の話題には直結しないが，一般に有限個の多項式を用いて表される軌跡（通過領域）の問題は実閉体の理論の量化子除去アルゴリズムに基づいて機械的に解くことができる（Tarski-Seidenberg の定理)。ただし，通常はコンピュータを使う。昔，「東ロボくん」という人工知能がこれを使って東大模試の問題を解いたとして話題になったことがある。ある意味，これが究極のチート解法かもしれない。

11 留数定理

積分計算が物によってはエグいことになるのは，微積を学んだことのある人なら身をもって知っているだろう。原始関数を求めるのが非常に大変だったり，そもそも原始関数が初等関数で書けなかったりする。定積分の場合，上手い変数変換や King Property などの対称性の利用をもってすれば，難しそうな定積分が一気に簡単になったりもするが，これには発想力が必要である。

複素解析の華である「留数定理」を使うと，一定の型の定積分の値を，何の原始関数も計算せずに極限や微分だけで機械的に求めることができるようになる。要するに，「全く積分せずに積分値を求める」ということが可能になる。

以下，まず留数定理の主張とその意味を解説する。意味を理解するには複素解析の基本事項について色々と準備が必要である。

留数定理

複素数平面内の区分的に滑らかな単純閉曲線 γ が囲む有界領域 D に対し，$D\cup\gamma$ を含む領域で定義された複素数値関数 f が D 内に有限個の孤立特異点 $a_1, a_2, \dots, a_n$ をもち，それ以外で正則なら，

$$\oint_\gamma f(z)dz = 2\pi i \sum_{k=1}^{n} \operatorname*{Res}_{z=a_k} f(z).$$

「区分的に滑らか」とは「有限個の点を除いて滑らか」という意味である。「単純閉曲線」とは，自分自身と交わらない閉じた（始点と終点が一致する）曲線を指す。ある領域で「**正則**」であるとは，そこに属する任意の点で複素数を変数として微分可能だという意味である。微分係数の定義式は実関数のときと同じ（差分商の極限）で，この値が微分しようとしている点への近付け方に依存せずに定まる（実の場合は左からと右からの 2 つの近付け方しかないが，複素の場合は平面なので無数の近付け方がある）という条件が重要である。点における正則性はその周りのある領域で正則であることとして定義され，1 点のみにおける微分可能性とは一致しない。「孤立特異点」とは，その近く（ある近傍）に他の特異点（正則でない点）が存在しない特異点を指す。上のステートメントでは「それ以外で正則」と言っていて，特異点が有限個なら孤立しているのは当たり前なので，「孤立特異点」という言葉を無視して，単に「f が D 内の点 $a_1, a_2, \dots, a_n$ 以外で正則なら」と仮定を表現しても同じである。

$\oint_\gamma f(z)dz$ は正の向き（γ が囲む有界領域 D を常に左に見て回る向き，つまり反時計回り）に γ に沿って f を積分した値を表す。$\int$ に付いている○は周

回積分（閉曲線に沿った積分）であることを表す。正の向きであることを強調するために矢印を付けて $\oint_\gamma f(z)dz$ のように書かれることも稀にある。

正則という性質は非常に強い。定義自体は 1 階微分しか見ていないが，自動的に無限回複素微分可能で更に解析的（冪級数展開可能）であることが従う（実は必要十分条件）。これは元を辿れば正則関数の実部・虚部がコーシー・リーマンの関係式を満たす調和関数であることから来る。単に冪級数で書ければ局所的に正則である一方，正則性の制約は強く，有界な整関数（$\mathbb{C}$ 全体で正則な関数）は定数しかない（リウヴィルの定理）。ここから代数学の基本定理が一瞬で証明できる。実際，n 次式 $p(z)$ に根がないと仮定すると $1/p$ が有界整関数となるから p は定数関数になるしかない。実はより強いことも言え，定数でない整関数の値域は高々1 点を除く $\mathbb{C}$ 全体である（ピカールの小定理）。

$\operatorname*{Res}_{z=a} f(z)$ や $\mathrm{Res}(f,a)$ は $z=a$ における $f(z)$ の「**留数**」を表す。留数の定義自体は「$z=a$ を囲み，$z=a$ 以外の f の特異点を囲まないような十分小さい単純閉曲線 γ' に沿って正の向きに f を積分した値の $1/(2\pi i)$ 倍」という，留数定理を逆手に取ったような定義であり，むしろ後述する留数の計算方法の方が大事である。要するに留数定理は「γ 上の周回積分は，γ が囲む孤立特異点周りの周回積分の和に等しい」と述べており，これはコーシーの積分定理（単連結領域，つまり穴が開いていない領域上の正則関数の周回積分は 0 だという定理）を，全てをつなぎ合わせた積分路に適用することですぐに証明できる。孤立していない特異点（集積特異点）では上のような γ' をとれないので留数を考えることができず，コーシーの積分定理より正則点での留数は 0 なので，孤立特異点以外で留数を考えても意味がない。孤立特異点は除去可能特異点（可除特異点とも言い，その点で値を変更すれば正則にできる点），極（負冪オーダーで発散している点），真性特異点の 3 種類あり，除去可能特異点は実質正則点と同じなので留数は 0 である。極 a のうち，$z\to a$ で $(z-a)^{n-1}f(z)$ は発散するが，$(z-a)^n f(z)$ は収束するような点を f の n **位の極**と言う。真性特異点はこのような n がとれない孤立特異点である。

極における留数を具体的に計算するには次の公式を用いる。

留数計算の公式

$z=a$ が $f(z)$ の n 位の極のとき，

$$\operatorname*{Res}_{z=a} f(z) = \frac{1}{(n-1)!}\lim_{z\to a}\frac{d^{n-1}}{dz^{n-1}}\{(z-a)^n f(z)\}.$$

これを導くにはテイラー展開を負冪も許すように一般化したローラン展開

$$f(z) = \sum_{k=-\infty}^{\infty} \alpha_k (z-a)^k$$

というものを考える。a 中心の小さい円周での周回積分を具体的に計算すると「-1 次」の項以外の積分が全て消え，ローラン展開の「-1 次」の係数α_{-1}が留数に等しいことがわかり，その係数を代数的に取り出すことで公式が得られる。真性特異点でもローラン展開は可能で「-1 次」の係数が留数となるが，主要部（$k \leq -1$ の項，負冪の部分）が無限に続くので上の公式は使えない。

マクローリン展開が分かっている関数に z^{-1} を代入して得られる関数の $z=0$ における留数など，上の公式ではなくローラン展開を使って留数を求めるべき場合もある。

後の話では，複素指数関数が非常に重要になるので，ここで簡単に復習しておこう。まず複素指数関数は実変数の場合のマクローリン展開と同じ形の式

$$\exp z = e^z = \sum_{n=0}^{\infty} \frac{z^n}{n!}$$

により定義され，これは複素数平面上で広義一様絶対収束している。つまり，全ての複素数 z に対して e^z が定まる。実数 θ に対して，$e^{i\theta}$ を実部・虚部に分け，$\sin\theta, \cos\theta$ のマクローリン展開と比較することで，オイラーの公式 $e^{i\theta} = \cos\theta + i\sin\theta$ が得られる。複素数の三角関数もマクローリン展開で定義され，

$$\sin z := \sum_{n=0}^{\infty} \frac{(-1)^n}{(2n+1)!} z^{2n+1} = \frac{e^{iz} - e^{-iz}}{2i}, \quad \cos z := \sum_{n=0}^{\infty} \frac{(-1)^n}{(2n)!} z^{2n} = \frac{e^{iz} + e^{-iz}}{2}$$

となる。双曲線関数たち

$$\sinh z = \frac{e^z - e^{-z}}{2}, \quad \cosh z = \frac{e^z + e^{-z}}{2}, \quad \tanh z = \frac{\sinh z}{\cosh z},$$

$$\operatorname{sech} z = \frac{1}{\cosh z}, \quad \operatorname{csch} z = \frac{1}{\sinh z}, \quad \coth z = \frac{1}{\tanh z}$$

もそのままの式で複素変数に拡張される。$\sinh z, \cosh z$ はちょうど $\sin z, \cos z$ の複素指数関数による表示から i を取り除いたような式で定義されており，$\sinh iz = i \sin z, \cosh iz = \cos z$ である。従って，そこから名前に h（ハイパボリック）がつかない三角関数と同様の分数で定義される他の双曲線関数も名前から h を取った関数と複素指数関数表示を通して関係が付く。双曲線関数の様々な公式と三角関数の公式の類似性もこれを考えると納得がいく。

三角関数の基本公式や平易な置換積分で簡単な形に落とし込めないタイプの三角関数の有理式の定積分は，高校数学の範囲内での必殺技であるワイエルシュトラス置換を用いて原始関数を求められるが，計算が大変である。しかし，

積分区間が1周期 2π や半周期 π の場合，留数定理を使うと速い。具体的には，二変数有理型関数（例えば有理式）R に対し，$z=e^{i\theta}$ と置換すると，

$$\int_0^{2\pi} R(\sin\theta,\cos\theta)d\theta=\oint_{|z|=1} R\left(\frac{z-z^{-1}}{2i},\frac{z+z^{-1}}{2}\right)\frac{1}{iz}dz$$

となり，単位円上で留数定理が使える形となる。以下，計算例を見る。

問題

$I=\displaystyle\int_0^{2\pi}\frac{\cos\theta}{(\cos\theta+3)^2}d\theta$ を求めよ。

正攻法 ワイエルシュトラス置換

$\cos\theta$ の周期は 2π だから，$I=\displaystyle\int_{-\pi}^{\pi}\frac{\cos\theta}{(\cos\theta+3)^2}d\theta$ と書き直せる。

ここで，$t=\tan\left(\frac{\theta}{2}\right)$ とおくと，$dt=\dfrac{d\theta}{2\cos^2(\frac{\theta}{2})}=\dfrac{d\theta}{2\cdot\frac{1}{1+\tan^2(\theta/2)}}=\dfrac{1+t^2}{2}d\theta$,

$$\cos\theta=2\cos^2\left(\frac{\theta}{2}\right)-1=2\cdot\frac{1}{1+\tan^2\left(\frac{\theta}{2}\right)}-1=2\cdot\frac{1}{1+t^2}-1=\frac{1-t^2}{1+t^2}.$$

また，$\theta\to\pm\pi$ のとき $t\to\pm\infty$ だから，

$$I=\lim_{L\to\infty}\int_{-L}^{L}\frac{2(1-t^2)}{(1+t^2)^2\left(\frac{1-t^2}{1+t^2}+3\right)}dt.$$

整理すると，$I=\displaystyle\lim_{L\to\infty}\int_{-L}^{L}\frac{1-t^2}{2(t^2+2)^2}dt=\lim_{L\to\infty}\int_0^{L}\frac{1-t^2}{(t^2+2)^2}dt$

被積分関数を部分分数分解し，各項で $t=\sqrt{2}\tan x$ と置換すると，

$$\begin{aligned}I&=\lim_{L\to\infty}\int_0^{L}\left\{\frac{3}{(t^2+2)^2}-\frac{1}{t^2+2}\right\}dt\\&=\lim_{L\to\infty}\int_0^{L}\left\{\frac{3}{4(\tan^2x+1)^2}-\frac{1}{2(\tan^2x+1)}\right\}\frac{\sqrt{2}}{\cos^2x}dx\\&=\lim_{b\to\frac{\pi}{2}-0}\int_0^{b}\left(\frac{3\sqrt{2}}{4}\cos^2x-\frac{1}{\sqrt{2}}\right)dx\\&=\int_0^{\frac{\pi}{2}}\left\{\frac{3\sqrt{2}}{4}\cdot\frac{1+\cos 2x}{2}-\frac{1}{\sqrt{2}}\right\}dx=\left[-\frac{\sqrt{2}}{8}+\frac{3\sqrt{2}}{16}\sin 2x\right]_0^{\frac{\pi}{2}}=-\frac{\sqrt{2}}{16}\pi.\end{aligned}$$

$\sin\theta$ と $\cos\theta$ に関する有理式の積分を必ず有理関数の積分に帰着できる必殺技，ワイエルシュトラス置換 $t=\tan(\theta/2)$ を使いたいが，これは積分区間 $[0,2\pi]$ 全体では単調でなく，従って全単射でもないから，そのままでは上手く働かない。グラフの囲む面積を考えれば分かるように，一周期の積分はどこから始めても積分値が変わらないから，積分区間は $[-\pi,\pi]$ としても同じである。分かりにくければ $\theta'=\theta-\pi$ と置換せよ。こうすることで，積分区間を分割せずにワイエルシュトラス置換 $t=\tan(\theta/2)$ が使えるようになる。$[0,2\pi]$ を $[0,\pi],[\pi,2\pi]$ に分けてそれぞれで置換してもよいが，多少面倒臭くなる。いずれにせよ，置換積分すると，$\theta=\pi$ のとき t は発散するから，広義積分

$$\int_0^{\infty}\frac{1-t^2}{(t^2+2)^2}dt$$

が現れる。広義積分は大学数学だとされるが，有界区間での積分の極限だと思えるので，ほぼ高校数学の範疇で扱える。被積分関数を部分分数分解すると，tan 置換型（$(t^2+a^2)^{-n}$の形は $t=a\tan x$ で置換積分すると原始関数が求まる）が2つ現れる。$(t^2+1)^{-1}$ の原始関数の一つが $\arctan t$ であることくらいは覚えておくとよい。

チート解法 留数計算

$z=e^{i\theta}$ と置換すると，$dz=ie^{i\theta}d\theta$ より，$d\theta=-iz^{-1}dz$, $\cos\theta=(z+z^{-1})/2$.

$$I=\int_0^{2\pi}\frac{(z+z^{-1})/2}{((z+z^{-1})/2+3)^2}\cdot\frac{1}{iz}dz=-2i\oint_{|z|=1}\frac{z^2+1}{(z^2+6z+1)^2}dz.$$

留数定理より，

$$I=4\pi\operatorname*{Res}_{z=2\sqrt{2}-3}\frac{z^2+1}{(z^2+6z+1)^2}=4\pi\lim_{z\to2\sqrt{2}-3}\left\{\frac{z^2+1}{(z+3+2\sqrt{2})^2}\right\}'=-\frac{\sqrt{2}}{16}\pi.$$

$z^2+6z+1=0$ の2つの解のうち $z=2\sqrt{2}-3$ のみが単位円板内に属する。$z=2\sqrt{2}-3$ は $(\text{分母})=0$ の2重解で，そこで分子は特異性や零点をもたないから，これは2位の極である。

上の解法では直接計算したが，先にオイラーの公式を用いて $\cos\theta=\mathrm{Re}(e^{i\theta})$ と見て，$\cos\theta$ の部分を z に置き換えた積分で留数計算してから最後に実部をとるという小細工をすると計算が更に少し簡単になる：

$$I=\mathrm{Re}\int_0^{2\pi}\frac{z}{((z+z^{-1})/2+3)^2}\cdot\frac{1}{iz}dz=\mathrm{Re}\int_0^{2\pi}\frac{-4iz^2}{(z^2+6z+1)^2}dz$$

$$= 8\pi \,\mathrm{Re} \operatorname*{Res}_{z=2\sqrt{2}-3} \frac{z^2}{(z^2+6z+1)^2} = 8\pi \lim_{z\to 2\sqrt{2}-3} \left\{ \frac{z^2}{(z+3+2\sqrt{2})^2} \right\}' = -\frac{\sqrt{2}}{16}\pi.$$

このように分子が1つの三角関数だけの場合はオイラーの公式が有効である。今回は微分計算が少し楽になる程度だが，院試ではこれが結構役立つ。

問題

$\displaystyle\int_0^\pi \frac{\cos^2\theta}{1+\sin^2\theta}d\theta$ を求めよ。

正攻法 何度もtan型置換

$$\int_0^\pi \frac{\cos^2\theta}{1+\sin^2\theta}d\theta = \int_0^\pi \frac{1}{\frac{1}{\cos^4\theta}+\frac{1}{\cos^2\theta}\tan^2\theta}\cdot\frac{1}{\cos^2\theta}d\theta$$

$$= \int_0^\pi \frac{1}{(1+\tan^2\theta)^2+(1+\tan^2\theta)\tan^2\theta}\cdot\frac{1}{\cos^2\theta}d\theta$$

$$= \int_0^\pi \frac{1}{1+3\tan^2\theta+2\tan^4\theta}\cdot\frac{1}{\cos^2\theta}d\theta$$

$$= \int_0^{\frac{\pi}{2}} \frac{1}{1+3\tan^2\theta+2\tan^4\theta}\cdot\frac{1}{\cos^2\theta}d\theta + \int_{\frac{\pi}{2}}^{\pi} \frac{1}{1+3\tan^2\theta+2\tan^4\theta}\cdot\frac{1}{\cos^2\theta}d\theta$$

$$= \lim_{L\to\infty}\int_0^L \frac{1}{2t^4+3t^2+1}dt + \lim_{L\to\infty}\int_{-L}^0 \frac{1}{2t^4+3t^2+1}dt \ \ (t=\tan\theta)$$

$$= 2\lim_{L\to\infty}\int_0^L \frac{1}{2t^4+3t^2+1}dt$$

$$= 2\lim_{L\to\infty}\int_0^L \frac{1}{(2t^2+1)(t^2+1)}dt$$

$$= 2\lim_{L\to\infty}\int_0^L \left(\frac{2}{2t^2+1}-\frac{1}{t^2+1}\right)dt$$

$$= 2\left\{ \int_0^{\frac{\pi}{2}} \frac{2}{2\left(\frac{1}{\sqrt{2}}\tan\alpha\right)^2+1}\cdot\frac{1}{\sqrt{2}\cos^2\alpha}d\alpha - \int_0^{\frac{\pi}{2}} \frac{1}{\tan^2\beta+1}\cdot\frac{1}{\cos^2\beta}d\beta \right\}$$

$$= 2\left(\sqrt{2}\cdot\frac{\pi}{2}-\frac{\pi}{2}\right) = (\sqrt{2}-1)\pi.$$

$\sin^2\theta$，$\cos^2\theta$ に関する有理式の場合はワイエルシュトラス置換よりも簡単な置換 $t=\tan\theta$ により有理関数の積分に帰着する。ワイエルシュトラス置換でやるよりは計算の複雑さがかなりマシになる。無論，他に簡単に積分する方法（分子が分母の微分になっているなど）がある場合はそれが優先だが，今回は高校数学の標準的な解法の中にそういった手段はないと思われる。

ワイエルシュトラス置換のときと同様，置換する式が $\theta=\pi/2$ で爆発するので，積分区間を分割しておくか，ずらしておく必要があることに注意。

チート解法 留数計算

$z=e^{2i\theta}$ とおくと，θ が 0 から π まで動くとき，z は単位円周を反時計回りに一周する。また，$dz=2ie^{2i\theta}d\theta=2iz\ d\theta$ である。留数定理より，

$$\int_0^\pi \frac{\cos^2\theta}{1+\sin^2\theta}d\theta=\int_0^\pi \frac{\frac{1+\cos 2\theta}{2}}{1+\frac{1-\cos 2\theta}{2}}d\theta=\int_0^\pi \frac{1+\cos 2\theta}{3-\cos 2\theta}d\theta$$

$$=\oint_{|z|=1}\frac{1+\frac{z+z^{-1}}{2}}{3-\frac{z+z^{-1}}{2}}\cdot\frac{1}{2iz}dz=\frac{i}{2}\oint_{|z|=1}\frac{(z+1)^2}{z(z^2-6z+1)}dz$$

$$=\frac{i}{2}\cdot 2\pi i\left(\operatorname*{Res}_{z=0}\frac{(z+1)^2}{z(z^2-6z+1)}+\operatorname*{Res}_{z=3-2\sqrt{2}}\frac{(z+1)^2}{z(z^2-6z+1)}\right)$$

$$=-\pi\left(\lim_{z\to 0}\frac{(z+1)^2}{z^2-6z+1}+\lim_{z\to 3-2\sqrt{2}}\frac{(z+1)^2}{z\big(z-(3+2\sqrt{2})\big)}\right)=(\sqrt{2}-1)\pi.$$

変数変換後の式がなるべく単純になるように，半角の公式などで次数を下げてから変数変換する。$z=e^{2i\theta}$ とすると，z は単位円周をちょうど一周し，$\cos 2\theta$ を表す式も簡単になる。$z=e^{i\theta}$ としてもよいが，$\cos 2\theta=(z^2+z^{-2})/2$ となり，次数下げしなかった場合と式の複雑さがあまり変わらなくなり，z は単位円周を半周しかしないので，対称性を考えて 2 倍して一周分にして留数定理を用いてから積分値を半分にする必要が生じる。

単位円板内の極は 2 つあり，どちらも 1 位である（一方，$z=e^{i\theta}$ とした場合，$z=0$ が 2 位の極になるので少し計算が面倒臭くなる）。

上のような積分を留数定理で求めるのはややマニアックな方法であり，留数定理の応用としては，$[0,\infty)$上の広義積分が挙げられることの方が多い。$[0,\infty)$や$(-\infty,\infty)$上の広義積分を留数定理で求めるパターンをいくつか挙げておく。

以下，有理式 $Q = f/g$（f, g は実係数多項式，$g \neq 0$）を考え，$Q(z)$ は実軸上に極をもたないとする。上半平面内の中心 0，半径 R の半円周を C_R とおく。たいてい C_R のような無限に大きくなる曲線上の積分が $R \to \infty$ のときに消える（0 に収束する）ことを示すのがキーになる。積分を被積分関数の絶対値の最大値と積分路の長さの積で上から抑えるだけで示せることも多いが，より精密な評価や具体的な計算が必要になる場合もある。

① $\deg g \geq \deg f + 2$ のとき，ある定数 $K, R_0 > 0$ が存在して，

$$|Q(z)| \leq K/R^2 \ \ (|z| = R > R_0)$$

$$\therefore \left|\int_{C_R} Q(z)dz\right| \leqq \int_{C_R} |Q(z)||dz| \leqq \int_0^\pi \frac{K}{R^2} \cdot Rd\theta = \frac{K}{R^2} \cdot \pi R \to 0 \ (R \to \infty).$$

よって，Q の上半平面 $\mathbb{H}$ 内の極全体を $P_{\mathbb{H}}$ とおくと，$C_R \cup [-R, R]$ 上で $Q(z)$ に留数定理を用いた式で $R \to \infty$ としたものから，

$$\int_{-\infty}^{\infty} Q(x)dx = 2\pi i \sum_{a \in P_{\mathbb{H}}} \operatorname*{Res}_{z=a} Q(z).$$

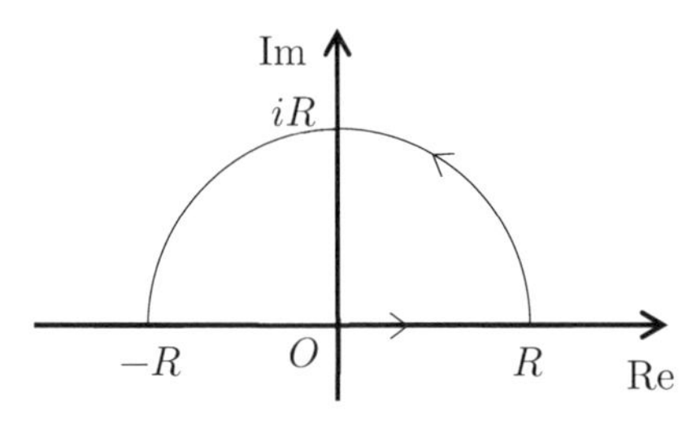

② $\deg g \geq \deg f + 1$ のとき，$(-R_1, 0), (R_2, 0), (R_2, R_1 + R_2), (-R_1, R_1 + R_2)$ を頂点にもつ正方形上で留数定理を用いて $R_1, R_2 \to \infty$ とすると，

$$\int_{-\infty}^{\infty} Q(x)e^{i\omega x}dx = 2\pi i \sum_{a \in P_{\mathbb{H}}} \operatorname*{Res}_{z=a} Q(z)e^{i\omega x} \ \ (\omega > 0).$$

$\omega < 0$ のときは上半平面における留数の和を下半平面における留数の和に置き換えて同様（これは変数変換 $t = -x$ と $Q \mapsto Q(-\cdot)$ により分かる）。R_1, R_2 を独立に無限大に飛ばすので，広義積分の収束の証明も同時にできる。広義積分の収束を前提にすれば，$C_R \cup [-R, R]$ 上での留数定理と後述するジョルダンの補題でも値が求まる。

③ $Q(x)\sin x, Q(x)\cos x$ の積分は $Q(x)e^{ix}$の積分の実部・虚部を見ればよい。例えば,

$$\int_{-\infty}^{\infty}\frac{\cos x}{1+x^2}dx=\mathrm{Re}\int_{-\infty}^{\infty}\frac{e^{ix}}{1+x^2}dx=\mathrm{Re}\left(2\pi i\operatorname*{Res}_{z=i}\frac{e^{iz}}{1+z^2}\right)=\mathrm{Re}\left(2\pi i\cdot\frac{e^{-1}}{2i}\right)$$
$$=\pi/e$$

④ $\deg g\geq\deg f+2$ のとき，$z=0$ から $z=R$ まで動き，そこから原点を中心とする半径 R の円周$\partial B_R(0)$に沿って反時計回りに一周し，その後 $z=R$ から $z=0$ に戻る積分路 γ_R に留数定理を用いて $R\to\infty$ とすると，

$$(1-e^{2\pi i\alpha})\int_0^{\infty}x^{\alpha}Q(x)dx=2\pi i\sum_{c\in g^{-1}(0)}\operatorname*{Res}_{z=c}z^{\alpha}Q(z)\ \ (0<\alpha<1).$$

z^{α} は複素多価関数であり，分岐点である $z=0$ の周りを一周して戻ってくると値が元に戻らずに $e^{2\pi i\alpha}$ 倍になることに注意。正確には複素数平面上ではなく z^{α} のリーマン面上で留数定理を用いたと思うべきである。複素多価関数という考え方を使いたくない（or 分からない）場合は，$z=R$ ちょうどまで戻らずにその直下の点 $z=Re^{(2\pi-\delta)i}$ まで来てからまっすぐ $z=0$ に戻る積分路を考えて，$\delta\to+0$ とすれば良い。

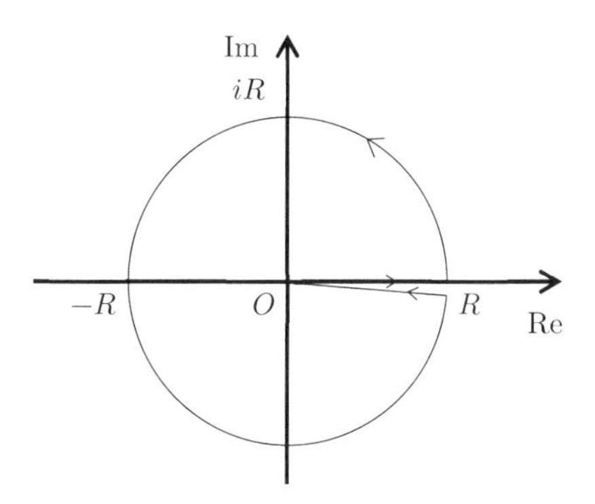

⑤ $\deg g\geq\deg f+2$ のとき，$z=\varepsilon$ から $z=R$ まで動き，そこから原点を中心とする半径 R の円周に沿って反時計回りに一周し，その後 $z=R$ から $z=\varepsilon$ に戻り，更にそこから原点を中心とする半径 ε の円周に沿って時計回りに一周する積分路に留数定理を用いて $R\to\infty,\varepsilon\to 0$ とすると，大きい円周での積分は$O(R^{-2}\cdot R)$，小さい円周での積分は$O(\log(\varepsilon)\cdot\varepsilon)$で消え，

$$\int_0^{\infty}Q(x)\log^{n+1}x\,dx-\int_0^{\infty}Q(x)(\log x+2\pi i)^{n+1}dx$$
$$=2\pi i\sum_{c\in g^{-1}(0)}\operatorname*{Res}_{z=c}Q(z)\log^{n+1}z.$$

ここで，$\log z:=\log|z|+i\arg z$ は複素多価関数としての対数関数であり，$\log^n z:=(\log z)^n$ である。左辺第 2 項を二項展開すると $\log^{n+1}z$ が消えるの

で，$Q(x)\log^n x$ の積分を $Q(x)\log^k x$ $(k=0,1,\ldots,n-1)$に帰着させる漸化式が得られる。特に $n=1$ のときはすぐ求まる。

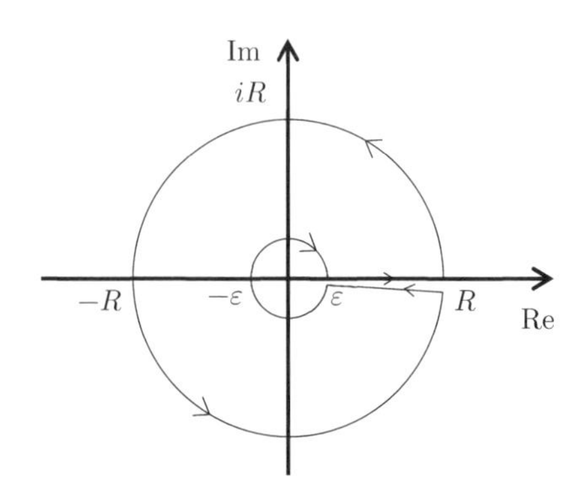

②で登場したフーリエ変換の計算に便利なジョルダンの補題を述べる。

ジョルダンの補題

$C_R \coloneqq \partial B_R(0) = \{Re^{i\theta} \mid \theta \in [0,\pi]\}$とおく。連続関数 $f\colon \mathbb{H} \to \mathbb{C}$ に対し，

$$\max_{C_R}|f| \to 0\ (R\to\infty), a>0 \Rightarrow \int_{C_R} f(z)e^{iaz}dz \to 0\ (R\to\infty).$$

証明：

ジョルダンの不等式 $(2/\pi)\theta \le \sin\theta$ $(\theta\in[0,\pi/2])$ より，

$$\left|\int_{C_R} f(z)e^{iaz}dz\right| \le \int_0^\pi |f(Re^{i\theta})|\cdot\left|e^{iaRe^{i\theta}}\right|Rd\theta = \int_0^\pi |f(Re^{i\theta})|e^{-aR\sin\theta}Rd\theta$$

$$= 2\int_0^{\frac{\pi}{2}} |f(Re^{i\theta})|e^{-aR\sin\theta}Rd\theta \le 2\max_{C_R}|f|\,R\int_0^{\frac{\pi}{2}} e^{-aR(2\theta/\pi)}d\theta$$

$$= \frac{\pi}{a}(1-e^{-aR})\max_{C_R}|f| \to 0\ (R\to\infty).$$

□

なお，$Q(z)$ が実軸上に<u>1位の</u>極 a をもつ場合は，a の ε 近傍を時計回りに迂回する小さな半円 $C'_\varepsilon \coloneqq (\partial B_\varepsilon(a))^{-1}\cap\mathbb{H}$ を上半平面に取ると，C'_ε 上での積分が a における被積分関数の留数の $-i\pi$ 倍になる。この場合は a を含む区間での広義積分は収束しないが，コーシーの主値（$(a-\varepsilon,a+\varepsilon)$を除いた積分区間での積分値で $\varepsilon\to+0$ としたもの）は収束し，①〜③のときと④・⑤で $a>0$ のときは，留数定理を適用する積分路で $(a-\varepsilon,a+\varepsilon)$ を C'_ε に置き換えることで，実軸上に極がない場合に述べた計算結果に a における留数の $i\pi$ 倍を足し

たものがコーシーの主値積分値になることが分かる。大雑把に言うと，近傍の半分だけが上半平面に来るので，丸ごと上半平面に入っている極と比べて半分（留数の $2\pi i$ 倍ではなく $i\pi$ 倍）の影響が出るということである。例えば，有名な「ディリクレ積分」は③にこれを用いたものと見做せて，

$$\int_0^\infty \frac{\sin x}{x}dx = \frac{1}{2}\mathrm{Im}\lim_{\varepsilon\to+0}\left(\int_{-\infty}^{-\varepsilon}\frac{e^{iz}}{z}dz + \int_{\varepsilon}^{\infty}\frac{e^{iz}}{z}dz\right) = \frac{1}{2}\mathrm{Im}\left(i\pi\operatorname*{Res}_{z=0}\frac{e^{iz}}{z}\right) = \frac{\pi}{2}$$

と計算できる。上半平面に極がないので用いているのは実質的にコーシーの積分定理だけである。一方，被積分関数が実軸上に 2 位以上の極をもつ場合は，コーシーの主値すら収束しない。

留数定理は積分だけではなく級数の値を求めるのに使うこともできる。

余接関数倍の留数を用いた総和公式

有理型関数 f は整数を極にもたず，整数以外の有限個の極 $a_1, a_2 \dots, a_m$ をもち，ある $b > 1$ が存在して $|f(z)| = O(|z|^{-b})$ $(|z| \to \infty)$を満たすとする。

$$\sum_{n=-\infty}^{\infty} f(n) = -\pi\sum_{k=1}^{m}\operatorname*{Res}_{z=a_k}\frac{f(z)}{\tan \pi z}.$$

証明：

$$g(z) := \pi\cot\pi z = \frac{\pi}{\tan\pi z} = i\pi\cdot\frac{e^{i\pi z}+e^{-i\pi z}}{e^{i\pi z}-e^{-i\pi z}}$$

は任意の整数 $z = n$ を 1 位の極にもち，そこでの留数が 1 であるという特徴をもつ。更に，$\pm(N+\frac{1}{2})\pm(N+\frac{1}{2})i$ $(N\in\mathbb{N})$を 4 頂点にもつ正方形 Q_N の周上で $|g(z)|$ は N に依存しない定数で抑えられる。実際，$y \geq 1/2$ のとき，

$$|\cot\pi(x+iy)| = \left|\frac{e^{i\pi x-\pi y}+e^{-i\pi x+\pi y}}{e^{i\pi x-\pi y}-e^{-i\pi x+\pi y}}\right| \leq \frac{|e^{i\pi x-\pi y}|+|e^{-i\pi x+\pi y}|}{|e^{-i\pi x+\pi y}|-|e^{i\pi x-\pi y}|} = \frac{e^{-\pi y}+e^{\pi y}}{e^{\pi y}-e^{-\pi y}}$$

$$= \frac{1+e^{-2\pi y}}{1-e^{-2\pi y}} \leq \frac{1+e^{-\pi}}{1-e^{-\pi}}$$

で，$y \leq -1/2$ でも同様であり，$|y| \leq 1/2$ のとき，

$$\left|\cot\left[\pi\left\{\pm\left(N+\frac{1}{2}\right)+iy\right\}\right]\right| = \left|\cot\left(\pm\frac{\pi}{2}+i\pi y\right)\right| = |\tanh\pi y| \leq \tanh\frac{\pi}{2}.$$

よって，$f(z)g(z)$ に Q_N 上で留数定理を使うと，積分路 ∂Q_Nの長さは $O(N)$，g は ∂Q_N 上有界，$|f|$ は ∂Q_N 上 $O(|N|^{-b})$ だから，$N\to\infty$ のとき，∂Q_N 上の周回積分は 0 に収束する。つまり，$f(z)g(z)$ の留数の合計は 0 であり，

$$0 = \sum_{n=-\infty}^{\infty}\operatorname*{Res}_{z=n} f(z)g(z) + \sum_{k=1}^{m}\operatorname*{Res}_{z=a_k} f(z)g(z) = \sum_{n=-\infty}^{\infty} f(n) + \pi\sum_{k=1}^{m}\operatorname*{Res}_{z=a_k}\cot\pi z\, f(z).$$

□

証明を見れば，f がある整数を極にもったとしても，そこでの留数だけ調整すれば同様の総和法が使えることが分かる。また，$|f(z)| = O(|z|^{-b})$という評価は各自然数 N に対する ∂Q_N 上でさえ満たされていれば良い。

例えば，$f(z) = 1/z^2$ に対し，極 $z = 0$ での留数に注意すると，

$$\sum_{n=1}^{\infty} \frac{1}{n^2} = -\frac{\pi}{2} \operatorname*{Res}_{z=0} \frac{1}{z^2 \tan \pi z} = \frac{\pi^2}{6}$$

となり，バーゼル問題が解ける。

場合によっては項を丸ごと f と見るのではなく，一部を g の整数における留数に担わせた方が自然な場合もある。上の証明と同様にして次が得られる。

余割関数倍の留数を用いた総和公式

有理型関数 f は整数を極にもたず，整数以外の有限個の極 $a_1, a_2 \ldots, a_m$ をもち，ある $b > 1$ が存在して $|f(z)| = O(|z|^{-b})$ $(|z| \to \infty)$を満たすとする。

$$\sum_{n=-\infty}^{\infty} (-1)^n f(n) = -\pi \sum_{k=1}^{m} \operatorname*{Res}_{z=a_k} \frac{f(z)}{\sin \pi z}.$$

問題

$\displaystyle\sum_{n=1}^{\infty} \frac{(-1)^n}{n^2 + a^2}$ $(a > 0)$ を求めよ。

ある意味，バーゼル問題の類題と言える。バーゼル問題は，簡単な関数のフーリエ級数展開に特定の値を代入する方法やパーセヴァルの等式の利用，三角関数の無限乗積展開と冪級数展開の係数比較，二重積分の交換，項別微積分，ウォリスの公式に関連する積分漸化式の利用，ミッタクレフラー展開の変形，ディリクレ核の利用，ゼータ関数を含む表示公式や関数等式の利用など様々な方法で解くことができ，幅広い話題性がある。大学入試でも，バーゼル問題を背景とする問題や，誘導付きでバーゼル問題を解かせる問題が頻繁に出題されている（例：日本女子大学理学部自己推薦枠 2003，東海大学医学部 2018，慶應義塾大学医学部 2020）。本問で a を具体的な値としたケースもバーゼル問題に通じる何らかの誘導付きで出題される可能性はある。

解法　留数定理を応用した総和公式の利用

$$f(z) := \frac{1}{z^2 + a^2}, \quad g(z) := \pi \csc \pi z = \frac{\pi}{\sin \pi z} = \frac{2\pi i}{e^{i\pi z} - e^{-i\pi z}}$$

とおく。$g(z)$ は任意の整数 $z=n$ を 1 位の極にもち，そこでの留数は$(-1)^n$である。更に，$\pm(N+\frac{1}{2})\pm(N+\frac{1}{2})i$ $(N\in\mathbb{N})$を 4 頂点にもつ正方形 Q_N の周上で $|g(z)|$ は N に依存しない定数で抑えられる。実際，$y\geq 1/2$ のとき，

$$|\csc\pi(x+iy)|=\left|\frac{2}{e^{i\pi x-\pi y}-e^{-i\pi x+\pi y}}\right|\leq\frac{2}{|e^{-i\pi x+\pi y}|-|e^{i\pi x-\pi y}|}=\frac{2}{e^{\pi y}-e^{-\pi y}}$$

$$\leq\frac{2}{1-e^{-2\pi y}}\leq\frac{2}{1-e^{-\pi}}$$

で，$y\leq -1/2$ でも同様であり，$|y|\leq 1/2$ のとき，

$$\left|\csc\left[\pi\left\{\pm\left(N+\frac{1}{2}\right)+iy\right\}\right]\right|=\left|\csc\left(\pm\frac{\pi}{2}+i\pi y\right)\right|=|\mathrm{sech}\,\pi y|\leq\mathrm{sech}\frac{\pi}{2}.$$

よって，$f(z)g(z)$ に Q_N 上で留数定理を使うと，積分路 ∂Q_Nの長さは $O(N)$，g は ∂Q_N 上有界，$|f|$ は ∂Q_N 上 $O(|N|^{-2})$ だから，$N\to\infty$ のとき，∂Q_N 上の周回積分は 0 に収束する。つまり，$f(z)g(z)$ の留数の合計は 0 であり，

$$\begin{aligned}0&=\sum_{n=-\infty}^{\infty}\operatorname*{Res}_{z=n}f(z)g(z)+\operatorname*{Res}_{z=ai}f(z)g(z)+\operatorname*{Res}_{z=-ai}f(z)g(z)\\&=\sum_{n=-\infty}^{\infty}(-1)^nf(n)+\lim_{z\to ai}\frac{1}{(z-ia)(z+ia)}\cdot\frac{\pi}{\sin\pi z}\cdot(z-ai)\\&\qquad+\lim_{z\to -ai}\frac{1}{(z-ia)(z+ia)}\cdot\frac{\pi}{\sin\pi z}\cdot\{z-(-ai)\}\\&=\sum_{n=-\infty}^{\infty}(-1)^nf(n)+\frac{1}{2ia}\cdot\frac{\pi}{\sin i\pi a}+\frac{1}{2ia}\cdot\frac{\pi}{\sin i\pi a}\\&=\sum_{n=-\infty}^{\infty}(-1)^nf(n)-\frac{\pi}{a}\mathrm{csch}(\pi a).\end{aligned}$$

f は実軸上で偶関数だから，

$$\begin{aligned}\sum_{n=1}^{\infty}\frac{(-1)^n}{n^2+a^2}&=\sum_{n=1}^{\infty}(-1)^nf(n)=\frac{1}{2}\left\{\sum_{n=-\infty}^{\infty}(-1)^nf(n)-f(0)\right\}\\&=\frac{\pi}{2a}\mathrm{csch}(\pi a)-\frac{1}{2a^2}=\frac{\pi}{a(e^{\pi a}-e^{-\pi a})}-\frac{1}{2a^2}.\end{aligned}$$

12 空間図形と重積分

立体（空間図形）の体積を求めさせる高校数学の問題では，適当な直線に垂直な平面で切ったときの断面積を積分するのが定石とされている。高校数学のみならず，錐体や柱体が複雑に絡む中学数学や算数の求積問題も断面積の積分で効率的に解けることがある。しかし，場合によっては，断面を想像するのが難しかったり，切る位置によって断面の形が変わって場合分けが煩雑になったりすることもある。

一方で，重積分（3 次元では体積分）を用いると，領域を表す式さえ分かれば，断面や立体の形状を想像することなく機械的に体積が求まる。特に，球や円柱が絡む場合，ヤコビアンを用いて極座標や円柱座標に変数変換することで，計算が簡単になることが多い。高校数学の求積問題で扱われる非回転体は，球や柱体，錐体などの単純な空間図形同士の共通部分であることが多い。「共通部分の断面は断面の共通部分である」ということを意識して断面を考えるのが高校数学における定石だが，重積分を使えば領域の式を連立するだけで終わりである。2 次元か 3 次元かを問わず，簡単な図形の通過領域を表す式も，ベクトルや直線・平面の方程式などを用いてからパラメータを消去して求まることがある。

重積分の変数変換についての一般論として次が成り立つ。

重積分の変数変換とヤコビアン

D, E を n 次元空間内の領域とし，$f\colon D \to \mathbb{R}$ を可積分関数，$\varphi\colon E \to D$ を全単射な C^1 級写像とする。変数変換 $x = \varphi(u)$ のヤコビ行列を

$$J_\varphi(u) = \frac{\partial(\varphi_1, \dots, \varphi_n)}{\partial(u_1, \dots, u_n)} = \frac{\partial(x_1, \dots, x_n)}{\partial(u_1, \dots, u_n)} = \begin{pmatrix} \dfrac{\partial x_1}{\partial u_1} & \dfrac{\partial x_1}{\partial u_2} & \cdots & \dfrac{\partial x_1}{\partial u_n} \\ \dfrac{\partial x_2}{\partial u_1} & \dfrac{\partial x_2}{\partial u_2} & \cdots & \dfrac{\partial x_2}{\partial u_n} \\ \vdots & \vdots & \ddots & \vdots \\ \dfrac{\partial x_n}{\partial u_1} & \dfrac{\partial x_n}{\partial u_2} & \cdots & \dfrac{\partial x_n}{\partial u_n} \end{pmatrix}$$

と書く。$\det J_\varphi(u) = 0$ となる $u \in E$ が存在しないとき，

$$\int_D f(x_1, \dots, x_n)\,dx_1 dx_2 \cdots dx_n = \int_D f(x)dx = \int_E f\bigl(\varphi(u)\bigr)\bigl|\det J_\varphi(u)\bigr|du.$$

$n = 1$ の場合は通常の置換積分である。D, E に向きを考えず，ただの領域として扱う場合，ヤコビ行列の行列式（ヤコビアン）には絶対値を付けなければなら

ないことに注意。向き付けられた n 次元多様体上での n 次微分形式の積分と捉えた場合は絶対値が付かないが，ヤコビアンが負のときは向き付けられた多様体としての D と E の向きを互いに逆にとる，つまりどちらかに $\mathbb{R}^n$ の開集合としての通常の向きと逆の向きを入れて考える必要がある。

一般論について述べる際は便宜的に D, E は開集合と仮定されることが多いが，境界を含んでいてもその部分（測度 0）は積分に影響しないので OK である。同様にヤコビアンが 0 になる点があってもその点が無視できれば OK である。

特に極座標から直交座標への変数変換 $x = r\cos\theta$，$y = r\sin\theta$ のヤコビアン

$$\det\frac{\partial(x,y)}{\partial(r,\theta)} = \det\begin{pmatrix}\cos\theta & -r\sin\theta \\ \sin\theta & r\cos\theta\end{pmatrix} = r$$

や，3 次元極座標から直交座標の変数変換 $x = r\sin\theta\cos\phi$，$y = r\sin\theta\sin\phi$，$z = r\cos\theta$ $(r \geq 0,\ \theta \in [0,\pi],\ \phi \in [0,2\pi))$ のヤコビアン

$$\det\frac{\partial(x,y,z)}{\partial(r,\theta,\phi)} = \det\begin{pmatrix}\sin\theta\cos\phi & r\cos\theta\cos\phi & -r\sin\theta\sin\phi \\ \sin\theta\sin\phi & r\cos\theta\sin\phi & r\sin\theta\cos\phi \\ \cos\theta & -r\sin\theta & 0\end{pmatrix} = r^2\sin\theta$$

はよく使う。それぞれ形式的に $dxdy = rdrd\theta$，$dxdydz = r^2\sin\theta\, drd\theta d\phi$ と書くこともある。円柱座標から直交座標への変数変換 $x = r\cos\theta$，$y = r\sin\theta$，$z = \rho$ は，(x,y) のみを極座標から変換したと思えるから，ヤコビアンは r である。

3 次元極座標系 (r,θ,ϕ) は球面座標系や球座標系とも呼ばれる。

問題

> $R > 0$ とする。xyz 空間において
>
> $$x^2 + y^2 \leqq R^2, \qquad y^2 + z^2 \geqq R^2, \qquad z^2 + x^2 \leqq R^2$$
>
> を満たす点全体からなる立体 S の体積 V を求めよ。
>
> （東大 2005，類 芝浦工大 2003）

複数の直交する同一半径の円柱の共通部分を Steinmetz solid と言い，特に円柱が 2 つの場合を bicylinder, 3 つの場合を tricylinder と言う。本問の立体は bicylinder から tricylinder をくりぬいてできる。

正攻法 $x = t$ で切断

平面 $x = t$ による断面を考える。

$$-\sqrt{R^2 - t^2} \leqq y \leqq \sqrt{R^2 - t^2}, \quad -\sqrt{R^2 - t^2} \leqq z \leqq \sqrt{R^2 - t^2}$$

これと $y^2 + z^2 \geqq R^2$ の部分の共通部分が空でないための条件は，

$$\sqrt{2}\sqrt{R^2 - t^2} \geqq R$$

すなわち

$$-\frac{R}{\sqrt{2}} \leqq t \leqq \frac{R}{\sqrt{2}}.$$

対称性より $0 \leqq t \leqq R/\sqrt{2}$ の部分を考えて体積を 2 倍すればよい。更に対称性より $y \geqq 0, z \geqq 0$ の部分に注目する。

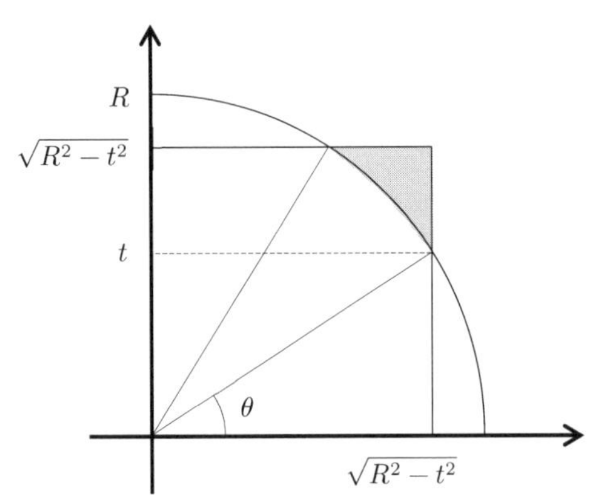

図のように（$t = R\sin\theta$となるように）θ をとると，正方形のうち四分円の外にある部分の面積は

$$\begin{aligned}
&\sqrt{R^2-t^2}^2 - \left(\frac{1}{2}R^2\left(\frac{\pi}{2}-2\theta\right) + \frac{1}{2}t\sqrt{R^2-t^2}\times 2\right) \\
&\qquad = R^2\left(\cos^2\theta - \sin\theta\cos\theta - \frac{\pi}{4} + \theta\right).
\end{aligned}$$

$x = t$ における断面積はこの 4 倍だから，求める体積は

$$\begin{aligned}
V &= 2 \times \int_0^{\frac{R}{\sqrt{2}}} 4 \times R^2\left(\cos^2\theta - \sin\theta\cos\theta - \frac{\pi}{4} + \theta\right) dt \\
&= 8\int_0^{\frac{\pi}{4}} R^2\left(\cos^2\theta - \sin\theta\cos\theta - \frac{\pi}{4} + \theta\right)\cdot R\cos\theta\, d\theta \\
&= 8R^3\int_0^{\frac{\pi}{4}}\left\{(1-\sin^2\theta)\cos\theta - \cos^2\theta\sin\theta - \frac{\pi}{4}\cos\theta + \theta\cos\theta\right\} d\theta \\
&= 8R^3\left[\sin\theta - \frac{1}{3}\sin^3\theta + \frac{1}{3}\cos^3\theta - \frac{\pi}{4}\sin\theta + \theta\sin\theta + \cos\theta\right]_0^{\frac{\pi}{4}} \\
&= \left(8\sqrt{2} - \frac{32}{3}\right)R^3.
\end{aligned}$$

「共通部分の断面は断面の共通部分」を利用する。

$x = t$ の動く範囲は, $\exists y, \exists z$ s.t. $x^2+y^2 \leqq R^2,\ y^2+z^2 \geqq R^2,\ z^2+x^2 \leqq R^2$の条

件から求める。代数的に y, z を消去するのは面倒だが，yz 平面上に図示すれば断面が空集合にならないような t の条件はすぐに分かる。

断面積は無理やり t だけで表さなくてもよい。積分変数は t だが，θ だけの式にして後で置換積分すればよい。

チート解法① 円柱座標

$y = r\cos\theta, z = r\sin\theta$ と変数変換する。ヤコビアンは $\det\dfrac{\partial(x,y,z)}{\partial(x,r,\theta)} = r$.

$r \geq 0,\ 0 \leq \theta < 2\pi$ という条件の下で，

$$
\begin{aligned}
(x, r\cos\theta, r\sin\theta) \in S &\iff x^2 + r^2\sin^2\theta \leq R^2, r^2 \geq R^2, r^2\cos^2\theta + x^2 \leq R^2 \\
&\iff x^2 \leq \min\{R^2 - r^2\sin^2\theta, R^2 - r^2\cos^2\theta\}, \quad r^2 \geq R^2
\end{aligned}
$$

$$
\begin{aligned}
\therefore V = \int_S dxdydz &= \int_{\substack{R^2 \leq r^2 \leq \min\{R^2/\cos^2\theta, R^2/\sin^2\theta\},\quad r \geq 0,\quad 0 \leq \theta \leq 2\pi \\ |x| \leq \min\{\sqrt{R^2 - r^2\cos^2\theta}, \sqrt{R^2 - r^2\sin^2\theta}\}}} r dr d\theta dx \\
&= 8\int_{\substack{R^2 \leq r^2 \leq R^2/\cos^2\theta,\quad r \geq 0,\quad 0 \leq \theta \leq \pi/4 \\ |x| \leq \sqrt{R^2 - r^2\cos^2\theta}}} r dr d\theta dx \\
&= 8\int_{\theta=0}^{\theta=\frac{\pi}{4}} \int_{r=R}^{r=R/\cos\theta} \left(\int_{-\sqrt{R^2 - r^2\cos^2\theta}}^{\sqrt{R^2 - r^2\cos^2\theta}} dx \right) r dr\, d\theta \\
&= 8\int_{\theta=0}^{\theta=\frac{\pi}{4}} \left[-\frac{2}{3\cos^2\theta}(R^2 - r^2\cos^2\theta)^{3/2} \right]_{r=R}^{r=R/\cos\theta} d\theta \\
&= 8R^3 \int_{\theta=0}^{\theta=\frac{\pi}{4}} \frac{2}{3\cos^2\theta}(1 - \cos^2\theta)\sin\theta\, d\theta = \frac{16}{3}R^3 \left[\cos\theta + \frac{1}{\cos\theta} \right]_0^{\frac{\pi}{4}} = \\
&= \left(8\sqrt{2} - \frac{32}{3} \right) R^3.
\end{aligned}
$$

円（柱）の式を活かすため，円柱座標で表すのが良い。y, z の対称性も活かすため，x をそのままにしてこのように変数変換する。

$\sin\theta, \cos\theta$ の周期性と大小関係を考える。$\pi/2$ ずつに区切って $\sin(\pi/2 - \theta) = \cos\theta$ を用いると場合分けも外せる。

チート解法② そのまま体積分

xy 平面，yz 平面，zx 平面に関する対称性より，$x, y, z \geq 0$ の部分S'の体積を

考えて 8 倍すればよい。以下，$(x,y,z)\in S'$ について考える。

z の満たすべき条件は $y^2+z^2\geq R^2, z^2+x^2\leq R^2, z\geq 0$. すなわち,

$$\sqrt{R^2-y^2}\leq z\leq\sqrt{R^2-x^2}.$$

このような z の存在条件は $x\leq y$.

y の満たすべき条件は $x^2+y^2\leq R^2, y\geq x$. すなわち,

$$x\leq y\leq\sqrt{R^2-x^2}.$$

このような y の存在条件は $x\leq R/\sqrt{2}$.

x の満たすべき条件は $0\leq x\leq R/\sqrt{2}$.

以上より,

$$V=\int_S dxdydz=8\int_{S'}dxdydz=8\int_{x=0}^{R/\sqrt{2}}\int_{y=x}^{\sqrt{R^2-x^2}}\int_{z=\sqrt{R^2-y^2}}^{\sqrt{R^2-x^2}}dz\,dy\,dx$$

$$=8\int_{x=0}^{R/\sqrt{2}}\int_{y=x}^{\sqrt{R^2-x^2}}\left(\sqrt{R^2-x^2}-\sqrt{R^2-y^2}\right)dy\,dx$$

$$=8\int_{x=0}^{R/\sqrt{2}}\left[y\sqrt{R^2-x^2}-\frac{1}{2}R^2\sin^{-1}\frac{y}{R}-\frac{1}{2}y\sqrt{R^2-y^2}\right]_{y=x}^{y=\sqrt{R^2-x^2}}dx$$

$$=8\int_{x=0}^{R/\sqrt{2}}\left(R^2-x^2-x\sqrt{R^2-x^2}-R^2\left(\frac{\pi}{4}-\sin^{-1}\frac{x}{R}\right)\right)dx$$

$$=8\left[\left(1-\frac{\pi}{4}\right)R^2x-\frac{x^3}{3}+\frac{(R^2-x^2)^{3/2}}{3}+R^2\left(R\sqrt{1-\frac{x^2}{R^2}}+x\sin^{-1}\frac{x}{R}\right)\right]_0^{\frac{R}{\sqrt{2}}}$$

$$=8\left\{\frac{1}{\sqrt{2}}\left(1-\frac{\pi}{4}\right)R^3-\frac{R^3}{6\sqrt{2}}+\frac{R^3}{6\sqrt{2}}-\frac{R^3}{3}+R^2\left(\frac{R}{\sqrt{2}}+\frac{R}{\sqrt{2}}\cdot\frac{\pi}{4}-R\right)\right\}$$

$$=8\left(\sqrt{2}R^3-\frac{4}{3}R^3\right)=\left(8\sqrt{2}-\frac{32}{3}\right)R^3.$$

---

z または y から存在範囲を考え始めると面倒な場合分けが発生しない。x から考え始めると，$0\leq x\leq\min\left\{\sqrt{R^2-y^2},\sqrt{R^2-z^2}\right\}$となり，$y,z$ の大小関係で場合分けが生じる。この場合, 対称性から更に $y\leq z$ に制限して体積を 16 倍する。

$\sqrt{R^2-y^2}$ の積分は三角関数で置換して求める方法もあるが, 図形的に考えると速い。グラフの下側の図形を扇形と直角三角形に分割して面積を足せばよい。

上の円柱に関する問題では，やはり円柱座標を用いた解法が最も計算が簡単だった。しかし，円柱座標と相性が良いように見えても，積分する順番によっては次のように場合分けがかえって大変になるケースもある。

問題

xyz 空間内に 2 点$\mathrm{P}_\theta(\cos\theta, \sin\theta, 0), \mathrm{Q}_\theta(2\cos\theta, 2\sin\theta, 0)$をとり，$0 \leq \theta \leq \pi$ の範囲で θ を動かすときに線分$\mathrm{P}_\theta\mathrm{Q}_\theta$が通過する領域を D とする。底面がDで，$\mathrm{P}_\theta\mathrm{Q}_\theta$ 上の各点での高さが $(2/\pi)\theta$ で，半空間 $z \geq 0$ 内にある立体 K を考える。球B: $x^2+y^2+z^2 \leq 4$ と K の共通部分 L の体積を求めよ。

（慈恵医大 2013）

正攻法 $z=t$ で切断

平面 $z=t$ で L を切断してできる断面の面積 $S(t)$ は，B の $1 \leq \sqrt{x^2+y^2} \leq 2$ の部分の断面 $1 \leq \sqrt{x^2+y^2} \leq \sqrt{4-t^2}, z=t$ の面積に，立体 K に属する部分の割合を掛けたものである。この割合は，$t \leq (2/\pi)\theta$，すなわち $\theta \geq \pi t/2$ となるような θ に対応する $\mathrm{P}_\theta\mathrm{Q}_\theta$ が存在する部分の割合であり，角度の比から求まる。

$$S(t) = \left(\pi\left(\sqrt{4-t^2}\right)^2 - \pi\cdot 1^2\right) \times \frac{\pi - \pi t/2}{2\pi} = \frac{\pi}{4}(3-t^2)(2-t).$$

ただし, t が十分大きいと断面は空集合となる。初めて $S(t)=0$ となる t の値から，断面が空集合とならない条件は $0 \leq t \leq \sqrt{3}$.

よって，L の体積は，

$$\int_0^{\sqrt{3}} \frac{\pi}{4}(3-t^2)(2-t)dt = \frac{\pi}{4}\int_0^{\sqrt{3}}(t^3-2t^2-3t+6)dt = \frac{\pi}{4}\left[\frac{t^4}{4} - \frac{2}{3}t^3 - \frac{3}{2}t^2 + 6t\right]_0^{\sqrt{3}}$$

$$= \frac{\pi}{4}\left(\frac{9}{4} - 2\sqrt{3} - \frac{9}{2} + 6\sqrt{3}\right) = \left(\sqrt{3} - \frac{9}{16}\right)\pi.$$

ある程度図形的に考える必要がある。K は θ に比例して場所によって高さが変わる「螺旋スロープ」の下側の部分である。これと球の共通部分が L である。球のうち xy 平面への射影が D に来る部分以外は関係なく，この部分の断面は半アニュラス $1 \leq \sqrt{x^2+y^2} \leq \sqrt{4-t^2}, y \geq 0, z=t$ となる。$t > \sqrt{3}$ のときはこの部分が空集合になる。K の断面も扇形環（円環扇形，アニュラスの一部）であり，円柱座標で $1 \leq r \ (= \sqrt{x^2+y^2}) \leq 2, \pi t/2 \leq \theta \leq \pi, z=t$ と表せる。結局扇形環同士の共通部分の面積を求めることになる。扇形環の面積は中心角に比例するので，角度の比で考えると良い。

解法 円柱座標

$r \geq 0, 0 \leq \theta \leq \pi$ の下で，

$$(r\cos\theta, r\sin\theta, z) \in L \Longleftrightarrow r^2 + z^2 \leq 4, 0 \leq z \leq (2/\pi)\theta, (r\cos\theta, r\sin\theta) \in D$$

$$\Longleftrightarrow 0 \leq z \leq \min\left\{(2/\pi)\theta, \sqrt{4-r^2}\right\}, 1 \leq r \leq 2$$

$$\Longleftrightarrow \begin{cases} 0 \leq z \leq (2/\pi)\theta \ (\text{if } r \leq 2\sqrt{1-(\theta/\pi)^2}) \\ 0 \leq z \leq \sqrt{4-r^2} \ (\text{if } r > 2\sqrt{1-(\theta/\pi)^2}) \end{cases}, 1 \leq r \leq 2$$

$$\Longleftrightarrow \begin{cases} 0 \leq z \leq (2/\pi)\theta \ (1 \leq r \leq 2\sqrt{1-(\theta/\pi)^2}, \theta \leq (\sqrt{3}/2)\pi) \\ 0 \leq z \leq \sqrt{4-r^2} \ (2\sqrt{1-(\theta/\pi)^2} \leq r \leq 2, \theta \leq (\sqrt{3}/2)\pi) \\ 0 \leq z \leq \sqrt{4-r^2} \ (1 \leq r \leq 2, \theta \geq (\sqrt{3}/2)\pi) \end{cases}$$

$$\therefore \int_L dxdydz = \int_{\theta=0}^{(\sqrt{3}/2)\pi} \int_{r=1}^{2\sqrt{1-(\theta/\pi)^2}} \frac{2}{\pi}\theta \cdot rdrd\theta$$

$$+ \int_{\theta=0}^{(\sqrt{3}/2)\pi} \int_{r=2\sqrt{1-(\theta/\pi)^2}}^{2} \sqrt{4-r^2} \cdot rdrd\theta$$

$$+ \int_{\theta=(\sqrt{3}/2)\pi}^{\pi} \int_{r=1}^{2} \sqrt{4-r^2} \cdot rdrd\theta$$

$$= \int_{\theta=0}^{(\sqrt{3}/2)\pi} \frac{2}{\pi}\theta \cdot \frac{1}{2}\left\{4\left(1-\frac{\theta^2}{\pi^2}\right)-1\right\}d\theta + \int_{\theta=0}^{(\sqrt{3}/2)\pi} \frac{8\theta^3}{3\pi^3}d\theta$$

$$+ \int_{\theta=(\sqrt{3}/2)\pi}^{\pi} \sqrt{3}d\theta = \frac{9\pi}{16} + \frac{3\pi}{8} + \left(\sqrt{3}-\frac{3}{2}\right)\pi = \left(\sqrt{3}-\frac{9}{16}\right)\pi.$$

積分は 3 つのパーツに分ける必要がある。「螺旋スロープ」と半球面の交線より外側か内側かによって L の高さ z を表す式が変わる。更に $\theta \geq (\sqrt{3}/2)\pi$ のときは交線より内側の部分に L がなくなるので，その場合分けで 1 つ増えて合計 3 つになる。

$\begin{cases} A \ (\text{if } C) \\ B \ (\text{if } \neg C) \end{cases}$ は「[C かつ A] または [C ではなく，かつ B]」を分かりやすいように場合分けとして記述したものを意図している。if と書かずに場合分けの記号を使っている所は括弧内で全ての場合が尽くされていないが，それぞれを括弧内と「かつ」で結んでから各場合を「または」で結んだものを意味しているという点では同じである。同値変形の記述にうるさい人も多いので場合分けを使わずに書いておいた方が無難かもしれない。

立体の式を連立して同値変形するだけで機械的に求積できるのは重積分の利点だが，どのような座標系でどの変数から先に積分すると計算が楽になるのかを事前に見極めるのはなかなか難しい。本問の場合，r, θ で先に積分してから z で積分するという方法をとると実質**正攻法**と同じ計算になり，その方が簡単になる。

教科書に載っていない難関大入試対策のテクニックとして有名な「バウムクーヘン積分」も円柱座標を用いた求積で説明できる。1989 年の東大にはもろにこれを証明せよという問題が出題されている。

問題

$f(x) = \pi x^2 \sin \pi x^2$ とする。$y = f(x)$ のグラフの $0 \leq x \leq 1$ の部分と x 軸で囲まれた図形を y 軸周りに回転させてできる立体の体積 V は

$$V = 2\pi \int_0^1 xf(x)dx$$

で与えられることを示し，この値を求めよ。

(東大 1989)

正攻法① 直感を正当化

まず，$0 \leq t \leq x \leq t + \Delta t \leq 1/\sqrt{2}$ とする。このとき，$f(t) \leq f(x) \leq f(t + \Delta t)$ である。$y = f(x)$ のグラフのうち $t \leq x \leq t + \Delta t$ の部分を y 軸周りに回転させてできる立体は，半径が $t + \Delta t$ で高さが $f(t + \Delta t)$ の円柱から半径が t で高さが $f(t + \Delta t)$ の円柱をくり抜いてできる立体に含まれ，半径が $t + \Delta t$ で高さが $f(t)$ の円柱から半径が t で高さが $f(t)$ の円柱をくり抜いてできる立体を含む。よって，その部分の体積 ΔV は

$$\pi(t + \Delta t)^2 f(t) - \pi t^2 f(t) \leq \Delta V \leq \pi(t + \Delta t)^2 f(t + \Delta t) - \pi t^2 f(t + \Delta t)$$

すなわち

$$2\pi t f(t)\Delta t + \pi \Delta t^2 f(t) \leq \Delta V \leq 2\pi t f(t + \Delta t)\Delta t + \pi \Delta t^2 f(t + \Delta t)$$

を満たす。$\Delta t = (1/n) \cdot (1/\sqrt{2}), t = (k/n) \cdot (1/\sqrt{2})$ として，$k = 0,1,2, \ldots, n-1$ について最左辺，最右辺で和をとると，区分求積法より，

$$\begin{aligned} &2\pi \cdot \frac{1}{\sqrt{2}n} \sum_{k=0}^{n-1} \frac{k}{\sqrt{2}n} f\left(\frac{k}{\sqrt{2}n}\right) + \pi \cdot \frac{1}{2n^2} \sum_{k=0}^{n-1} f\left(\frac{k}{\sqrt{2}n}\right) \\ &\qquad \to 2\pi \cdot \frac{1}{\sqrt{2}} \int_0^1 \frac{u}{\sqrt{2}} f\left(\frac{u}{\sqrt{2}}\right) du + \pi \cdot 0 \cdot \frac{1}{2} \int_0^1 f\left(\frac{u}{\sqrt{2}}\right) du \\ &\qquad = 2\pi \int_0^{1/\sqrt{2}} xf(x)dx \ \ (n \to \infty), \end{aligned}$$

$$2\pi\cdot\frac{1}{\sqrt{2}n}\sum_{k=0}^{n-1}\frac{k}{\sqrt{2}n}f\left(\frac{k+1}{\sqrt{2}n}\right)+\pi\cdot\frac{1}{2n^2}\sum_{k=0}^{n-1}f\left(\frac{k+1}{\sqrt{2}n}\right)$$
$$\to 2\pi\int_0^{1/\sqrt{2}}xf(x)dx\ \ (n\to\infty).$$

はさみうちの原理より，$y=f(x)$ のグラフのうち $0\leq x\leq 1/\sqrt{2}$ の部分を y 軸周りに回転させてできる立体の体積は

$$2\pi\int_0^{1/\sqrt{2}}xf(x)dx.$$

一方，$1/\sqrt{2}\leq t\leq x\leq t+\Delta t\leq 1$ のとき，$f(t+\Delta t)\leq f(x)\leq f(t)$ より，反対向きの不等式が成り立つから，同様に $y=f(x)$ のグラフのうち $1/\sqrt{2}\leq x\leq 1$ の部分を y 軸周りに回転させてできる立体の体積は

$$2\pi\int_{1/\sqrt{2}}^1 xf(x)dx.$$

合計すると，

$$V=2\pi\int_0^1 xf(x)dx.$$

$f(x)=\pi x^2\sin\pi x^2$ を代入すると，

$$V=2\pi\int_0^1\pi x^3\sin\pi x^2\,dx=\int_0^\pi y\sin y\,dx=\Big[\sin y-y\cos y\Big]_0^\pi=\pi.$$

$f(t), f(t+\Delta t)$ のどちらが大きいかという問題があるが，$x=1/\sqrt{2}$ の前後で区切れば f は単調になるので問題ない。　区分求積法の代わりにリーマン積分の定義を使えば，単調とは限らない一般の関数に対しても一気に証明できる。

最後の計算では $y=\pi x^2$ で置換積分した。

正攻法② 外側から内側をくり抜き，部分積分

$f(x)$ を $0\leq x\leq 1/\sqrt{2}$ に制限したものを $f_1(x)$，$1/\sqrt{2}\leq x\leq 1$ に制限したものを $f_2(x)$ とおく。f_1 は単調増加，f_2 は単調減少であり，逆関数がとれる。

$$V=\int_0^{f(1/\sqrt{2})}\pi(f_2^{-1}(y))^2dy-\int_0^{f(1/\sqrt{2})}\pi(f_1^{-1}(y))^2dy.$$

$x=f_2^{-1}(y)$ と置換すると，$dy/dx=f'(x)$ より，

$$\int_0^{f(1/\sqrt{2})} \pi(f_2^{-1}(y))^2 dy = \int_1^{1/\sqrt{2}} \pi x^2 f'(x)dx = [\pi x^2 f(x)]_1^{1/\sqrt{2}} - 2\pi \int_1^{1/\sqrt{2}} xf(x)dx$$
$$= \pi x^2 f(1/\sqrt{2}) + 2\pi \int_{1/\sqrt{2}}^1 xf(x)dx.$$

同様に,

$$\int_0^{f(1/\sqrt{2})} \pi(f_1^{-1}(y))^2 dy = \pi x^2 f(1/\sqrt{2}) - 2\pi \int_0^{1/\sqrt{2}} xf(x)dx$$

よって,

$$V = 2\pi \int_{1/\sqrt{2}}^1 xf(x)dx - \left(-2\pi \int_0^{1/\sqrt{2}} xf(x)dx\right) = 2\pi \int_0^1 xf(x)dx.$$

$$V = 2\pi \int_0^1 \pi x^3 \sin \pi x^2 \, dx = \int_0^\pi y \sin y \, dx = \pi.$$

単調となる区間に制限した関数を考える。$f_2^{-1}(0)$ は 0 ではなく 1 であることに注意。

チート解法　円柱座標

$x = r\cos\theta, z = r\sin\theta \ (0 \le \theta < 2\pi)$ とおくと,

$$V = \int_{\substack{0\le r\le 1\\ 0\le y\le f(r)\\ 0\le\theta<2\pi}} dxdydz = \int_{\substack{0\le r\le 1\\ 0\le y\le f(r)\\ 0\le\theta<2\pi}} rdrd\theta dy = \int_0^{2\pi} \left\{ \int_0^1 \left(r \int_0^{f(r)} dy \right) dr \right\} d\theta$$
$$= 2\pi \int_0^1 rf(r)dr = 2\pi \int_0^1 \pi r^3 \sin \pi r^2 \, dr = \int_0^\pi y \sin y \, dx = \pi.$$

回転によって新たにできる方向を z と名付けると, (x, y, z) が左手系になってしまうが, もちろん軸の名付け方は体積には影響しない。

回転後の立体は $0 \le y \le f(r)$, $0 \le r \le 1$ で表される。この式を用いて重積分するとほぼそのままバウムクーヘン積分が得られる。円柱座標による重積分こそがバウムクーヘン積分の本質だと言っても過言ではない。

問題

$y = \sin x \, (0 \le x \le \pi)$ のグラフと x 軸で囲まれた領域 D を y 軸周りに 1 回転させてできる立体の体積 V を求めよ。

正攻法 外側から内側をくり抜く

$y = \sin x$ の $\pi/2 \le x \le \pi$ の部分を $x = f(y)$，$0 \le x \le \pi/2$ の部分を $x = g(y)$ とすると，

$$V = \pi \int_0^1 f(y)^2 dy - \pi \int_0^1 g(y)^2 dy = \pi \int_\pi^{\frac{\pi}{2}} x^2 \frac{dy}{dx} dx - \pi \int_0^{\frac{\pi}{2}} x^2 \frac{dy}{dx} dx$$

$$= \pi \int_\pi^{\frac{\pi}{2}} x^2 \frac{dy}{dx} dx + \pi \int_{\frac{\pi}{2}}^0 x^2 \frac{dy}{dx} dx = \pi \int_\pi^0 x^2 \frac{dy}{dx} dx = \pi \int_\pi^0 x^2 \cos x \, dx$$

$$= \pi \left(\left[x^2 \sin x \right]_\pi^0 - \int_\pi^0 2x \sin x \, dx \right) = 2\pi \int_\pi^0 x(-\sin x) dx$$

$$= 2\pi \left(\left[x \cos x \right]_\pi^0 - \int_\pi^0 \cos x \, dx \right) = 2\pi \left(\pi - \left[\sin x \right]_\pi^0 \right) = 2\pi^2.$$

$0 \le x \le f(y)$ を回転させてできる立体から $0 \le x \le g(y)$ を回転させてできる立体を取り除く。

f, g の式は（逆三角関数を使わないと）簡潔に表示できないので，積分変数を x へ置換する。$x = f(y)$ の方は単調減少なので，x と y の大小関係が逆転することに注意。それを上手く利用すると積分が 1 つにまとまる。

チート解法① バウムクーヘン積分

y 軸からの距離が x 以下の部分の体積を$V(x)$とおく。Δx が十分小さいとき，$\Delta V := V(x + \Delta x) - V(x)$ は $2\pi xy\Delta x$ で近似できるから，$dV/dx = 2\pi xy$.

$$\therefore V = V(\pi) = \int_0^\pi 2\pi x \sin x \, dx = 2\pi \left(\left[-x \cos x \right]_0^\pi + \int_0^\pi \cos x \, dx \right) = 2\pi^2.$$

体積の微小増分は側面積に厚さ Δx を掛けたもので近似できる。近似を厳密に正当化するには，前述のようにはさみうちの原理が必要である。

チート解法② パップス＝ギュルダンの定理

$\sin(\pi - x) = \sin x$ より D の重心の x 座標は $\pi/2$，D の面積は$\int_0^\pi \sin x \, dx = 2$.

よって，パップス＝ギュルダンの定理より，$V = 2\pi \cdot \pi/2 \cdot 2 = 2\pi^2$.

パップス＝ギュルダンの定理

平面内の領域 A を同じ平面内にある直線 ℓ を軸に回転させてできる回転体の体積 V は，A と ℓ が交叉しないならば，A の面積に A の重心が回転するときに描く軌跡の長さ（$= 2\pi \times$ (重心と ℓ の距離)）を掛けた積に等しい。

A が ℓ を跨ぐような図形の場合は，A を ℓ の片側に折り返し出てできる図形に対してパップス＝ギュルダンの定理を用いる。曲線を回転させてできる回転面の面積についても同様の定理が成立する。

大学受験のみならず中学受験・高校受験でも求積問題の裏技として名高いパップス・ギュルダンの定理だが，実はこれもバウムクーヘン積分を重心の定義を使って言い換えたものに過ぎない。

図形 A の重心とは A 上の点の位置ベクトルの期待値を指す。$x = a$ と $x = b$ の間にあり，$x = t$ における幅が $f(t)$ であるような平面図形 A の重心の x 座標は $g_x = \int_a^b xf(x)dx \Big/ \int_a^b f(x)dx$ であり，この分母は A の面積 S に等しい。回転軸を y 軸とすると，パップス＝ギュルダンの定理のステートメントは数式では $V = 2\pi g_x \cdot S$ と書けるが，これは重心の定義を書き下せば,

$$V = 2\pi \int_a^b xf(x)dx$$

となり，すなわちバームクーヘン積分である。

チート解法③ 超絶技巧“脱法パップス＝ギュルダン”

$y = \sin x$ の $\pi/2 \leq x \leq \pi$ の部分を $x = f(y)$，$0 \leq x \leq \pi/2$ の部分を $x = g(y)$ とすると，$x = \pi/2$ に関する対称性より $f(y) + g(y) = \pi$.

$$\begin{aligned} V &= \pi \int_0^1 (f(y)^2 - g(y)^2)dy = \pi \int_0^1 \bigl(f(y) + g(y)\bigr)\bigl(f(y) - g(y)\bigr)dy \\ &= \pi^2 \int_0^1 \bigl(f(y) - g(y)\bigr)dy = \pi^2 \int_0^\pi \sin x\, dx = 2\pi^2. \end{aligned}$$

パップス＝ギュルダンの定理は高校範囲外だが，領域が回転軸に平行な直線に関して対称な場合に限れば高校範囲内で瞬時に証明できる。2 乗の差を和と差の積に因数分解する公式を利用して x 座標の平均に当たる成分を括り出す。

記述式の試験の答案でパップス＝ギュルダンの定理を証明なしで勝手に用い

た場合は減点される可能性もあるが，この「脱法パップス＝ギュルダン」（もちろん勝手に作った造語）は本質的にパップス＝ギュルダンの定理と同じことをしているものの，記述式の試験で用いてもおそらく減点されないだろう。

次に「バウムクーヘン積分」と並んで高校数学の求積問題の裏技として有名な「傘型積分」（斜軸回転体の積分公式）について考えてみよう。

問題

滑らかな凸関数 $y=f(x)$ のグラフと直線 $\ell\colon y=ax+b$ で囲まれた部分を ℓ の周りに 1 回転させてできる立体の体積が次式で与えられることを示せ。

$$V=\pi\cos\theta\int_{\alpha}^{\beta}\{f(x)-(ax+b)\}^2dx$$

ここで，$\theta\in(-\pi/2,\pi/2)$ は $\tan\theta=a$ を満たす角，$\alpha,\beta\ (\alpha<\beta)$は $y=f(x)$ のグラフと直線 ℓ の 2 つの交点である。

解法① 傘型分割

$y=f(x)$ 上の点 P から直線 ℓ に下した垂線の足を H, x 座標が P と同じ直線 ℓ 上の点を Q とする。

Δx が十分小さいとき，グラフで囲まれた領域のうち区間 $[x,x+\Delta x]$ の部分を直線 ℓ の周りに 1 回転させてできる立体は，底面の半径が PH，母線の長さが PQ である円錐の側面に Δx の厚みを付けたもので近似できる。その体積は

$$\Delta V\fallingdotseq\pi\cdot\mathrm{PH}\cdot\mathrm{PQ}\cdot\Delta x=\pi\cos\theta\,\mathrm{PQ}^2\Delta x.$$

よって，$V=\displaystyle\int_{\alpha}^{\beta}\pi\cos\theta\,\mathrm{PQ}^2dx=\pi\cos\theta\int_{\alpha}^{\beta}\{f(x)-(ax+b)\}^2dx.$

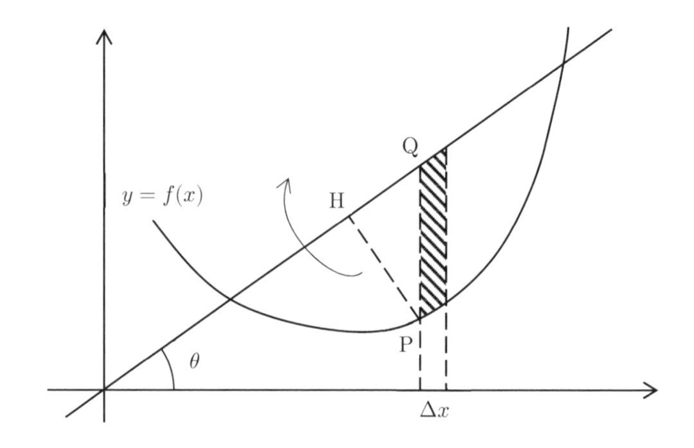

$y=f(x)$ と直線 ℓ を位置関係を保ったまま平行移動させても体積は変わらないから，$b=0$, $\alpha=0$ のときに示せば十分だが，傘型分割を考える上では一般のままでも大差ない。更に，α, β が直線 ℓ との交点ではなく，その間にある場合でも，$x=\alpha$ と $x=\beta$ で囲まれた部分を回転させてできる立体の体積が同じ式で与えられることが分かる。f が凹関数の場合も同じ式になる。凸関数や凹関数でなくても，囲まれた部分が ℓ の片側にあればよい。

「近似できる」の説明はバウムクーヘン積分のときと同様にはさみうちの原理と区分求積法を使うとより正確にできる。

解法② 回転行列

$y=f(x)$ と直線 ℓ を位置関係を保ったまま平行移動させても体積は変わらないから，$b=0$ のときに示せばよい。

$(x, f(x))$ を原点周りに $-\theta$ 回転させた点を (X, Y) とすると，

$$\begin{pmatrix} X \\ Y \end{pmatrix} = \begin{pmatrix} \cos(-\theta) & -\sin(-\theta) \\ \sin(-\theta) & \cos(-\theta) \end{pmatrix} \begin{pmatrix} x \\ f(x) \end{pmatrix} = \begin{pmatrix} (\cos\theta)x + (\sin\theta)f(x) \\ -(\sin\theta)x + (\cos\theta)f(x) \end{pmatrix}.$$

よって，

$$\begin{aligned} V &= \int_{x=\alpha}^{x=\beta} \pi Y^2 dX = \pi \int_\alpha^\beta \bigl(-(\sin\theta)x + (\cos\theta)f(x)\bigr)^2 \bigl(\cos\theta + \sin\theta\, f'(x)\bigr) dx \\ &= \pi \int_\alpha^\beta \cos^2\theta\, (f(x) - ax)^2 \bigl(\cos\theta + \sin\theta\, f'(x)\bigr) dx \\ &= \pi\cos\theta \int_\alpha^\beta \cos^2\theta\, (f(x) - ax)^2 \bigl(1 + af'(x)\bigr) dx \\ &= \pi\cos\theta \int_\alpha^\beta \frac{1}{1+a^2} (f(x) - ax)^2 \bigl(1 + af'(x)\bigr) dx \\ &= \pi\cos\theta \cdot \frac{1}{1+a^2} \left\{ \int_\alpha^\beta (f(x) - ax)^2 dx + a \int_\alpha^\beta (f(x) - ax)^2 f'(x) dx \right\}. \end{aligned}$$

ここで，

$$\int_\alpha^\beta (f(x) - ax)^2 (f'(x) - a) dx = \int_{f(\alpha)-a\alpha}^{f(\beta)-a\beta} u^2 du = \int_0^0 u^2 du = 0$$

を用いると，

$$\begin{aligned} V &= \pi\cos\theta \cdot \frac{1}{1+a^2} \left\{ \int_\alpha^\beta (f(x) - ax)^2 dx + a \cdot a \int_\alpha^\beta (f(x) - ax)^2 dx \right\} \\ &= \pi\cos\theta \int_\alpha^\beta (f(x) - ax)^2 dx. \end{aligned}$$

グラフと回転軸を $-\theta$ 回転させ，回転軸が x 軸に重なるようにする。X では積分しづらいので，元の x で置換積分する。すると，一見違う式が出てくる。

一致することを示したい式になるべく形を合わせて比較し，表面上違うように見える部分の差が実は 0 であることを示す。$u=f(x)-ax$ と置換する。$x\mapsto u$ の対応は単調ではないが，単調となるような区間に分割して足せば結局全てつながり，一つの積分にまとまる。

解法③ 断面積を ℓ の線素で積分 ➡ 置換積分

$y=f(x)$ 上の点 P から直線 ℓ に下した垂線の足を H, x 座標が P と同じ直線 ℓ 上の点を Q，x 座標が小さい方の交点$(\alpha, f(\alpha))$を A とし，$\mathrm{AH}=t$ とおく。点と直線の距離の公式から，

$$\mathrm{PH}=\frac{|f(x)-(ax+b)|}{\sqrt{1+a^2}}=\frac{(ax+b)-f(x)}{\sqrt{1+\tan^2\theta}}=\cos\theta\left\{(ax+b)-f(x)\right\}$$

$$t:=\mathrm{HA}=\left|\overrightarrow{\mathrm{AQ}}-\overrightarrow{\mathrm{HQ}}\right|=\frac{1}{\cos\theta}(x-\alpha)-\sin\theta\left\{(ax+b)-f(x)\right\}$$

$$dt=\left(\frac{1}{\cos\theta}-a\sin\theta+\sin\theta\, f'(x)\right)dx=\left(\frac{1-\sin^2\theta}{\cos\theta}+\sin\theta\, f'(x)\right)dx$$
$$=\bigl(\cos\theta+\sin\theta\, f'(x)\bigr)dx$$

$$V=\pi\int_0^{(\alpha-\beta)/\cos\theta}\mathrm{PH}^2dt=\pi\int_\alpha^\beta\cos^2\theta\left\{f(x)-(ax+b)\right\}^2\bigl(\cos\theta+\sin\theta\, f'(x)\bigr)dx$$

解法②と同様にして，

$$V=\pi\int_0^{(\alpha-\beta)/\cos\theta}\mathrm{PH}^2dt=\pi\cos\theta\int_\alpha^\beta\left\{f(x)-(ax+b)\right\}^2dx$$

ℓ に垂線を下ろして ℓ に垂直に切ったときの断面積を求め，t で積分する。ℓ に沿って微小な体積を足し合わせるので，$\pi\cdot\mathrm{PH}^2$ は x ではなく t で積分する必要がある。しかし，そのままでは計算しづらいので，置換積分する。

f が具体的な関数の場合はこれが正攻法になる。f が具体的なら t を x の式で置換した式をそのまま計算すれば答えが出る。しかし，被積分関数の形が傘型積分とは異なるので，そのままでは一般の f に対して傘型積分の式との一致は示せない。解法②と同様の変形が必要になる。

今まで重積分の応用として体積を扱ってきたが，何次元でも原理は同じであ

り，無論，面積（2次元）にも応用できる。例えば，有名な裏技として，微小な扇形の面積を足し合わせること（はさみうちの原理で正当化可能）で極座標表示された曲線 $r = r(\theta)$ と $\theta = \alpha, \beta$ で囲まれる領域 D の面積（例題：京大1997）が $(1/2)\int_\alpha^\beta r(\theta)^2 d\theta$ で求まるが，これも $dxdy = rdrd\theta$ から瞬時に出る。他の次元に関して，D を x 軸周りに回転させた立体の体積 V，$r = r(\theta)$ の弧長 ℓ は

$$V = \frac{2\pi}{3}\int_\alpha^\beta r(\theta)^3 \sin\theta\, d\theta, \quad \ell = \int_\alpha^\beta \sqrt{r(\theta)^2 + \{r'(\theta)\}^2} d\theta$$

となる。V は微小な扇形にパップス・ギュルダンの定理を用いても求まる。

問題

$y = f(x)$ を正の値をとる微分可能な関数で，導関数 f' が連続で正の値をとるものとする。

(1) $h > 0$ とする。xy 平面上の2点 $\mathrm{P}(a, f(a)), \mathrm{Q}(a+h, f(a+h))$ を結ぶ線分を x 軸周りに1回転させてできる円錐の側面の一部（円錐台の側面）の面積 $\sigma(h)$ を求めよ。

(2) $\displaystyle\lim_{h \to +0} \sigma(h)/h$ を求めよ。

(3) $y = f(x)$ $(a \leq x \leq b)$ を x 軸周りに1回転させてできる回転面の面積が次の式で与えられることを示せ。

$$S = 2\pi \int_a^b |f(x)|\sqrt{1 + \{f'(x)\}^2}\, dx$$

（北大 2007 改）

正攻法 微分を積分

(1) 直線 PQ の式は

$$y = \frac{f(a+h) - f(a)}{h}(x - a) + f(a)$$

だから，直線 PQ と x 軸の交点 R の x 座標は，

$$a - \frac{hf(a)}{f(a+h) - f(a)}$$

である。線分 RQ を x 軸周りに1回転させてできる円錐の側面の面積は，

$$\pi f(a+h)\sqrt{\left\{\frac{hf(a)}{f(a+h) - f(a)} + h\right\}^2 + \{f(a+h)\}^2}$$

この円錐の側面から，線分 RP を x 軸周りに 1 回転させてできる円錐の側

面を取り除いた部分の面積を求めれば良い。相似比を考えると，

$$\sigma = \left[1 - \left\{\frac{f(a)}{f(a+h)}\right\}^2\right] \times \pi f(a+h)\sqrt{\left\{\frac{hf(a)}{f(a+h)-f(a)} + h\right\}^2 + \{f(a+h)\}^2}$$

$$= \left[1 - \left\{\frac{f(a)}{f(a+h)}\right\}^2\right] \times \pi f(a+h)\sqrt{\left\{\frac{hf(a+h)}{f(a+h)-f(a)}\right\}^2 + \{f(a+h)\}^2}$$

$$= \left[1 - \left\{\frac{f(a)}{f(a+h)}\right\}^2\right] \times \pi\{f(a+h)\}^2\sqrt{\left\{\frac{h}{f(a+h)-f(a)}\right\}^2 + 1}$$

$$= \pi[\{f(a+h)\}^2 - \{f(a)\}^2]\sqrt{\left\{\frac{h}{f(a+h)-f(a)}\right\}^2 + 1}$$

$$= \pi\{f(a+h) + f(a)\}\sqrt{h^2 + \{f(a+h) - f(a)\}^2}$$

(2) (1)より，

$$\lim_{h\to+0}\frac{\sigma(h)}{h} = \lim_{h\to+0}\pi\{f(a+h)+f(a)\}\sqrt{1 + \left\{\frac{f(a+h)-f(a)}{h}\right\}^2}$$

$$= 2\pi f(a)\sqrt{1+\{f'(a)\}^2}$$

(3) h が十分小さいとき，$y = f(x)$ $(a \leqq x \leqq a+h)$ は線分 PQ で近似できる。a は任意だったから，改めて $a \leqq u \leqq b$ を満たす u に置き換えてよい。(2)より，$u \leqq x \leqq u + \Delta u$ の部分を1回転させてできる回転面の面積は $h = \Delta u$ が十分小さいとき，

$$\Delta S \fallingdotseq 2\pi f(u)\sqrt{1+\{f'(u)\}^2} \times \Delta u$$

と近似できる。よって，

$$S = 2\pi\int_a^b f(u)\sqrt{1+\{f'(u)\}^2}\,du.$$

本問は正攻法の方が厳密ではない。(3)の「近似」の厳密な正当化は高校数学の範囲外である。高校数学の範囲では，基本的に円柱面や円錐面，球面の一部以外の曲がった曲面の面積を求めさせられることはないと思われる。しかし，2007年の北大の後期には，そういった制約への挑戦を意図したのか，明らかに(3)を念頭に置いた(2)に相当するものが出題されている。

曲線を傾いた線分 PQ で近似するのが重要であり，曲線を x 軸に平行な線分で近似して面積の微小増分を薄い円柱の側面積で近似すると失敗する。直感的には曲線の傾きが垂直に近づくほど誤差が大きくなってしまうのが原因である。

$\Delta S \fallingdotseq 2\pi f(u)\Delta u$ ではないので注意せよ。

次の**チート解法**で見るように，この近似や誤差の有無を厳密に考察するには「面素」という概念が重要になる。実は(3)の結果は f や f' の正値性の仮定なしでも成り立つことも分かる。**回転体の表面積の公式**として覚えておくと良い。

チート解法① 面積分

一般に，C^1 級の曲線 $y=F(x)$ を x 軸周りに1回転させてできる曲面は

$$(x,y,z)^{\mathrm{T}} = \vec{h}(t,\theta) := (t, F(t)\cos\theta, F(t)\sin\theta)^{\mathrm{T}}$$

とパラメータ表示できる。面素ベクトルの大きさは

$$dS = \left|\frac{\partial \vec{h}}{\partial t} \times \frac{\partial \vec{h}}{\partial \theta}\right| dtd\theta = \left|\begin{pmatrix} 1 \\ F'(t)\cos\theta \\ F'(t)\sin\theta \end{pmatrix} \times \begin{pmatrix} 0 \\ -F(t)\sin\theta \\ F(t)\cos\theta \end{pmatrix}\right| dtd\theta$$

$$= \left|\begin{pmatrix} F'(t)F(t) \\ -F(t)\cos\theta \\ -F(t)\sin\theta \end{pmatrix}\right| dtd\theta = |F(t)|\sqrt{1+\{F'(t)\}^2}dtd\theta.$$

よって，回転面の $a \leq x \leq b$ の部分の面積は

$$S = \int_{t=a}^{t=b}\int_{\theta=0}^{\theta=2\pi} dS = 2\pi\int_a^b |F(x)|\sqrt{1+\{F'(x)\}^2}\,dx.$$

(1) $F(x) = \dfrac{f(a+h)-f(a)}{h}(x-a)+f(a)$ とすると，

$$\sigma = 2\pi\int_a^{a+h}\left(\frac{f(a+h)-f(a)}{h}(x-a)+f(a)\right)\sqrt{1+\left\{\frac{f(a+h)-f(a)}{h}\right\}^2}\,dx$$

$$= 2\pi\sqrt{1+\left\{\frac{f(a+h)-f(a)}{h}\right\}^2}\left(\frac{f(a+h)-f(a)}{h}\cdot\frac{h^2}{2}+f(a)h\right)$$

$$= \pi\{f(a+h)+f(a)\}\sqrt{h^2+\{f(a+h)-f(a)\}^2}.$$

(2) (1)の F を F_h とすると，積分の平均値の定理より，$\exists \xi_h \in (a, a+h)$ s.t.

$$\lim_{h\to+0}\frac{\sigma(h)}{h} = 2\pi\lim_{h\to+0}\frac{1}{h}\int_a^{a+h}|F_h(x)|\sqrt{1+\{F_h'(x)\}^2}\,dx$$

$$= 2\pi\lim_{h\to+0}|F_h(\xi_h)|\sqrt{1+\{F_h'(\xi_h)\}^2} = 2\pi f(a)\sqrt{1+\{f'(a)\}^2}.$$

(3) $F=f$ に対して S の式を適用すれば良い。

空間(3次元)ベクトル $\vec{a}=(a_1,a_2,a_3)^{\mathrm{T}}$，$\vec{b}=(b_1,b_2,b_3)^{\mathrm{T}}$ に対し，$\vec{a}\times\vec{b}$ は**外積**

$(a_2b_3 - a_3b_2, a_3b_1 - a_1b_3, a_1b_2 - a_2b_1)^{\mathrm{T}}$ を表す。$\vec{a}\times\vec{b}$ は任意の 3 次元ベクトル $\vec{v}$ に対して $\vec{v}\cdot\vec{w} = \det(\vec{v}\ \vec{a}\ \vec{b})$ を満たす唯一のベクトル $\vec{w}$ である。$\vec{v}\cdot(\vec{a}\times\vec{b})$ はスカラー三重積と呼ばれ，$\vec{v}, \vec{a}, \vec{b}$ で張られる平行六面体の体積（に向きに応じた符号をつけたもの）に等しい。$\vec{a}\times\vec{b}$ の向きは $\vec{a}$ にも $\vec{b}$ にも垂直な方向のうち $\vec{a}, \vec{b}, \vec{a}\times\vec{b}$ がこの順に右手系をなす方向であり，$\vec{a}, \vec{b}$ のなす角を θ とすると，$|\vec{a}\times\vec{b}| = |\vec{a}||\vec{b}|\sin\theta$ である。外積の成分表示は $1\to 2\to 3\to 1$ という順番に注意しながら求めたい成分以外の「たすき掛け」として覚えると良い。より一般に n 次元では，行列式を使った特徴付け「$\forall\vec{v}\in\mathbb{R}^n; \vec{v}\cdot\vec{w} = \det(\vec{v}\ \vec{a}_1 \cdots \vec{a}_{n-1})$なる唯一の $\vec{w}$」により $n-1$ 項演算として外積（ベクトル積）が定義される。

曲面 $\mathcal{S}$: $(x, y, z)^{\mathrm{T}} = \vec{p}(u, v)$ に対し，$d\vec{S} = (\partial_u\vec{p}\times\partial_v\vec{p})dudv$ を**面素ベクトル**と言う。$\vec{p}$ の値としての x, y, z を u, v の関数だと思うと，次のようにも書ける。

$$d\vec{S} = \left(\frac{\partial(y,z)}{\partial(u,v)}, \frac{\partial(z,x)}{\partial(u,v)}, \frac{\partial(x,y)}{\partial(u,v)}\right)^{\mathrm{T}} dudv.$$

$d\vec{S}$ は各パラメータの値の組(u, v)に対し，対応する $\mathcal{S}$ 上の点における $\mathcal{S}$ の法線方向（接平面に垂直な方向）のベクトルを与え，パラメータの無限小変化 $u\to u+du, v\to v+dv$ に対応する面積の無限小増分（面素）を大きさにもつと考えられる。よって，この大きさを積分したものが面積となる。**第一基本行列**

$$\mathcal{G} = (g_{ij}) = \begin{pmatrix} E & F \\ F & G \end{pmatrix} = \begin{pmatrix} \partial_u\vec{p}\cdot\partial_u\vec{p} & \partial_u\vec{p}\cdot\partial_v\vec{p} \\ \partial_u\vec{p}\cdot\partial_v\vec{p} & \partial_v\vec{p}\cdot\partial_v\vec{p} \end{pmatrix} = (\partial_{x^i}\vec{p}\cdot\partial_{x^j}\vec{p})_{ij}$$

を用いると，面素は $|d\vec{S}| = |\partial_u\vec{p}\times\partial_v\vec{p}|dudv = \sqrt{\det\mathcal{G}}\,dudv$ と書ける。第一基本行列は計量テンソルや計量行列とも呼ばれ，曲面のリーマン計量を表す。第一基本行列が定める二次形式（に du, dv を入れた）$ds^2 = Edu^2 + 2Fdudv + Gdv^2 = |\partial_u\vec{p}du + \partial_v\vec{p}dv|^2 = |d\vec{p}|^2$ を第一基本形式と言う。ds は (u, v) が 1 次元的な動きをしたと仮定したときの無限小の弧長のようなもの（線素）を表している。実際，uv 平面内の曲線 $\gamma(t) = \big(u(t), v(t)\big)$ $(t_0\le t\le t_1)$に対し，対応する空間内の曲面 $\mathcal{S}$ 上の曲線 $\tilde{\gamma} = \vec{p}\circ\gamma = \vec{p}\big(u(t), v(t)\big)$ の速度ベクトルは多変数の連鎖律により

$$\frac{d\tilde{\gamma}}{dt} = \frac{\partial\vec{p}}{\partial u}\big(u(t), v(t)\big)\frac{du}{dt} + \frac{\partial\vec{p}}{\partial v}\big(u(t), v(t)\big)\frac{dv}{dt}$$

だから，$\tilde{\gamma}$ の長さ（弧長）は次のように書ける。

$$\ell(\tilde{\gamma}) = \int_{t_0}^{t_1}\left|\frac{d\tilde{\gamma}}{dt}\right|dt = \int_{t_0}^{t_1}\sqrt{E\left(\frac{du}{dt}\right)^2 + 2F\frac{du}{dt}\frac{dv}{dt} + G\left(\frac{dv}{dt}\right)^2}\,dt = \int_{t=t_0}^{t=t_1} ds.$$

以下，曲面論に関連して背景知識を解説するが，**チート解法①**自体の理解には必要ないので，難しすぎると思った場合はスキップして良い。

計量テンソルや線素の考え方は一般次元の超曲面や一般の（擬）リーマン多様体でも有効（ただし，接ベクトル $\partial_{x^i}\vec{p}$ の内積による表示は $\mathbb{R}^n$ に埋め込まれて

いないと使えない）であり，リーマン幾何学や相対性理論（時空を 4 次元の擬リーマン多様体と見做す）では (u,v) に当たるものを一般の座標系 (x^i) としてアインシュタインの縮約記法を用いて $ds^2 = g_{ij}dx^i dx^j$ のように書いているのをよく目にする。縮約記法では上付き添え字（反変）と下付き添え字（共変）のペアで和をとる。つまり，$g_{ij}dx^i dx^j$ は $\sum_{i,j} g_{ij}dx^i dx^j$ の略記である。接空間の元の成分表示（係数）や余接空間の基底は上付き添え字，余接空間の元の成分や接空間の基底は下付き添え字で表す（$\partial/\partial x^i$ は下付き扱い）。

第一基本行列はパラメータの取り方により変わる。$(x,y,z)^{\mathrm{T}} = \vec{q}(\xi,\eta)$ を同じ曲面 $\mathcal{S}$ の別のパラメータ付けとし，その第一基本行列を (g'_{ij})，座標変換のヤコビアンを $J = \partial(u,v)/\partial(\xi,\eta)$ とすると，$(g'_{ij}(\xi,\eta)) = J^{\mathrm{T}}(g_{ij}(u,v))J$. これは一般の擬リーマン多様体の計量テンソルについても成り立ち，物理学徒はよく縮約記法を用いて $g'_{ij} = (\partial x^k/\partial x'^i)(\partial x^l/\partial x'^j)g_{kl}$ と書く（プライムが付いている方が新しい座標）。しかし，もちろんそれを用いて計算される超曲面の面積自体はパラメータの取り方（座標系）には依存せずに一意に決まる。$\sqrt{\det\mathcal{G}}\,dx^1\cdots dx^m$ や ds^2 の表式も座標変換で不変であることが計算で確かめられる。

一般相対性理論をかじったことがある人は，時空を多様体と見做したときの計量テンソル (g_{ij}) が時空の「曲がり方」や重力に関係すると聞いたことがあるだろう。正確に言うと相対性理論で扱うのは擬リーマン多様体なので，「曲がっていない」の基準となる計量（ミンコフスキー計量）がリーマン多様体の場合と少し違うのだが，$\mathbb{R}^n$ 内の超曲面などのようなリーマン多様体でも g_{ij} が曲がり方に関係するのは同じである。しかし，指数写像と呼ばれるものを用いると，任意の点 $p \in \mathcal{S}$ に対し，p で $g_{ij} = \delta_{ij}, \partial_{x^k} g_{ij} = 0$ となる局所座標系 (x^i)（中心 p の正規座標）がとれる，すなわち座標の取り方次第で 1 点における計量とその微分は曲がっていない空間と同じにできることが知られているため，真に曲がり方を決めているのは計量の 2 階微分である。実際，曲率に関する量は色々あるが，いずれも表式に計量の 2 階微分が登場する。また，(g_{ij}) を単位行列にできるのはあくまで一点だけで，少しずれた場所では変わる可能性がある。

曲面 $\mathcal{S}\colon (x,y,z)^{\mathrm{T}} = \vec{p}(u,v)$ の曲がり方に関する量の一つに第二基本行列

$$(\mathrm{II}_{ij}) = \begin{pmatrix} L & M \\ M & N \end{pmatrix} = \begin{pmatrix} \partial^2_{uu}\vec{p}\cdot\nu & \partial^2_{vu}\vec{p}\cdot\nu \\ \partial^2_{uv}\vec{p}\cdot\nu & \partial^2_{vv}\vec{p}\cdot\nu \end{pmatrix} = -\begin{pmatrix} \partial_u\vec{p}^{\mathrm{T}} \\ \partial_v\vec{p}^{\mathrm{T}} \end{pmatrix} (\partial_u\nu \quad \partial_v\nu)$$

が挙げられる。ここで，$\nu = (\partial_u\vec{p}\times\partial_v\vec{p})/|\partial_u\vec{p}\times\partial_v\vec{p}|$ は曲面の単位法線ベクトル場（ガウス写像）である。この微分 $d\nu$（多様体間の写像としての微分）は曲面の各点 $p \in \mathcal{S}$ において p における接ベクトルを与え，$-(d\nu)_p\colon T_p\mathcal{S} \to T_p\mathcal{S}$ を p における型作用素または**ワインガルテン作用素**，その行列表示 W をワインガルテン行列と言う。W の各固有値を（$\mathcal{S}$ の p における）主曲率，主曲率の積 $\det W$ を**ガウス曲率**，W の固有値の平均 $(1/\dim\mathcal{S})\,\mathrm{tr}\,W$ を平均曲率と言う。p におけ

る法線ベクトルと一つの接ベクトルを含む平面で $\mathcal{S}$ を切ってできる曲線の p における曲率半径の逆数の最大値と最小値が主曲率となる(これは2次元特有)。第二基本形式 $\mathrm{II}(v,w)=g(v,-d\nu(w))$ $(v,w\in T_p\mathcal{S})$ は第二基本行列が定める二次形式に一致する。すなわち，$(\mathrm{II}_{ij})=(g_{ij})W$ が成り立つ。$(\mathrm{II}_{ij}),W$ の座標変換に関する反応は $(\mathrm{II}'_{ij})=(\operatorname{sgn}\det J)J^{\mathrm{T}}(\mathrm{II}_{ij})J, W'=(\operatorname{sgn}\det J)J^{-1}(\mathrm{II}_{ij})J$ である。第一基本行列と違ってヤコビアンの符号が付くのは，ヤコビアンが負となるような座標変換では ν の向き，即ち曲面の表裏が逆転するからである。第二基本形式は $\mathrm{II}=-d\vec{p}\cdot d\nu=Ldu^2+2Mdudv+Ndv^2$ のように書かれることもある。(u_0,v_0) における第二基本行列の値は法線方向の高さ $\bigl(\vec{p}-\vec{p}(u_0,v_0)\bigr)\cdot\nu(u_0,v_0)$ のヘッセ行列だとも思える。

実は曲面のガウス曲率は計量の 2 階微分までのみを使って書くことができ，この事実を「**ガウスの驚異の定理**」と言う。ふざけた名前だと思うかもしれないが，ラテン語の「Theorema Egregium」の（直訳ではない）和訳に由来してよくこのように呼ばれている。何が「驚異的」かというと，ガウス曲率という周りの空間への埋め込まれ方に依存して定義される量が実は計量という曲面に内在的な量だけで書けるという点が驚きだということである。例えば，半径 r の球面のガウス曲率は $1/r^2$ だが，宇宙に出て地球の丸さの度合いを確かめなくても，地表を局所的に精密に測量するだけで（曲率が場所によらず一定だという仮定の下で）地球の半径を推測できる。

そもそも一般の多様体については「周りの空間」の存在は想定されないのが普通であり，$\vec{p}$ や ν などのような外部にあるユークリッド空間の構造を前提とする量を使った計算が許される超曲面の理論の方がむしろ特殊な状況である。しかし，ナッシュの埋め込み定理によれば，任意のリーマン多様体はユークリッド空間 $\mathbb{R}^n$ の部分多様体に $\mathbb{R}^n$ の標準的な計量から誘導される計量を入れて作ったものと同一視できるため，結果的には任意のリーマン多様体の周りにユークリッド空間があると思っても良い。ナッシュの埋め込み定理の類似は擬リーマン多様体に対しても成り立つ。例えば，「宇宙の外」の世界が物理的な実体として存在するかどうかは神にしか分からないが，ナッシュの埋め込み定理により，一般相対性理論のモデルである 4 次元擬リーマン多様体としての時空（宇宙）は十分大きな自然数 n_1,n_2 に対する擬ユークリッド空間 $\mathbb{R}^{n_1,n_2}$ の部分多様体に $\mathbb{R}^{n_1,n_2}$ から誘導される計量を入れたものと見做せる。$\mathbb{R}^{n_1,n_2}$ に等長かつ滑らかに埋め込んで考えることで，実際は存在しないかもしれない「宇宙の外」から見たと仮定した「宇宙の形状」のようなものを議論することができる。

du,dv といった記号を無限小扱いしてきたが，これはあくまで直感的な解釈であり，数学的には本当はインチキである。詳しくは多様体論の教科書を参照していただきたいが，du や dx^i は実際には 1 次微分形式（余接空間の元を連続的に

与える対応）である。dx^i の d は微分形式の外微分，$d\vec{p}$ の d は全微分，$d\nu$ の d は多様体間の写像の微分を表しており，これらはいずれも座標系の取り方に依存しない概念である。面素は超曲面の「体積要素」と呼ばれる特別な体積形式（最高次微分形式）であり，正確にはウェッジ積を用いて $\sqrt{\det\mathcal{G}}\,dx^1\wedge\cdots\wedge dx^m$ などのように書くべき量である。積分も本来は微分形式の積分である。計量テンソル場 $g\in\Gamma(T^*\mathcal{S}\otimes T^*\mathcal{S})$（$T^*$ は余接束，Γ は大域切断全体を表す）も本来はテンソル積を用いて $g|_U=\sum g_{ij}dx^i\otimes dx^j, g_{ij}=g(\partial_{x^i},\partial_{x^j})$ と局所座標表示として書くべきである。g を局所座標表示した行列 (g_{ij}) と同一視することも多いが，行列が座標系の取り方に依存する一方で，計量 g 自身は座標系の取り方に依存しない構造（接空間上の内積を連続的に与える対応）である。この本来の g の役割は点ごとの内積であり，これを用いて式を書くと例えば先程の $\tilde{\gamma}$ の弧長は

$$\ell(\tilde{\gamma})=\int_{t_0}^{t_1}\sqrt{g\left(\frac{d\tilde{\gamma}}{dt},\frac{d\tilde{\gamma}}{dt}\right)}\,dt=\int_{t_0}^{t_1}\sqrt{\gamma'(t)^{\mathrm{T}}\left(g_{ij}(\gamma(t))\right)_{ij}\gamma'(t)}\,dt$$

のようになる。しかし，こうした数学的に厳密な表現は定義の説明の準備だけでかなり大変であり，多くの物理学徒などの純粋数学を専門とせずに数学を使用する人たちには嫌われている。直感的に分かりやすいという利点と古くからの慣習により，あたかも無限小であるかのような表現が為されることが多い。

チート解法② 第一基本行列

一般に，C^1 級の曲線 $y=F(x)$ を x 軸周りに1回転させてできる曲面 $\mathcal{S}$ は

$$(x,y,z)^{\mathrm{T}}=\vec{h}(t,\theta):=(t,F(t)\cos\theta,F(t)\sin\theta)^{\mathrm{T}}\ \left((t,\theta)\in[a,b]\times[0,2\pi)\right)$$

とパラメータ表示できる。回転面の座標系 (t,θ) に関する第一基本行列は

$$\mathcal{G}=\begin{pmatrix}\partial_t\vec{p}\cdot\partial_t\vec{p} & \partial_t\vec{p}\cdot\partial_\theta\vec{p}\\ \partial_\theta\vec{p}\cdot\partial_t\vec{p} & \partial_\theta\vec{p}\cdot\partial_\theta\vec{p}\end{pmatrix}=\begin{pmatrix}1+\{F'(t)\}^2 & 0\\ 0 & \{F(t)\}^2\end{pmatrix}.$$

体積要素は $\sqrt{\det\mathcal{G}}\ dt\wedge d\theta=|F(t)|\sqrt{1+\{F'(t)\}^2}\,dt\wedge d\theta$. よって，面積は

$$\int_{\mathcal{S}}|F(t)|\sqrt{1+\{F'(t)\}^2}\,dt\wedge d\theta=2\pi\int_a^b|F(t)|\sqrt{1+\{F'(t)\}^2}dt.$$

後は チート解法① と同様。

$\mathcal{S}$ をリーマン多様体と見做し，前述の事項をもろに使うとこのようになる。「体積要素」という名の通り，面積は「2次元の体積」と見做せる。

本質的には チート解法① と同じである。

チート解法③ グラフ上で円周の長さを積分

一般に，$F \in C^1(D;\mathbb{R})$ $(D \subset \mathbb{R}^n)$ のグラフ G_F 上での $g \in C(G_F;\mathbb{R})$ の積分は

$$\int_{G_F} g(w)dw = \int_D g(x, F(x))\sqrt{1+\|\nabla F(x)\|^2}dx$$

と計算できる。$D = [a,b]$ のとき G_F を D の周りに一回転させてできる回転面の曲面積は，円周の長さ $g(x,y) = 2\pi|y|$ を G_F に沿って積分したもの

$$S = \int_{[a,b]} 2\pi|F(x)|\sqrt{1+\{F'(x)\}^2}dx$$

である。後はチート解法①と同様。

回転面の公式にはもう一つこのような見方がある。回転面を軸に平行に無限小幅 dx で輪切りにしてそれぞれの「輪」を引き延ばすと，G_F の各部分に円周の長さ $2\pi|F(x)|$ を一辺の長さ，グラフの弧長の無限小変化 $\sqrt{1+\{F'(x)\}^2}dx$ をもう一辺の長さにもつ長方形（正確には歪んだ平行四辺形だが，誤差はより高位の無限小なので無視できる）が張り付いた形になる。この無限に細い長方形の面積を積分で足し合わせると表面積になるというのが直感的な解釈である。傾きによって弧長の無限小変化が変わるので，dx ではなく $\sqrt{1+\{F'(x)\}^2}dx$ である点に注意せよ。高位の無限小は無視できるが，無限小同士の比は無視できない。

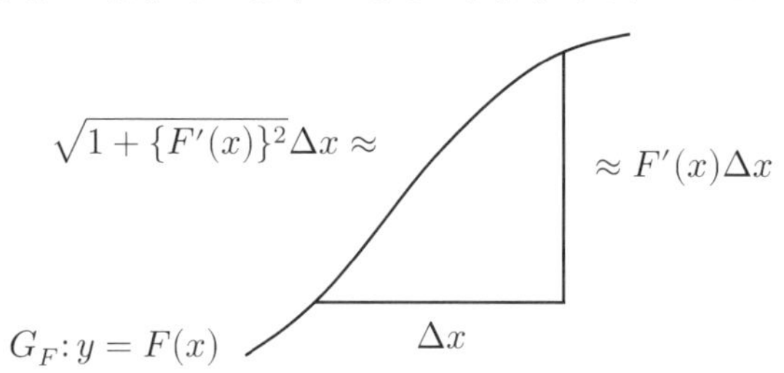

チート解法①の「面素」のときと同様に，グラフ上での連続関数の積分が上のような式で表されるということを厳密に示すのにも「線素」（一般次元では体積要素）の考え方が必要になる。

問題

半径 r の球の表面積 $S(r)$ が $4\pi r^2$ であることを示せ。

解法① 体積の微分

回転体として体積を求めると $V(r) = (4\pi/3)r^3$ である。半径が r から $r + \Delta r$

に増加したときの体積の増分 $\Delta V = V(r+\Delta r) - V(r)$ は，Δr が十分小さいとき，$S(r)$ に厚み Δr を掛けたもので近似できるから，$S(r) = dV/dr = 4\pi r^2$.

この理屈は一般次元でも同様である。ちなみに，半径 r の n 次元超球の体積はガンマ関数を用いて $(\pi^{n/2}/\Gamma(\frac{n}{2}+1))r^n$ と書ける。

解法② 第一基本行列

球面のパラメータ表示 $(x,y,z) = (r\sin\theta\cos\phi\,, r\sin\theta\sin\phi\,, r\cos\theta)$ に関する第一基本行列は $\mathcal{G} = \mathrm{diag}(r^2, r^2\sin^2\theta)$ だから，

$$S(r) = \int_{\theta=0}^{\pi}\int_{\phi=-\pi}^{\pi} \sqrt{\det\mathcal{G}}\, d\phi d\theta = \int_{\theta=0}^{\pi}\int_{\phi=-\pi}^{\pi} r^2|\sin\theta\,| d\phi d\theta = 4\pi r^2.$$

球面のパラメータ表示は 3 次元極座標（球座標）で r を固定したものである。球面の第一基本行列や面素は直接計算しても求められるが, 3 次元ユークリッド空間の 3 次元極座標に関する第一基本形式

$$ds^2 = dx^2 + dy^2 + dz^2 = dr^2 + r^2 d\theta^2 + r^2\sin^2\theta\, d\phi^2$$

で $dr = 0$ としたものが球面の第一基本形式になることからも求められる。

解法③ 回転体の表面積の公式

$f(x) = \sqrt{r^2 - x^2}$ とすると，

$$S(r) = 2\pi\int_{-r}^{r} f(x)\sqrt{1+\{f'(x)\}^2}dx = 2\pi\int_{-r}^{r}\sqrt{r^2-x^2}\cdot\frac{r}{\sqrt{r^2-x^2}}dx = 4\pi r^2.$$

回転体の表面積の公式を既知とすればこのようになる。

大学入試では，体積の場合と違って複雑な回転体の表面積を求めさせる問題はあまり見かけない。むしろ，中学や高校の入試で円柱や円錐，円錐台，球などが複雑に組み合わさった空間図形の表面積を知恵を振り絞って求めさせる問題が頻出である。知恵を使うくらいなら，全て式で表して回転体の表面積の公式を使った方が楽かもしれない。

ちなみに，被積分関数が定数関数 r になることから，高さ h の球帯（球面を 2 つの平行な平面で切ってできる膨らんだ帯状の曲面）の面積が $2\pi rh$ であることも分かる。興味深いことに，球帯は面積が高さ（球を切断する間隔）のみに依存し，切断する場所に依存しない。また，球がすっぽりはまる半径 r，高さ $2r$ の円柱の側面を同じ 2 つの平面で切ってできる帯状の部分と面積が等しい。

参考にすると良い優良サイト

高校数学と大学数学の橋渡しにつながるサイトや，数学をする上で有益だと筆者が思うサイトをいくつか挙げる。URL は 2023 年時点のものである。突如，サイトが閉鎖されたり，URL が変更されたりする可能性もあるので注意。

1. **『高校数学の美しい物語』**（https://manabitimes.jp/math）
   「高校数学」と言いつつ，大学レベルの記事もかなり充実している。高校数学の話題と大学数学の話題は記事が分かれており，本書のように露骨に高校数学の問題を大学レベルの知識で解くというコンセプトではないが，豊富な背景知識で高校数学について解説している。
2. **『受験の月』**（https://examist.jp）
   いわゆる「網羅系」であり，高校数学の全分野にわたって網羅的に典型問題を解説している。青チャートレベルはもちろん，難関大学の過去問レベルの発展的な内容もある程度網羅している。部分的に背景知識として大学数学に触れている箇所もある。高校物理や高校化学についても記事がある。
3. **『KIT 数学ナビゲーション』**（https://w3e.kanazawa-it.ac.jp/math/）
   高校数学と理系大学生が 1・2 年に学ぶ数学の教科書レベルの基本公式と証明が総整理されている。実戦演習ではなく基本公式の確認に向いている。
4. **『Wolfram Alpha』**（https://www.wolframalpha.com）
   Wolfram Research により開発された質問応答システム。解説記事があるサイトではなく，人工知能が計算をしてくれるサイトのようなものである。スマホアプリ版も存在する。自然言語を使った簡単な質問にも答えることができるが，基本的に数学の問題を解くのに使うのが良い。高校数学はもちろん，微分方程式や線形代数の問題を解くこともできる。留数計算や特殊関数を含む計算，数値計算などもできる。ただし，時間がかかりすぎると途中で諦めることがある。あまりにも複雑な計算をする場合や入力するデータの数が多い場合は，母体である Mathematica を使う方が良い。Wolfram Cloud に登録すると，無料版は制限があるものの，オンラインで Mathematica が使えるようになる。数学の問題を解くアプリには他に Microsoft Math Solver や「数式を撮るだけで計算してくれる」ことで有名な Photomath がある。
5. **『Desmos』**（https://www.desmos.com/calculator）
   グラフを描画できるサイト。パラメータを導入して，そのパラメータを動かしてグラフを動かすこともできる。PC ソフトやスマホアプリ版もある。よく数学オタクがグラフで遊ぶ（お絵描きする）のに使われる。グラフ描画ソフトとして有名なものには他に GeoGebra や GRAPES がある。

6. 『東進過去問データベース』(https://www.toshin-kakomon.com)
数学に限らず，多くの大学の過去問と解答が見放題なので，大学入試問題演習に強力である。見るには会員登録が必要だが，東進生でなくても無料登録できる。過去問が見放題のサイトとしては『パスナビ』(旺文社) もある。
7. 『Art of Problem Solving』(https://artofproblemsolving.com)
競技数学の過去問と解答が載っている海外のサイト。筆者は競技数学の経験がないので少し見た程度だが，数オリガチ勢はみんな使っているとされる。日本語の『ご注文は数オリですか？』というサイトも競技数学に有益である（もちろんサイト名の元ネタは某きらら系アニメである）。
8. 『数研通信』(https://www.chart.co.jp/subject/sugaku/suken_tsushin.html)
数研出版株式会社の小冊子『数研通信』のバックナンバーが掲載されている。専門的な視点から高校数学を俯瞰するようなトピックも存在する。
9. 『高校数学の基本問題』
(https://www.geisya.or.jp/~mwm48961/koukou/index_m.htm)
「高校数学」と言いつつ，同じサイトで大学の解析学や線形代数，統計，プログラミング，電磁気学などの基本事項も総整理しており，中学～高校の英単語なども扱っている。簡単な確認問題も付いている。
10. 『Mathpedia』(https://math.jp)
大学数学・現代数学のサイト。見た目は Wikipedia に似ている。定理の下のボタンをクリックして展開すると証明が表示される仕組みが特徴的。将来有望だが，発展途上なので応援すべき存在である。
11. 『数学の景色』(https://mathlandscape.com)
主に大学数学の個々のテーマについて見やすく丁寧に解説している。網羅系ではないが，徐々に記事数を増やしており，2023 年現在，大学数学の用語をググるとたいてい検索結果の上位に出てくる。
12. 『理系インデックス』の魚拓
(http://web.archive.org/web/20170908165552/http://rikei-index.blue.coocan.jp/)
昔『理系インデックス』というサイトがあって，数学科で標準的に学ぶような数学が証明付きでまとまっていたのだが，現在は閉鎖されてしまっている。しかし，魚拓は取得されており，URL の例は上記の通りである。
13. 『Mathlog』(https://mathlog.info/)
誰でも自由に数学についての記事が書けるサイト。趣味の数学の研究成果を書くにはちょうど良いだろう。割と Twitter (X)の数学界隈と連動しがち。
14. 『ProofWiki』(https://proofwiki.org)
様々な定理の証明が載っている海外のサイト。一つの定理に対して複数の証明が与えられていることも多い。

15. 『nLab』(https://ncatlab.org)
数学・物理学・哲学についてのマニアックな研究レベルの内容が載っている海外のサイト。数学の中でも特に(高次)圏論やホモトピー論について詳しく書かれている。特にアブストラクト・ナンセンスがかっこいいと感じる頭でっかちな中二病の精神があると楽しめるだろう。
16. 『Encyclopedia of Mathematics』(https://encyclopediaofmath.org)
専門的な数学に特化したWikipediaのようなもの。英語。
17. 『Mathematics Stack Exchange』(https://math.stackexchange.com)
Yahoo!知恵袋の大学数学・大学院数学版のような海外のサイト。英語。大学数学を勉強しているときに漠然と思い浮かんだ疑問について英語でググると大抵ヒットする。『Mathematics Stack Exchange』はせいぜい大学や大学院の演習問題レベルの質問・回答をする場所であり,『MathOverflow』という研究レベルのもっと厳つい質問・回答をする類似サイトもある。
18. 『Cloud LaTeX』(https://cloudlatex.io)
『Overleaf』(https://www.overleaf.com, https://ja.overleaf.com)
LaTeXをオンラインで使えるサイト。数学に関する,というか,数式を含む文書を作成するにはLaTeXがほぼ必須と言えるが,パソコンにインストールするのが面倒臭い上に,インストールしてもそのままでは編集中の文書を別のパソコンやスマホなどに共有できない。しかし,オンライン組版サービスを活用すれば,インストール不要で他の端末との共有もできる。TeX言語も一応プログラミング言語なのだが,普通のプログラミングで言うとPythonを手元のパソコンに入れずにGoogle Colabを使うというようなノリである。数式の画像をOCRで読み取ってLaTeX形式に変換してくれるMathpixや,主にiPadで手書きの数式をLaTeX形式に変換してくれるGoodnotesを利用するとLaTeX文書作成が更に楽になる。
19. 『zbMath』(https://zbmath.org/)
数学論文のデータベース。数学の論文検索ではMathSciNetが世界最強と謳われるが,検索だけでも有料の会員制であり,研究機関のVPNがないと使いづらい。一方,zbMathやarXiv, Google Scholar等は無料で検索できる。

上記サイト以外で特定の分野について勉強したければ「○○(分野の名前) pdf」でググると良質なPDFが見つかることもある。特に大学の講義資料が公開されている場合は有益である。文書だと直感的な理解が伴いにくいのが不満であれば,ヨビノリなどの動画で補うこともできる。数学は他の分野と違って証明さえ書いてあれば自分の頭で考えるだけで真偽を判断しやすいので,「ネットの情報なんて嘘や間違いだらけじゃないのか」などと心配する必要はない。

数学は特に物理学との関連が深いが，物理学についても『EMAN の物理学』『物理のかぎしっぽ』『高校物理の備忘録』『ときわ台学』『わかりやすい高校物理の部屋』『FN の高校物理』などの多数の優良サイトがあり，たいてい物理数学についての解説もなされている。

高度な数学を勉強する上では英語も欠かせないが，数学の文章では基本的に（背理法の中であっても）直説法現在しか現れず，複雑な文法事項も使われないため，「up to ...」（...の違いを除いて）や「if and only if」（～のときかつそのときに限り）などの数学特有のいくつかの言い回しと用語さえ覚えておけば十分である（ちなみに，英文法については『英文法大全』（https://www.eibunpou.net）という網羅系優良サイトがある）。数学特有の言い回しについては，Wikipedia の「Glossary of mathematical jargon」という記事が参考になる。数学の論文ではたまにフランス語やドイツ語のものもあるが，大抵の言語の文法は『東京外国語大学 言語モジュール』というサイトで勉強でき，学術用語を外国語でどう言うかは Wikipedia で対応する記事を出して「その他の言語」を見ると分かる。英語での論文執筆には DeepL や Grammarly などの自然言語処理 AI サイトも有用だが，DeepL は数学の専門用語を誤訳することが結構あるので注意が必要である。Grammarly は LaTeX 形式の数式を含む文書でも概ね問題なく校正してくれる。

上述したものはいずれも高校数学以上で，しかも発展的な内容を扱っているサイトばかりだが，中学数学の基本事項については『中学校数学・学習サイト』（https://math.005net.com）やその姉妹サイト（数学以外も存在する），中学数学の応用問題・高校入試問題については『数学得意な中学生応援します』（http://ynaka.html.xdomain.jp），算数の基本事項の総まとめについては『数基礎.com』（https://suukiso.com）（『英基礎.com』『理基礎.com』などもある），発展的な算数の問題については『算数星人の WEB 問題集』（https://sansu-seijin.jp）といったサイトが存在する。

このように，オンラインサービスを駆使すれば，算数から大学院・最先端の研究レベルの数学まで余す所なく学ぶことができる。

ちなみに，筆者は大学院生なのだが，レポートや論文などは iPhone に最初から入っている「メモ」というアプリと Cloud LaTeX を使ってスマホで（パソコンをほぼ使わずに）執筆している。スマホだけで数学の論文を 4 本書いた。もちろん，普通はパソコンで書くため，スマホで書いたと言うと大抵驚かれる。メモに LaTeX のソースコードを書いて Cloud LaTeX のサイトにコピペして使っている。この方法を使えば電車を待っている間でも執筆が続けられる。これが「正攻法」だとは全く思わないが，ユビキタス・ネットワーク（当たり前になりすぎて最早死語かもしれないが）はこうしたハチャメチャも可能にしてくれるのである。

参考文献

[1] Lars V. Ahlfors (1979). *Complex Analysis: An Introduction to the Theory of Analytic Functions of One Complex Variable* (3rd edition). McGraw-Hill.

[2] David H. Bailey, Peter B. Borwein, Simon Plouffe (1997). "On the Rapid Computation of Various Polylogarithmic Constants". *Math. Comput.* **66**, 903-913.

[3] D. P. Dalzell (1944). "On 22/7". *J. London Math. Soc.* **19**, 133-134.

[4] Lawrence C. Evans (2010). *Partial Differential Equations* (2nd edition). American Mathematical Society.

[5] Loukas Grafakos (2014). *Classical Fourier Analysis* (3rd edition). Springer.

[6] Robin Hartshorne (1977). *Algebraic Geometry*. Springer.

[7] Jürgen Jost (2017). *Riemannian Geometry and Geometric Analysis* (5th edition). Springer.

[8] Emmy Noether (1916). "Der Endlichkeitssatz der Invarianten endlicher Guppen". *Math. Ann.* **77**, 89-92.

[9] Michel Willem (1996). *Minimax Theorems*. Birkhäuser.

[10] 伊藤清三（1963）.『ルベーグ積分入門』. 裳華房.

[11] 近藤至徳（2011）.『入試数学の掌握 総論編』. エール出版社.

[12] 斎藤毅 (2007).『線形代数の世界 —抽象数学の入り口』. 東京大学出版会.

[13] 高木貞治（2010）.『定本 解析概論』. 岩波書店.

[14] チャート研究所（2019）.『チャート式 基礎からの数学 I+A』. 数研出版.

[15] チャート研究所（2019）.『チャート式 基礎からの数学 II+B』. 数研出版.

[16] チャート研究所（2023）.『チャート式 基礎からの数学 III+C』. 数研出版.

[17] チャート研究所（2020）.『チャート式シリーズ 大学教養 線形代数』,『チャート式シリーズ 大学教養 微分積分』. 数研出版.

[18] 長崎憲一（2015）.『数学 I+A＋II+B 上級問題精講』,『数学 III 上級問題精講』. 旺文社.

[19] 三ツ矢和弘（2013）.『やさしい理系数学』. 河合出版.

[20] 三ツ矢和弘（2013）.『ハイレベル理系数学』. 河合出版.

[21] 雪江明彦（2010）.『代数学 2 環と体とガロア理論』. 日本評論社.

[22] 吉田伸生 (2006).『ルベーグ積分入門 —使うための理論と演習』. 遊星社.

◆著者プロフィール◆

佐久間　正樹（さくま　まさき）

東京大学理学部数学科卒業。東京大学大学院数理科学研究科博士後期課程在学中。専門は変分法を用いた非線形楕円型偏微分方程式の解析。X（旧 Twitter）アカウントのフォロワー数は累計約３万人。数学に関する独創的な発想の投稿や、数学とエンターテインメントの融合によるネタがたびたび話題になっている。幼少期から数学を独学しており、初等的な数学から最先端の研究まで幅広く探求し続けている。

取扱注意！
高校数学を大学数学で解く「チート解法」

2024 年 3 月 5 日　初版第 1 刷発行
2024 年 3 月 13 日　初版第 2 刷発行
2024 年 4 月 17 日　初版第 3 刷発行
2024 年 8 月 14 日　初版第 4 刷発行

著　者　佐久間正樹
編集人　清水智則　発行所　エール出版社
〒 101-0052　東京都千代田区神田小川町 2-12　信愛ビル４Ｆ
電話　03(3291)0306　FAX　03(3291)0310
メール　info@yell-books.com

乱丁・落丁本はおとりかえします。
＊定価はカバーに表示してあります。

ISBN978-4-7539-3550-5